"十四五"高等职业教育新形态一体化教材

信息技术课程系列

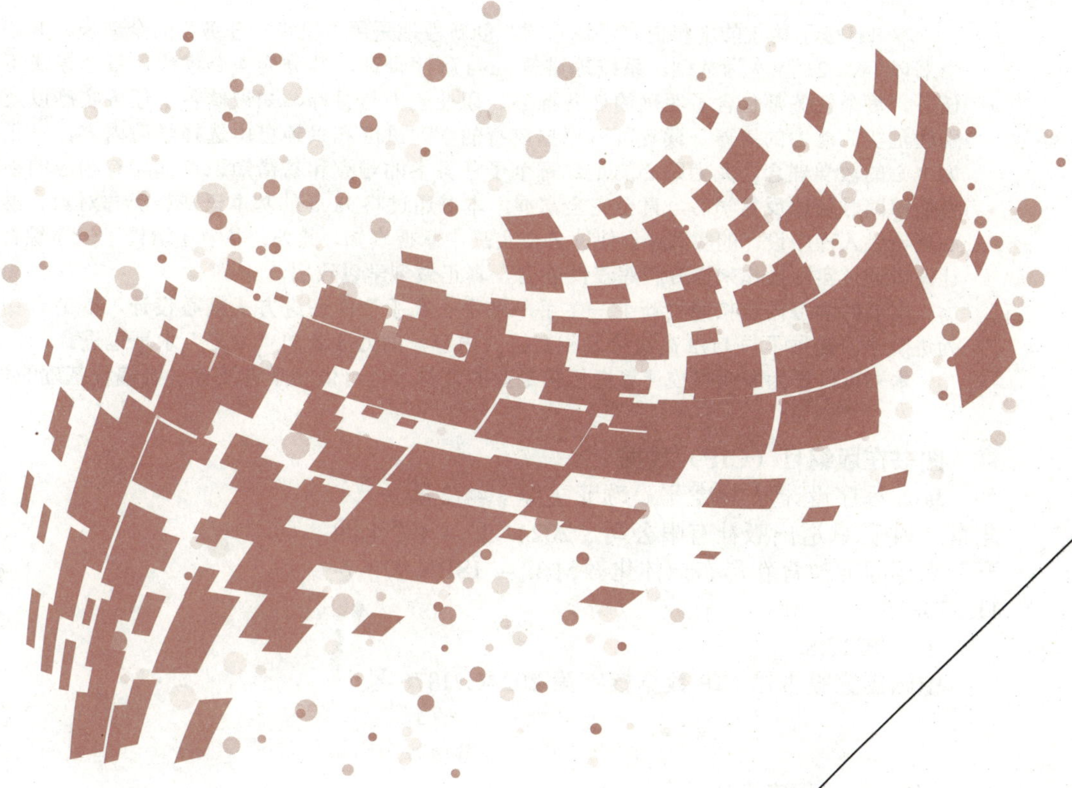

Java程序设计

杨龙平　颜　菲◎主　编

李湘林　王　岳◎副主编

盛鸿宇◎主　审

（第二版）

中国铁道出版社有限公司

CHINA RAILWAY PUBLISHING HOUSE CO., LTD.

内容简介

本书打破了传统的学科内容组织形式，创新性地采用“模块—任务”的全新模式来编排教材内容。全书以Java 21版本为基础，系统地讲解Java程序设计，共分为4个模块，每个模块下设有3～4个任务，每个任务都包含了明确的任务描述、职业能力与目标、知识储备、任务实施以及课后实践，特别注重实践能力的培养。读者可以根据自身的学习进度和兴趣自由选择学习内容，真正体现了以读者为中心的教学理念。尤为贴心的是，每个子任务中的难点和易错知识点都配有相应的视频讲解，使读者能够随时随地反复学习，直至完全掌握。本书通过将Java的基本语法、类与对象、继承与多态等核心理论融入程序设计的实践中，使读者在实战中掌握真知。此外，书中还增设了一个综合的实践项目，让读者通过实际操作来提升程序设计能力，真正做到学以致用。

本书的学习内容按照“新手—生手—熟手—高手”的递进方式精心设计，既适合初学者入门，也为进阶学习提供了与Java高级阶段相衔接的内容，助力读者向“专家”水平迈进。

本书可以作为职业院校计算机相关专业的教材，也可供初学者及有一定编程基础的学习者参考。

图书在版编目（CIP）数据

Java 程序设计 / 杨龙平，颜菲主编. -- 2 版.
北京 : 中国铁道出版社有限公司，2024. 9. -- （“十四五”高等职业教育新形态一体化教材）. -- ISBN 978-7-113-30815-5

Ⅰ. TP312.8

中国国家版本馆 CIP 数据核字第 2024C2J876 号

书　　名： Java 程序设计
作　　者： 杨龙平　颜　菲

策　　划： 王春霞　　　　**编辑部电话：**（010）63551006
责任编辑： 王春霞
编辑助理： 史雨薇
封面设计： 尚明龙
责任校对： 刘　畅
责任印制： 樊启鹏

出版发行： 中国铁道出版社有限公司（100054，北京市西城区右安门西街8号）
网　　址： https://www.tdpress.com/51eds/
印　　刷： 北京联兴盛业印刷股份有限公司
版　　次： 2017年9月第1版　2024年9月第2版　2024年9月第1次印刷
开　　本： 850 mm×1 168 mm　1/16　**印张：** 20.5　**字数：** 559千
书　　号： ISBN 978-7-113-30815-5
定　　价： 59.80元

"十四五"高等职业教育新形态一体化教材

编审委员会

序

2021年十三届全国人大四次会议表决通过的《中华人民共和国国民经济和社会发展第十四个五年规划和2035年远景目标纲要》，对我国社会主义现代化建设进行了全面部署。“十四五”时期对教育的定位是建立高质量的教育体系，对职业教育的定位是增强职业教育的适应性。当前，在百年未有之大变局下，在“十四五”开局之年，如何切实推动落实《国家职业教育改革实施方案》《职业教育提质培优行动计划（2020—2023年）》等文件要求，是新时代职业教育适应国家高质量发展的核心任务。随着新科技和新工业化发展阶段的到来和我国产业高端化转型，必然引发企业用人需求和聘用标准发生新的变化，以人才需求为起点的高职人才培养理念使创新中国特色人才培养模式成为高职战线的核心任务，为此国务院和教育部制定和发布了包括“1+X”职业技能等级证书制度、专业群建设、“双高计划”、专业教学标准、信息技术课程标准、实训基地建设标准等一系列的文件，为探索新时代中国特色高职人才培养指明了方向。

要落实国家职业教育改革一系列文件精神，培养高质量人才，就必须解决“教什么”的问题，必须解决课程教学内容适应产业新业态、行业新工艺、新标准要求等难题，教材建设改革创新就显得尤为重要。国家这几年对于职业教育教材建设加大了力度，2019年，教育部发布了《职业院校教材管理办法》（教材〔2019〕3号）、《关于组织开展“十三五”职业教育国家规划教材建设工作的通知》（教职成司函〔2019〕94号），在2020年又启动了《首届全国教材建设奖全国优秀教材（职业教育与继续教育类）》评选活动，这些都旨在选出具有职业教育特色的优秀教材，并对下一步如何建设好教材进一步明确了方向。在这种背景下，中国铁道出版社有限公司邀请我与鲍洁教授共同策划组织了“‘十四五’高等职业教育新形态一体化教材”，邀请我国知名计算机教育专家谭浩强教授、全国高等院校计算机基础教育研究会会长黄心渊教授对课程建设和教材编写都提出了重要的指导意见。这套教材在设计上把握了如下几个原则：

1. 价值引领、育人为本。牢牢把握教材建设的政治方向和价值导向，充分体现党和国家的意志，体现鲜明的专业领域指向性，发挥教材的铸魂育人、关键支撑、固本培元、文化交流等功能和作用，培养适应创新型国家、制造强国、网络强国、数字中国、智慧社会需要的不可或缺的高层次、高素质技术技能型人才。

2. 内容先进、突出特性。充分发挥高等职业教育服务行业产业优势，及时将行业、产业的新技术、新工艺、新规范作为内容模块，融入教材中去。并且为强化学生职业素养养成和专业技术积累，将专业精神、职业精神和工匠精神融入教材内容，满足职业教育的需求。此外，为适应项目学习、案例学习、模块化学习等不同学习方式要求，注重以真实生产项目、典型工作任务、案例等为载体组织教学单元的教材、新型活页式、工作手册式等教材，力求教材反映人才培养模式和教学改革方向，有效激发学生学习兴趣和创新潜能。

3. 改革创新、融合发展。遵循教育规律和人才成长规律，结合新一代信息技术发展和产业变革对人才的需求，加强校企合作、深化产教融合，深入推进教材建设改革。加强教材与教学、教材与课程、教材与教法、线上与线下的紧密结合，信息技术与教育教学的深度融合，通过配套数字化教学资源，打造满足教学需求和符合学生特点的新形态一体化教材。

4. 加强协同、锤炼精品。准确把握新时代方位，深刻认识新形势新任务，激发教师、企业人员内在动力。组建学术造诣高、教学经验丰富、熟悉教材工作的专家队伍，支持科教协同、校企协同、校际协同开展教材编写，全面提升教材建设的科学化水平，打造一批满足学科专业建设要求、能支撑人才成长需要、经得起实践检验的精品教材。

按照教育部关于职业院校教材的相关要求，为了充分体现工业和信息化领域相关行业特色，我们以高职专业和课程改革为基础，展开了信息技术课程、专业群平台课程、专业核心课程等所需教材的编写工作。本套教材计划出版 4 个系列，具体为：

1. 信息技术课程系列。教育部发布的《高等职业教育专科信息技术课程标准（2021 年版）》给出了高职计算机公共课程新标准，新标准由必修的基础模块和由 12 项内容组成的拓展模块两部分构成。拓展模块反映了新一代信息技术对高职学生的新要求，各地区、各学校可根据国家有关规定，结合地方资源、学校特色、专业需要和学生实际情况，自主确定拓展模块教学内容。在这种新标准、新模式、新要求下构建了该系列教材。

2. 电子信息大类专业群平台课程系列。高等职业教育大力推进专业群建设，基于产业需求的专业结构，使人才培养更适应现代产业的发展和职业岗位的变化。构建具有引领作用的专业群平台课程和开发相关教材，彰显专业群的特色优势地位，提升电子信息大类专业群平台课程在高职教育中的影响力。

3. 新一代信息技术类典型专业课程系列。以人工智能、大数据、云计算、移动通信、物联网、区块链等为代表的新一代信息技术，是信息技术的纵向升级，也是信息技术之间及其与相关产业的横向融合。在此技术背景下，围绕新一代信息技术专业群（专业）建设需要，重点聚焦这些专业群（专业）缺乏教材或者没有高水平教材的专业核心课程，完善专业教材体系，支撑新专业加快发展建设。

4. 本科专业课程系列。在厘清应用型本科、高职本科、高职专科关系，明确高职本科服务目标，准确定位高职本科基础上，研究高职本科电子信息类典型专业人才培养方案和课程体系，在培养高层次技术技能型人才方面，组织编写该系列教材。

新时代，职业教育正在步入创新发展的关键期，与之配合的教育模式以及相关的诸多建设都在深入探索，本套教材建设按照“选优、选精、选特、选新”的原则，发挥高等职业教育领域的院校、企业的特色和优势，调动高水平教师、企业专家参与，整合学校、行业、产业、教育教学资源，充分认识到教材建设在提高人才培养质量中的基础性作用，集中力量打造与我国高等职业教育高质量发展需求相匹配、内容和形式创新、教学效果好的课程教材体系，努力培养德智体美劳全面发展的高层次、高素质技术技能人才。

本套教材内容前瞻、体系灵活、资源丰富，是值得关注的一套好教材。

国家职业教育指导咨询委员会委员
北京高等学校高等教育学会计算机分会理事长
全国高等院校计算机基础教育研究会荣誉副会长

2021 年 8 月

前 言

Java 语言是当前主流的面向对象程序设计语言，自面世以后，伴随着网络的兴起而变得非常流行，发展迅速，现在大约每半年就会有新的版本发布，以适应当前信息技术的迅速发展。Java 语言具有卓越的通用性、健壮性、高效性、平台移植性和安全性，广泛应用于 PC、数据中心、游戏控制台、移动电话和互联网等领域，在全球云计算和移动互联网产业环境下，具备显著的优势和广阔的发展前景。

本书在第一版的基础上将软件版本升级为 Java 21，由学校、企业、行业专家合作共同编写，将实际工作岗位中的内容转换成为适应教学的学习情境，教学内容涵盖了 Windows 和 Linux 环境配置、类的定义与使用、继承与多态、Java 系统 API 的应用、数据结构、文件的读写、可视化界面设计、网络程序设计、网页数据读取等内容，有丰富的程序示例和实践训练项目。书中除了提供正确的代码外，还有一些经常容易出错的代码分析，以帮助读者分析代码错误产生的原因，提升读者程序纠错的能力，少走弯路，提高学习效果。每一个学习任务从提出问题开始，以解决问题结束，学习目标明确，学习内容清晰，前后的知识融会贯通，帮助读者提高程序设计能力。本书以红色基因为主线，将党的二十大报告、红色书籍、红色电影、红色歌曲等内容作为程序设计的元素，同时融合了大国工匠、技术能手、民族自主品牌等思政元素。

本书按照“进阶式”设计教学内容，通过学习，让读者从新手进阶为高手，具备 Java 程序员的设计水平。为了帮助读者更好地理解难点，还录制了相关视频，读者可以通过扫描二维码的方式观看学习。所有示例代码可以登录中国铁道出版社教育资源数字化平台 https://www.tdpress.com/51eds 下载。

本书由杨龙平、颜菲担任主编，李湘林、王岳担任副主编，千锋科技的专家李强参与了编写工作，全国人工智能学会秘书长、北京联合大学的盛鸿宇教授担任主审。

感谢支持本书编写的所有人员，由于时间仓促，加之编者水平有限，书中难免有疏漏与不足之处，欢迎读者批评指正。

编　者

2024 年 3 月

目 录

模块一 类的初步使用

九层之台，起于累土。要成为一名优秀的Java程序员，必须具备扎实的基本功。本模块通过三个任务，详细介绍了从搭建Java开发环境到编写Java程序的基本单位——类所需要的基础知识，将Java开发工具JDK及源文件编辑器的最新版本融入教材内容当中，通过大量的案例和视频，帮助读者深入浅出地理解重点和难点，列举了初学者容易出错的代码，并对代码进行分析，提高初学者阅读和调试程序的能力。针对Linux的广泛应用，教材内容特别增加了在Linux环境下配置和运行Java程序，让大家体验Java强大的跨平台功能，感受Java程序的编程魅力，帮助学习者适应日新月异的信息技术发展需要，提高岗位的竞争力。

任务1 编写第一个 Java 程序

任务描述

小龙是一名计算机专业的新同学，通过招聘网站发现，当前Java工程师的岗位需求比较大，且岗位的待遇和成长空间比较好。他立志要成为一名优秀的Java程序员，为将来成就一番事业打下坚实的基础。如何配置Java程序的编辑和运行环境，是小龙首先要解决的问题，你能帮助他完成这项任务吗？

职业能力与目标

◎ 掌握Java语言的特点；

◎ 能够配置Java语言编程环境；

◎ 能够编写一个简单的Java程序；

◎ 学会Java程序的运行机制；

◎ 能够在Linux环境下配置Java程序的环境；

◎ 树立使用国产软件的意识。

Java是由Sun公司开发而成的编程语言，使用它可以在不同种类机器、不同操作平台的网络环境中开发软件。Java正在逐步成为Internet应用的主要开发语言，它彻底改变了应用软件的开发模式，为迅速发展的信息世界增添了新的活力。

知识储备

一、认识 Java

Sun公司的Java语言开发小组成立于1991年，其最初目的是作为一种小家用电器的编程语言，用于解决家用电器控制和通信问题。Sun内部人员把这个项目称为Green。小组的领导人是James Gosling，一位杰出的程序员。Gosling最初将此语言命名为Oak。由于智能家用电器在当时没有达到预期的火爆，Sun放弃了该项计划。然而，Internet异常迅速发展，Sun看到了Oak在网络上的广阔应用前景，于是对Oak进行了改造，在1995年的时候，Sun正式将Oak命名为Java。

1996年，Java正式推出了程序开发包JDK 1.0。1997年2月，发布了Java语言的开发包JDK 1.1，从此奠定了Java语言在计算机语言中的地位。1998年12月，Sun公司发布Java 2平台JDK 1.2。Java 2平台是Java发展史上的里程碑。1999年，Sun公司重新组织Java平台的集成方法，并将企业级应用平台作为Java语言发展方向。从2000年开始至2006年，Sun每两年发布一个新的开发包，到2006年，发布了JDK 1.6。2009年2月，开始规划JDK 1.7，因为各种原因，直到2011年7月，才发布JDK 1.7正式版。在2009年，Oracle公司以74亿美元正式收购Sun公司，Java商标正式归Oracle公司所有。2014年3月，Oracle公司发布Java SE 1.8。

2018年9月25日，JDK 11发布，这是一个LTS（long-term support）版本，也就是长期支持的一个版本。此后，几乎每半年都发布一个新的版本，但这些版本都只对早期版本的功能进行了一些优化，分别包含有JDK 12、JDK 13、JDK 14、JDK 15、JDK 16等版本。2021年9月14日，JDK 17发布，这也是在JDK 11之后发布的长期支持（LTS）版本，主打安全、性能、稳定为特性，官方计划免费支持到2024年。2023年9月，最新版本的JDK 21已经发布，它也是一个长期支持的版本，计划免费支持到2026年。目前其他的版本多数都不是长期支持版本，只是某些功能的强化，用户可以根据需要来选择自己喜欢的版本作为开发工具。

二、为什么要学习 Java 程序

Java语言基本上来源于C语言但又有很多的不同。Java语言的特点有：

1. 面向对象

面向对象是现实世界模型的自然延伸。现实世界中任何载体都可以看成是对象，对象之间通过消息相互作用。传统的编程语言是以过程为中心、以算法为驱动，而面向对象的编程语言是以对象为中心、以消息为驱动。Java语言支持面向对象编程语言的三个概念：封装、多态性和继承。基于对象的编程更符合人的思维模式，使人们更容易编写程序。

2. 与平台无关

Java语言的最大优势是与平台无关。使用Java语言编写的应用程序不需要进行任何修改，就可以在不同的硬件平台上运行，从而大大降低了开发、维护和管理成本。Java源程序的扩展名为.java，需要在编译器中进行编译，形成二进制代码扩展名为.class，这些二进制代码可通过Java虚拟机（JVM）来识别运行。因此，任何一台机器只要配备了JVM就可以运行Java编写的程序。

3. 安全性

由于Java语言是面向网络的语言，因此必须具有相当的安全性，避免病毒程序的产生和网络程序对本地系统的破坏。Java用VM机制引入了安全防线，确保Java程序的安全性。

4. 多线程

多线程允许同时完成多个任务。在现实生活中，人们身边经常会同时发生很多事情，多线程的概念就是让计算机同时运行多个程序段。Java在两个方面支持多线程：首先，Java环境本身是多线程的；其次，Java语言内置多线程控制，其提供了一个类Thread，由它负责启动、终止线程。

5. 动态性

由于Java程序的基本组成单元是类，有程序人员自己编写的类，也有从Java类库中引入的类。Java的类库可以自由地添加方法和属性而不会影响用户程序。因此，Java的动态性可以很好地适应不断变化的执行环境。

6. 支持网络编程

Java提供的类库可以处理HTTP和FTP等TCP/IP，用户可以通过URL地址在网络上访问其他对象就如同存取本地文件系统一样简单。

任务实施

一、配置 Windows 下的 Java 运行环境

JDK是Java开发工具包（Java development kit）的缩写，是一种最基本的工具和开发环境。JDK是Java的核心，包括了Java运行环境（Java runtime enviroment，简称JRE）、Java编译器、大量的Java工具以及Java基础API。

1. 安装 Java 编译器

（1）JDK的下载

下载JDK的最新版本，可以在Oracle公司的官方网站上下载，进入网站后，根据网站的图标提示，下载安装包，如果是其他的操作系统，用户可以根据需要进行选择。

（2）JDK的安装

下载的JDK工具名称为jdk-21_windows-x64_bin.exe，双击运行，依照提示进行安装。在设置JDK的安装路径时，为避免以后编译、运行时因文件路径而出错，文件夹的名称不应包括空格字符。安装过程建议保持默认状态，单击“下一步”按钮，直至完成安装。

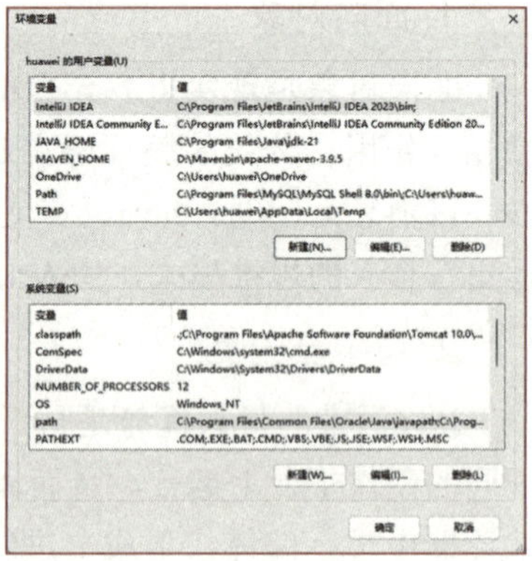

图 1-1 “环境变量”对话框

视 频

Java运行环境配置

2. 配置运行环境

JDK安装完成后，需要设置环境变量。以Windows 11操作系统为例，右击“此电脑”→“属性”命令，在“相关链接”栏中单击“高级系统设置”链接，选择“高级”选项卡，单击“环境变量”按钮，打开图1-1所示的“环境变量”对话框。

在“××的用户变量”栏中单击“新建”按钮，打开“新建用户变量”对话框，将“变量名”设置为JAVA_HOME，将“变量值”设置为JDK的安装路径，默认为“C:\Program Files\Java\jdk-21”，如图1-2所示。

在“系统变量”栏中新建classpath，如图1-3所示，在弹出的“新建系统变量”对话框中分别设置“变量名”和“变量值”。注意，在设置classpath的值时，是以“.”开始，代表当前目录。其值设置为“.;%JAVA_HOME%\lib\jrt-fs.jar”。

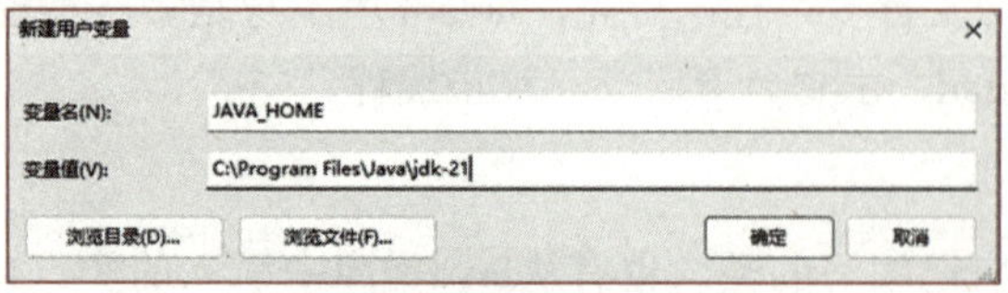

图 1-2 新建 JAVA_HOME 变量

图 1-3 新建 classpath 变量

选中“系统变量”列表框中的Path选项（如果没有，则需要新建），单击“编辑”按钮，在变量值最后添加“%JAVA_HOME%\bin”。JDK配置完成后，可以对JDK开发环境进行测试。

单击系统的“开始”菜单，在“搜索程序和文件”文本框中输入cmd，按【Enter】键打开“命令提示符”窗口，在窗口中输入命令Javac，得到图1-4所示的结果，说明配置成功。

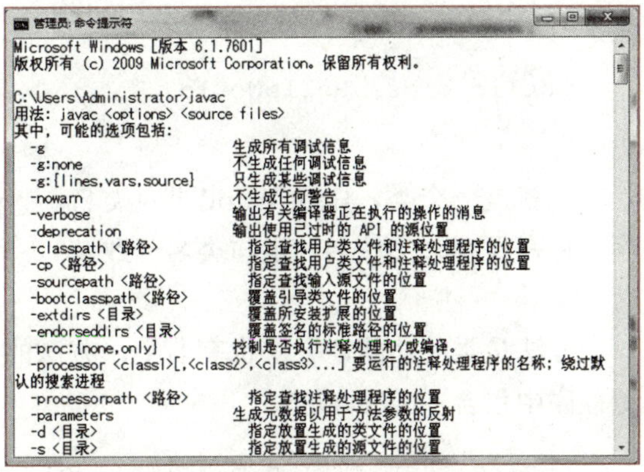

图 1-4　运行环境配置验证

二、第一个 Java 程序

1. 编写 Java 源程序

所谓源程序，是指按照一定的程序设计语言（如Java语言等）规范进行书写，未经编译的可读文本文件。Java源程序就是用户与Java世界交互的语言，只要提供正确的源程序，Java就可以按照程序所写的那样去做。

例如，在计算机控制台中显示一行文字“Hello,World!”，能实现此功能的Java源代码如下：

解决问题 1　第一个Java程序HelloWorld。

```
// 第一个简单的 Java 应用程序
public class HelloWorld  {
    public static void main(String[] args)    {
        System.out.println("Hello,World!") ;    // 显示 Hello,World!
    }
}
```

将程序以文件的形式保存，注意文件名必须命名为HelloWorld.java。“.java”为Java源程序文件的扩展名。

2. 初识 Java 程序结构

以HelloWorld.java源程序为例，介绍Java程序中的各个组成部分，帮助读者认识Java程序的结构。

（1）注释

在程序中加入注释，可提高程序的可读性，使程序易于阅读和理解。注释的内容在程序执行时是不会被执行的。

HelloWorld.java源程序的第一行包含注释语句：

```
// 第一个简单的 Java 应用程序
```

其中“//”字符将这行其余内容转换为注释内容，这样的注释称为“单行注释”。除此之外，也可以在语句的末尾追加一个注释，例如：

```
System.out.println("Hello,World!") ;   // 显示 Hello,World!
```

Java语言中还有一种注释是以“/*”开始以“*/”结束，称为多行注释，例如：

```
/* 这是多行注释，
   这是我的第一个 Java 程序 */
```

（2）类

前面曾经说到，Java程序的基本单元为类。在HelloWorld源程序中第一行“public class HelloWorld”

与第2行和最后一行的一对大括号共同组成的一个整体，即：

```
public class HelloWorld{
}
```

这就是一个类，HelloWorld即为类名，“public”和“class”是关键词，用来说明类和方法。源程序文件在保存时文件名一定与类名一致。

（3）方法

方法是类的功能，方法也有名字，方法的主体是用一对大括号“{}”括起来。例如，在HelloWorld源程序中包含了main()方法：

```
public static void main(String[] args)  {
    System.out.println("Hello,World!") ;
}
```

main为方法名称，“public”、“static”和“void”是用来修饰方法的，main后面的圆括号“()”中是方法的参数，即使没有参数，“()”也不能少。大括号内的内容即为方法的主体。

需要特别强调，在Java语言中，Java的源程序是以类为基本单位进行编辑，类是Java程序中的基本单位。方法必须在类中，不能独立于类而存在，方法必须属于某一个类。

main()方法是Java程序的入口，是所有Java程序执行的起点。如果直接运行一个没有main()方法的程序时，Java会因为找不到main()方法而提示一个错误。

3. 使用 EditPlus 编写 Java 程序

EditPlus是一款功能强大且小巧的可处理文本、HTML和程序语言的Windows编辑器，它支持颜色标记、HTML 标记，同时也支持C、C++、Perl、Java。在官网中可以下载EditPlus进行安装。启动EditPlus后，可以通过“文件”→“新建文件”→“Java”命令，创建一个Java源程序，如图1-5所示。

视 频

编写与运行Java程序

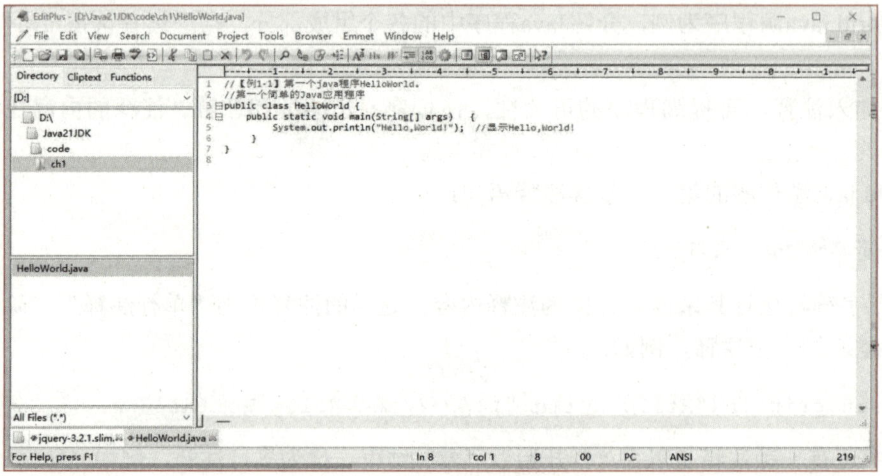

图 1-5　EditPlus 编辑器

将HelloWorld源文件输入到EditPlus编辑器中，保存源文件到“D:\java”目录中，文件名与类名HelloWorld一致。回到图1-5中，编译、运行Java程序。将Java源文件编译成字节码文件的命令是“Javac”，在编译源程序时，必须连同源程序的扩展名一起写。运行Java程序的命令是“Java”，在运行程序时，可以省略扩展名，运行结果如图1-6所示。

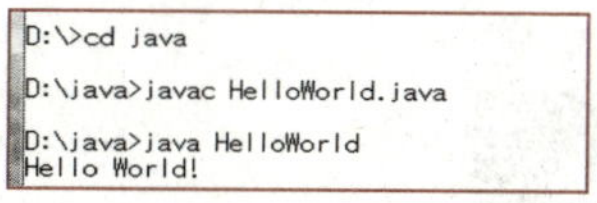

图 1-6　第一个 Java 程序的运行结果

三、在 Linux 中编写 Java 程序

1. 配置 Java 编译和运行环境

Java程序可以在不同的操作系统环境下编辑运行，具有很强的跨平台功能，Java字节码文件几乎不需要作修改就可以运行。国产的大多数操作系统是基于开源的Linux内核进行开发，Java程序同样可以在Linux操作系统下编辑和运行，本书所使用的操作系统是CentOS 7。除非有特殊说明，本书默认情况下所有程序都是在Windows环境中运行。

启动CentOS 7系统后，为了便于删除和安装相应的应用软件，在命令操作终端使用su root命令取得管理员操作权限。使用java -version命令查看系统中默认的Java版本信息和安装包，如图1-7所示。

视　频

Linux下删除自带的JDK工具

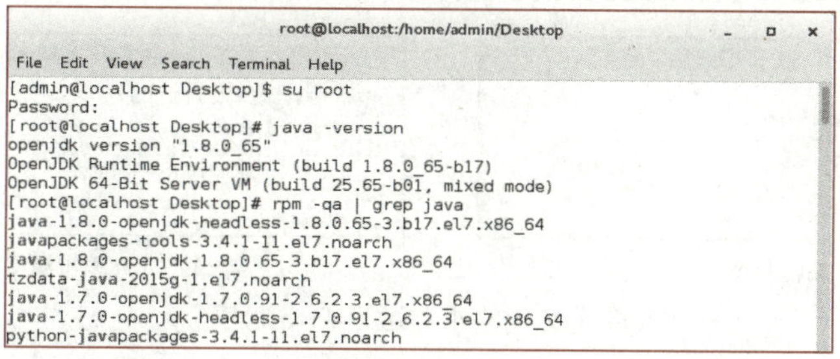

图 1-7　Linux 环境下查看 Java 运行环境

要使用最新Java开发环境，可以将系统默认的安装包删除，从官方网站下载Linux操作系统对应的安装软件，本书的安装软件为jdk-21_linux-x64_bin.rpm，如图1-8所示。下载以后，可以将Linux自带的JDK工具删除，如图1-9所示。

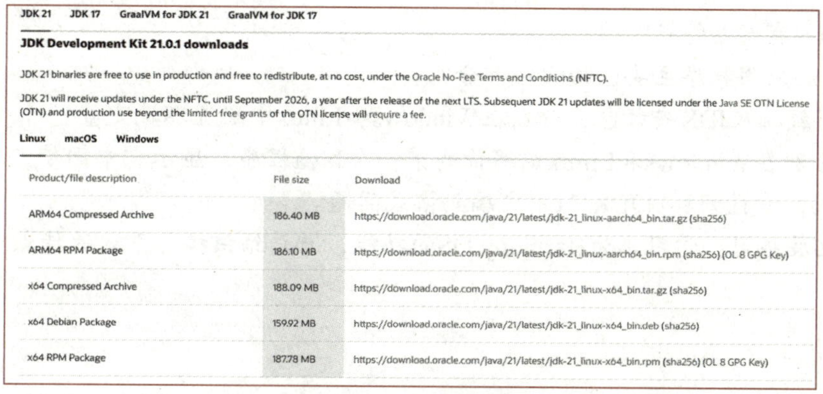

JDK 21　JDK 17　GraalVM for JDK 21　GraalVM for JDK 17

JDK Development Kit 21.0.1 downloads

JDK 21 binaries are free to use in production and free to redistribute, at no cost, under the Oracle No-Fee Terms and Conditions (NFTC).

JDK 21 will receive updates under the NFTC, until September 2026, a year after the release of the next LTS. Subsequent JDK 21 updates will be licensed under the Java SE OTN License (OTN) and production use beyond the limited free grants of the OTN license will require a fee.

Linux　macOS　Windows

Product/file description	File size	Download
ARM64 Compressed Archive	186.40 MB	https://download.oracle.com/java/21/latest/jdk-21_linux-aarch64_bin.tar.gz (sha256)
ARM64 RPM Package	186.10 MB	https://download.oracle.com/java/21/latest/jdk-21_linux-aarch64_bin.rpm (sha256) (OL 8 GPG Key)
x64 Compressed Archive	188.09 MB	https://download.oracle.com/java/21/latest/jdk-21_linux-x64_bin.tar.gz (sha256)
x64 Debian Package	159.92 MB	https://download.oracle.com/java/21/latest/jdk-21_linux-x64_bin.deb (sha256)
x64 RPM Package	187.78 MB	https://download.oracle.com/java/21/latest/jdk-21_linux-x64_bin.rpm (sha256) (OL 8 GPG Key)

图 1-8　从官网下载 Linux 环境下的 JDK 开发工具

```
[root@localhost Desktop]# rpm -qa | grep java
[root@localhost Desktop]# yum -y remove java-1.8.0-openjdk*
[root@localhost Desktop]# yum -y remove java-1.7.0-openjdk*
[root@localhost Desktop]# yum -y remove tzdata-java*
```

图 1-9　删除 Linux 系统中默认的 Java 安装信息

如图1-10所示的信息，表示Java安装完成。要在Linux中编译、运行Java程序，还需要对环境进行配置。

视频

Linux下安装和配置Java运行环境

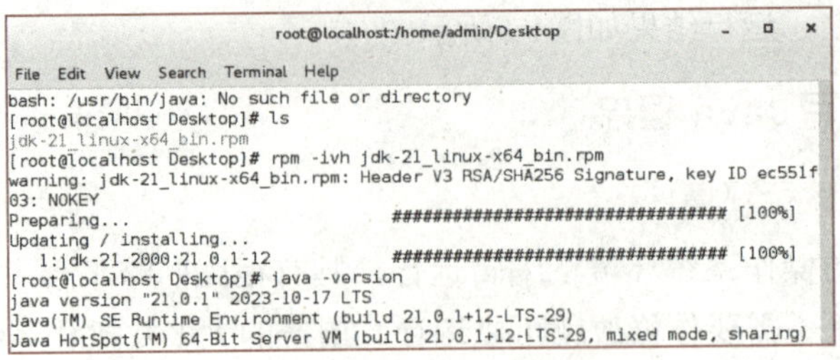

图 1-10　安装 Java 查看安装信息

2. 编写和运行 Java 程序

使用Linux自带编辑器即可编写Java源程序，在命令行下输入vi命令，即可打开编辑器，如图1-11所示。

视频

Linux下编写和运行Java程序

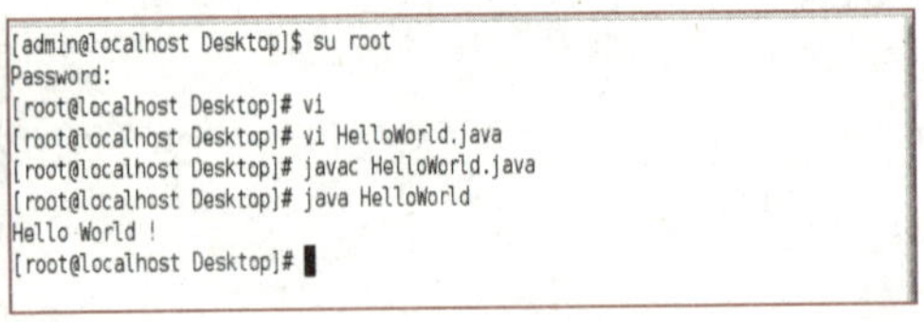

（a）编辑命令

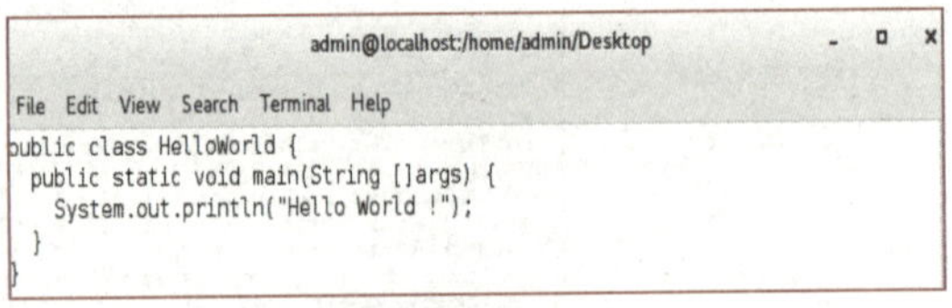

（b）编辑源文件

图 1-11　编辑并运行 Java 程序

编辑好源文件以后，将源文件保存在桌面，以便于程序运行。编译、运行源文件的命令同Windows操作系统中的用法相同。

课后实践

视频

解决JDK21中文编码格式问题

1. Java有哪些特点？

2. Java应用程序主要包括哪些部分？

3. 下载相应JDK安装包，分别在Windows和Linux中配置环境变量。

4. 分别在Windows和Linux编写你的第一个Java程序，显示“中国梦，我的梦”，请扫描二维码，看视频解决JDK 21中文编码格式问题。

5. 拓展练习：学习华为Harmony OS的功能，并总结该操作系统的特点。

任务2 利用Java解决简单问题

任务描述

小龙经常到学校的图书馆查找学习书籍，想要编写一个Java程序，在已经保存好的图书目录中，查找自己想要的书籍名称，他遇到的第一个问题就是标识符怎么用、如何让程序按照自己的意图来运行。

职业能力与目标

◎ 能够自己定义符合规范的标识符；
◎ 能够定义适合Java程序的基本数据类型；
◎ 能够合理地使用运算符；
◎ 能够通过逻辑控制语句编写符合需求的程序；
◎ 能够使用数组存储数据；
◎ 初步具备程序设计的思维；
◎ 培养家国情怀。

在Java中如何规范地使用各种名称，以及有哪些数据类型及运算符，学习完这个子模块，就可以编写一些简单的程序来解决生活中的小问题。

知识储备

一、标识符的使用

在Java语言中，标识符用于表示常量、变量、方法、类或接口的名称。Java语言对字母的大小写敏感，即严格区分大小写，但没有长度的限制。在Java语言中，标识符是以字母、下划线、美元符开始的一个字符序列，后面可以跟字母、数字、下划线、美元符。下面的标识符是合法的：X_1，_pass，$address；而8name，name_*3则为非法的标识符。

1. 关键字

Java关键字也称为保留字，是Java语言自身使用的标识符，通常具有特定的含义，因此不能将关键字作为常量、变量、类等的名称。Java语言中的关键字通常用英文小写字母表示，如public、int、main等，常见的一些关键字见表2-1。

表 2-1　Java 语言中的关键字

关键字	关键字	关键字	关键字	关键字	关键字
abstract	boolean	protected	import	for	case
catch	char	super	native	instanceof	continue
default	do	throws	public	new	extends
final	finally	while	switch	return	goto
if	implements	break	transient	synchronized	int
interface	throw	class	byte	try	package
private	volatile	double	const	short	void
static	long	float	else	this	

2. 用户自定义标识符

所谓用户自定义标识符是指用户根据需要自己定义的标识符。一般用来给变量、数组、方法、类等命名。用户自定义标识符如果与关键字相同，则编译时会出错。例如，在声明变量时，给变量命名为byName。

3. 标识符的命名规范

Java语言中的标识符是由字母、数字和特殊符号（$、_）组成，没有长度限制，必须以字母、下划线、$符号开头，注意严格区分大小写，即标识符中大小写字母会认为是不同的标识符，如AA、Aa是两个不同的合法的标识符。除此之外，在程序中对标识符的命名通常会有以下的约定：

（1）常量的名字用大写字母，使用下划线对常量名单词进行分隔，如ONE_HUNDREND；

（2）变量使用混合大小写的方式，即首字符为小写，后面的字首字母用大写，如 byName；

（3）类名的每个字首字母大写，可含有大小写，如 Animal；

（4）接口是一种特殊的类，接口名的命名规则和类名相同；

（5）方法名的首字母小写，其余各字的首字母使用大写，最好不要使用下划线，如 showAll。

二、认识数据类型

在计算机程序中，数据描述是通过数据类型来完成的。数据类型决定了数据在内存中的存放形式、占用内存空间的大小。在Java语言中，数据类型分为基本数据类型和引用数据类型，如图2-1所示。

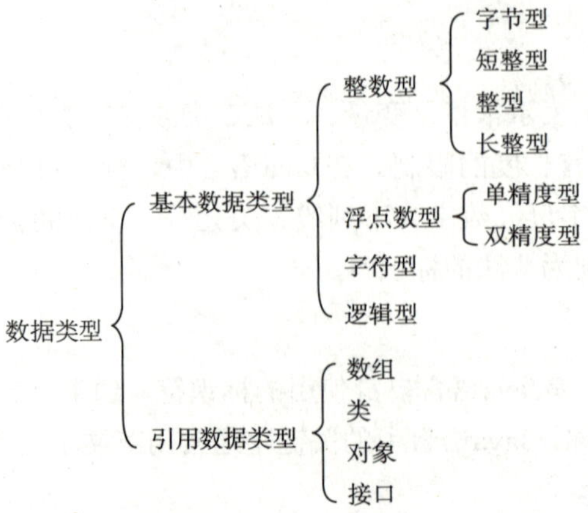

图 2-1　数据类型

1.Java 的基本数据类型

基本数据类型通常代表一个单一的值，也称为简单数据类型，由Java语言定义，是创建其他数据类型的基础。Java语言定义了八种基本数据类型，见表2-2。

表 2-2　Java 语言的基本数据类型

数据类型	关键字	大小	默认值	范围
字节型	byte	8	0	-128 ~ 127
短整型	short	16	0	-32 768 ~ 32 767
整型	int	32	0	-2 147 483 648 ~ 2 147 483 647
长整型	long	64	0L	-2^{63} ~ $2^{63}-1$
单精度型	float	32	0.0F	1.4E-45 ~ 3.4028235E38
双精度型	double	64	0.0D	4.9E-324 ~ 1.7976931348623157E308
字符型	char	16	'\u0000'	'\u0000' ~ '\uffff'
逻辑型	boolean		false	true，false

说明：

boolean型数据，在Java的官方文档中并没有明确说明所占用的字节数。

2. Java 的引用数据类型

在Java语言中，引用数据类型也称为复合数据类型，包括数组、类、接口与字符串。引用数据类型的变量中存储的不是数据本身，而是数据在内存中的存放地址。由于引用数据类型的知识与面向对象密切相关，后续的内容将进行阐述。

三、常量与变量的使用

在Java语言中，根据数据表现形式有两种情况：在程序运行过程中其值保持不变的，称为常量；而在程序的运行过程中可以根据用户的需求进行改变的，称为变量。

1. 常量

对应于数据类型，Java语言中的常量包含下列常量：整型常量、浮点常量、布尔常量、字符常量和字符串常量。

（1）整型常量

整型常量是指不含小数的整数值，如12、20等，这些是十进制整数。在书写时，除了采用十进制以外，还经常采用十六进制、八进制形式。八进制常量以0开头，后面跟多个0 ～ 7的数字，如0123、067；十六进制常量以0x开头，后面跟多个0 ～ 9的数字或者A ～ F的大写字母或者a ～ f的小写字母，如0x123、0xA80。

（2）浮点常量

浮点数是指带有小数部分的十进制数，有两种表示形式：

①标准方式，即十进制数形式，是在一个整数后加上小数点，再添加上小数部分，如123.0、123.5。

②科学计数法，以指数幂的形式来表示，如123e4、2.156E-3，其中e或者E之前必须有数字，且e或

者E后面的数字必须是整数。

在Java语言中，浮点常量默认是双精度浮点数（double型），在一个浮点常量后面加上f或者F后缀，就是单精度浮点数，如123.0f；加上d或者D后缀，就是双精度浮点数123.0d。

（3）布尔常量

布尔常量只有两个值：true和false，分别代表了真和假。这两个值只能赋给声明为boolean类型的变量，在书写的时候，直接使用true和false这两个英文单词，不需要加引号。

（4）字符常量

字符常量是由一对单引号括起来的单个字符。所有可见的ASCII字符直接书写至单引号内，如'a'、'Y'、'4'。而那些不能直接从键盘输入的字符，可通过转义符号来表示，转义符号见表2-3。

表 2-3　转义符号

转义符号	功　能	转义符号	功　能
\'	单引号	\r	回车
\"	双引号	\n	换行
\\	反斜杠	\b	退格
Oddd	八进制数（ddd）	\t	水平制表符
Oxdddd	十六进制 Unicode 字符（xxxx）		

（5）字符串常量

字符串常量是用双引号括起来的字符序列，如"student"和"1234"。需要注意的是，当字符串常量只包含一个字符时，不要和字符常量混淆了，如'B'是字符常量，而"B"是字符串常量。字符串常量中的转义符号、八进制和十六进制表示与字符常量表示是完全一样的。如字符串"ni \n hao"，中间加入了一个换行符，输出的时候，这两个词分别显示在两行上。

2. 变量

变量是指在程序运行过程中其值可以改变的量。变量在程序设计中是必不可少的部分，也是在程序中使用频率最高的对象。变量可以保存程序运行过程的中间值，也可以在语句之间传递数据。

（1）变量的声明

在Java语言中，变量必须先声明才能使用。声明变量的一般格式如下：

```
数据类型　变量名 [，变量名] [=初值]；
```

说明：

① 变量名应符合标识符命名规则。

② 声明同一类型的多个变量时，可使用逗号分隔各变量。

③ 可以在声明变量的同时给变量赋初始值，赋的初始值必须与变量类型一致。

下面代码的功能是声明不同类型的变量。

```
int x,y,z=2;            // 定义三个 int 型变量 x、y、z，并初始化变量 z
int a=1,b=2;            // 定义两个 int 型变量 a、b，并初始化变量 a、b
char c='A';             // 定义一个 char 型变量 c，并对其进行初始化
double pi=3.1415926;    // 定义一个 double 型变量 pi
```

（2）变量的初始化

变量的初始化即为给变量赋初始值。在声明变量时，可以直接赋初始值给变量；也可以在声明变量时只定义变量的数据类型、变量的名称，不赋初始值，在程序中用到该变量时再根据需要进行初始化。

方式1：在声明变量的同时给变量赋初始值。例如：

```
int x1=10,x2=20 ;
char ch='c' ;
```

方式2：先声明变量，再采用赋值语句。例如：

```
float r,pi ;                  //声明变量
pi=3.1416f ;                  //使用赋值语句对变量赋值
r=3.5f ;
```

四、运算符和表达式的使用

Java语言提供了丰富的运算符，可以进行各种不同的运算。运算符代表着某种特定的运算指令，可以对由运算符连接的操作数进行相应的运算。在Java语言中，与类无关的常用运算符有赋值运算符、算术运算符、关系运算符、逻辑运算符和位运算符等。按连接操作数的个数的多少来分，运算符分为单目运算符、双目运算符和三目运算符。

表达式是指用括号、运算符将操作数连接起来得到的式子。表达式按照运算规则计算得到一个结果，称为表达式的值。

1. 基本运算符

（1）算术运算符

算术运算符主要是实现数学上的算术运算，例如，加（+）、减（-）、乘（*）、除（/）和取余（%）运算，支持整数型数据和浮点型数据的运算。Java中的算术运算符见表2-4。

表 2-4　算术运算符

运算符	描述	举例	运算符	描述	举例
+	加法	1+3，3.8+2.7	%	取余	12%5
-	减法	20-8，3.5-5.6	++	自加 1	int i=0,i++
*	乘法	7*8，1.2*3.4	--	自减 1	int j=10,j--
/	除法	6/5，6.0/2.0			

需要说明的几点：

①除法（/）运算，当整数型数据在进行除法运算的时候，无论是否能整除，结果都将是一个整数，注意，如果不能整除，只是简单地将小数部分去掉，而不是四舍五入。例如，11/3结果为3。

②取余（%）运算，通常两个运算对象是整型数据，其实质为求余数运算。例如，11%3结果为2。

③自增（++）运算，只能用于变量，实现变量值完成自动加1的运算。例如，int i=0; i++;。

④自减（--）运算，只能用于变量，实现变量值完成自动减1的运算。例如，int j=10; j--;。

⑤单独使用的++、--运算符，只是实现简单的变量自增和自减运算，但比传统写法的加减运算速度要快很多，常用于循环结构中来控制循环的次数。

（2）算术表达式

由算术运算符将操作数连接起来得到的式子，称为算术表达式。算术表达式运算的结果通常是个数值类型的数据。例如，8+10%3。

（3）赋值运算符

赋值运算符（=）的作用是将赋值号右边的表达式的值赋给左边相应类型的变量或对象。例如：

```
int i=20 ;        // 将数据 20 赋值给变量 i
long k=I ;        // 将变量 i 的值赋值给变量 k
```

需要说明的是：

①赋值运算符的结合性是从右到左。如下面的代码中，首先计算表达式“5+20”，然后再将计算结果赋值给变量i。例如：

```
int i ;
i=5+20 ;
```

②赋值运算符可以与算术运算符进行组合，见表2-5。

表 2-5　算术赋值运算符

运　算　符	描　　述	举　　例
+=	相加并赋值	int x=10;x+=5; 等价于 int x=10;x=x+5
-=	相减并赋值	int x=10;x-=5; 等价于 int x=10;x=x-5
*=	相乘并赋值	int x=10;x*=5; 等价于 int x=10;x=x*5
/=	相除并赋值	int x=10;x/=5; 等价于 int x=10;x=x/5
%=	取余并赋值	int x=10;x%=5; 等价于 int x=10;x=x%5

2. 三目运算符

在Java语言中包含有一个特殊的三目运算符，即条件运算符。条件运算符由“?” “:”两个运算符组成，它要求有三个运算对象。由条件运算符构成的表达式称为条件表达式，其格式如下：

```
条件表达式 ? 结果 1: 结果 2
```

先计算条件表达式的值，如果为true，则表达式取“结果1”的值；反之，则取“结果2”的值。如果有int a=10, b=20，表达式： a>b?50:100 的值为50。

3. 关系运算符和关系表达式

（1）关系运算符

关系运算符主要实现数据的比较运算，比如大于、等于、小于等。Java语言中的关系运算符见表2-6。

表 2-6　关系运算符

运　算　符	描　　述	举　　例	运　算　符	描　　述	举　　例
>	大于	'C'>'c'，结果为 false	<=	小于等于	10<=8，结果为 false
>=	大于等于	10>=8，结果为 true	==	等于	10==8，结果为 false
<	小于	'C'<'c'，结果为 true	!=	不等于	10!=8，结果为 true

（2）关系表达式

由关系运算符将两个表达式连接起来的式子，称为关系表达式。关系表达式的运算结果为布尔值true或false。关系表达式通常可作为分支语句或者循环语句中的控制条件。

4. 逻辑运算符和逻辑表达式

（1）逻辑运算符

逻辑运算符用来实现逻辑判断功能，通常用于判断两个关系表达式的结果或逻辑值，例如，判断5>3和10<20是否同时成立。Java语言中的逻辑运算符见表2-7。

表 2-7　逻辑运算符

运　算　符	描　　述	举　　例
&&	逻辑与	(10<20) && (5>1)，结果为 true
||	逻辑或	(10<20) || (8>20)，结果为 true
!	逻辑非	!(10<20)，结果为 false

说　明：

①逻辑与（&&）连接两个表达式，当运算时，只要判断出左边的表达式为假，则不需要再计算右边的表达式，即可得出结论。

②逻辑或（||）连接两个表达式，当运算时，只要判断出左边的表达式为真，则不需要再计算右边的表达式，即可得出结论。

（2）逻辑表达式

由逻辑运算符将关系表达式连接起来构成的式子，称为逻辑表达式。Java语言中，逻辑表达式的运算结果为布尔值true或者flase。例如，逻辑表达式 !((10>20) && (5<8))，其结果为true。

五、程序逻辑控制的使用

由于程序最基本的单位是语句，因此，程序运行的过程就是执行语句的过程。在程序设计中有三种最基本的结构：顺序结构、分支结构和循环结构。在顺序结构中，语句的执行是按照书写顺序逐条执行；而分支结构、循环结构会依据条件进行跳转或者反复执行某些操作。

1. 顺序结构

顺序结构指的是计算机按照顺序逐条执行程序中的语句块。假设有一组程序的语句如下所示：

```
x=2 ;
y=3 ;
z=x+y ;
System.out.println(z) ;
```

在执行这段程序代码块时，计算机会按照先后顺序逐条执行，这样的程序结构称为顺序结构。

解决问题1 编写一个程序，从键盘上输入圆的半径，计算这个圆的面积。

```
import java.util.* ;
public class CircleDemo {
    public static void main(String []args){
        Scanner input = new Scanner(System.in) ; //定义一个输入对象
        System.out.println("请输入圆的半径值：") ;  //输入提示信息
        double r = Double.valueOf(input.next()) ;//从键盘输入一个数，转换成双精度类型
        double PI = 3.14 ;
        double s = PI*r*r ;
        System.out.println("圆的面积为："+s) ;      //输入圆的面积
    }
}
```

该程序在运行时，会按照顺序从上到下执行每一条语句。

2. 分支结构

通过判断条件是否满足要求，可以控制程序的执行流程，让计算机按照程序员的意图来执行任务。例如，在两个数中找出其中的较大值，需要通过对这两个数进行比较，才能够得出结果。进行条件判断的关键字是if。

（1）简单if语句

格式：

```
if(条件表达式) {
    语句块 ;
}
```

功能：当程序执行至if语句，先计算条件表达式的值，如果为true，则执行语句块，然后执行if语句的后继语句；如果条件表达式的值为false，则直接执行if语句的后继语句。如果if语句后面的语句块只有一条语句，可以将“{}”省略，通常情况下建议保留。执行过程如图2-2（a）所示。

（2）if...else语句

格式：

```
if(条件表达式)  {
    语句块1 ;
}  else  {
    语句块2 ;
}
```

功能：当程序执行至if语句，先计算条件表达式的值，如果为true，则执行语句块1，然后执行if语句的后继语句；如果条件表达式的值为false，则执行语句块2，然后再执行if语句的后继语句。执行过程如图2-2（b）所示。

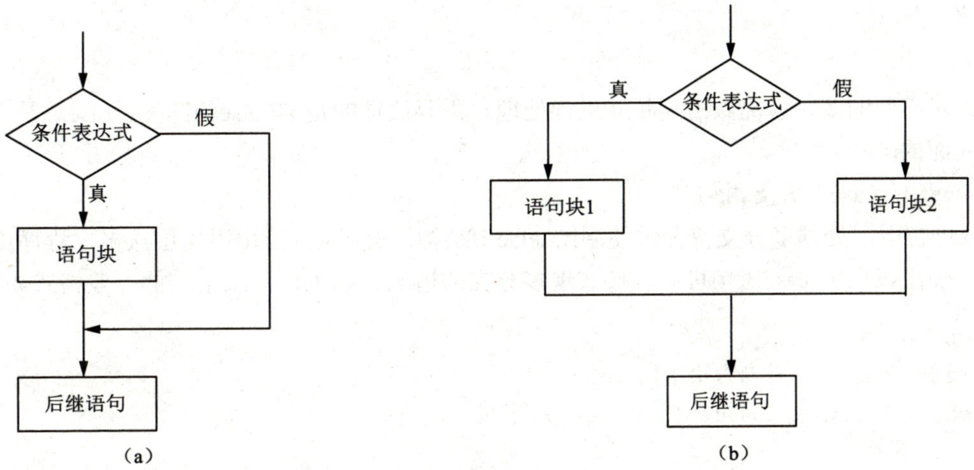

图 2-2　条件控制语句的执行过程

解决问题2　用两种条件控制语句分别输出最大值。

```
public class Compared {
    public static void main(String[] args) {
        int x=10,y=20 ;
        //使用 if 输出较大值
        if(x>y) {
            System.out.println("较大的数是: "+x) ;
        }
       if(x<y) {
            System.out.println("较大的数是: "+y) ;
        }
        //使用 if...else 输出较大值
        if(x>y) {
            System.out.println("较大的数是: "+x) ;
        }  else  {
            System.out.println("较大的数是: "+y) ;
        }
    }
}
```

（3）if...else if多分支选择语句

格式:

```
if(条件表达式1)  {
    语句块1 ;
}  else  if(条件表达式2)  {
    语句块2 ;
}  ...
else  if(条件表达式n)  {
```

```
        语句块n ;
    }
```

功能：对事件的多种情况做出判断并进行处理。需要注意的是if与else的匹配，else总是与它最近的前面的未匹配的if进行配对。

（4）switch...case多分支语句

在Java语言中，处理多分支情况时使用if...else if结构，有时嵌套的if语句层次多，程序庞大不易阅读与理解。使用switch...case语句可以直接实现多分支的情况。switch...case语句的一般格式如下：

```
switch（表达式） {
    case 常量值1: {语句块1} break ;
    case 常量值2: {语句块2} break ;
    ...
    case 常量值n: {语句块n} break ;
    [default: {语句块n+1} ]
}
```

功能：首先计算表达式的值，如果该值与常量值1相同，则执行语句块1中的语句，执行break语句跳出switch语句执行后继语句；如果表达式的值与常量值1不相同，则与常量值2进行比较，依此类推；如果表达式的值与所有常量值都不相同，如果有default子句，则执行default中的语句块，如果没有default子句，则什么也不执行。需要特别强调的是，如果在语句块后面没有break关键字，程序会直接执行它之后的case语句块，而不需要进行case条件的匹配。最新版本的JDK支持在case后面使用字符串。

解决问题3 根据月份输出相应的季节，例如，如果月份是“3”，则显示“春季”。

解题思路：用switch语句处理多分支问题时，首先要确定switch后的测试表达式。因为每个季节包括有3个月份，例如，1～3月均是“春季”，可以多个case共用一组执行语句。

```
public class Season {
    public static void main(String[] arg) {
        int month ;
        month=4 ;
        switch(month) {
            case 1:
            case 2:
            case 3:System.out.println("春季") ;break ;
            case 4:
            case 5:
            case 6:System.out.println("夏季") ;break ;
            case 7:
            case 8:
            case 9:System.out.println("秋季") ;break ;
            case 10:
            case 11:
            case 12:System.out.println("冬季");break ;
```

```
                default: System.out.println(" 输入的月份有错！ ") ;
            }
        }
}
```

程序的运行结果：

```
夏季
```

3. 循环结构

循环结构的作用是在满足给定的条件下，反复执行某段程序，直到条件不成立为止。这段反复执行的代码称为循环体，给定的条件称为循环条件。当执行循环结构程序时，在执行若干次循环体后，循环条件应变为不成立，从而结束循环，否则循环将无限次执行下去，形成死循环。循环结构是程序中非常重要的一种结构，由循环语句来实现。Java语言的循环语句常用的有：while语句、do...while语句和for语句。

（1）while语句

while语句实现的循环属于“当”型循环，即首先判定循环条件，当循环条件成立，则执行循环体，当循环条件不成立，则循环结束。while语句的一般格式如下：

```
while ( 条件表达式 ) {
        循环体
}
```

while语句的执行过程：

①计算条件表达式的值，若为true，则转到第②步，否则结束循环，执行while语句的后继语句；

②执行循环体，转到第①步。

while语句的执行过程如图2-3（a）所示。

（2）do...while语句

do...while语句实现的循环属于直到型循环，即先执行循环体，然后判断条件表达式的值，如果为真，则再次执行循环体；如果条件表达式的值为假，则循环结束，执行do...while语句的后继语句。do...while语句执行过程如图2-3（b）所示。

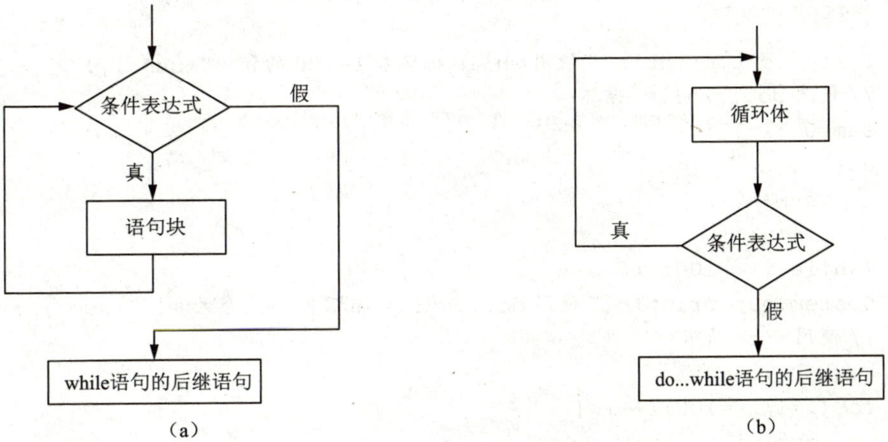

图 2-3　while 和 do...while 语句执行过程

do...while语句是先执行循环体再判断条件，会至少执行一次循环体，这就有可能会有一些危险的数据不经检测就会被执行，因此在实际程序开发中，不经常使用do...while语句，而使用while语句或者for语句来实现循环结构。

（3）for语句

在Java语言中，for语句是最常用最灵活的循环结构。for语句通常用于循环次数已知的情况下。for语句的一般格式如下：

```
for（表达式 1；表达式 2；表达式 3）{
    循环体
}
```

for语句的执行过程：

①程序执行到for语句，先计算表达式1；

②计算表达式2，如果其值为true，则执行for语句中的循环体；如果其值为false，则转到第④步去执行；

③计算表达式3，转到第②步；

④循环结束，执行for语句的后继语句。

解决问题4 使用三种循环控制语句求1+2+3+⋯+100的和。

解题思路：首先定义两个整型变量i和sum，变量i代表累加数，变量sum用于存放累加和；变量i初始值为1，表示从1开始进行累加，变量sum初始值为0；使用循环体反复地执行累加，每做一次循环，将变量i累加到变量sum中，加完后使得i自增1，形成下一个加数；当执行完一次循环后，判断变量i的值是否小于等于100，如果是，继续执行下一次循环，如果大于100，则终止整个循环；显示变量sum的值，即累加总和。

```
public class Sum {
    public static void main(String[] args) {
        int i=1,sum=0 ;
        // 使用 while 循环
        while(i<= 100) {
            sum+=i ;
            i++ ;
        }
        System.out.println("使用 while 循环求 1~100 的和："+sum ) ;
        // 使用 do...while 循环
        sum=0 ;i=1 ;
        do{
            sum+=i ;
            i++ ;
        }while(i<= 100) ;
        System.out.println("使用 do...while 循环求 1~100 的和："+sum ) ;
        // 使用 for 循环
        sum=0 ;
        for(i=1;i<=100;i++) {
            sum+=i ;
```

```
        }
        System.out.println("使用 for 循环求 1~100 的和: "+sum ) ;
    }
}
```

解决问题4的程序运行结果如图2-4所示。

```
使用while循环求1~100的和: 5050
使用do...while循环求1~100的和: 5050
使用for循环求1~100的和: 5050
```

图 2-4　解决问题 4 程序的运行结果

（4）循环的嵌套

如果在一个循环语句的循环体中又出现另一个循环语句，称之为循环嵌套。有while语句循环嵌套、for语句循环嵌套，也可以混合嵌套。

当程序执行到嵌套循环时，首先判断外层循环的循环条件，如果允许，则开始执行外层循环的循环体，而内层循环作为外层循环的循环体来执行。当内层循环执行结束并且外层循环的循环体执行结束，则再次计算外层循环的循环条件，决定是否再次开始执行外层循环的循体。

解决问题5　输出九九乘法表。

解题思路：在输出的结果中共有9行，而每行输出内容数目和所在的行一致，因此用外循环实现行的转换，而内循环实现输出一行中的内容。可在外循环中定义一个整型变量i用于表示行数，i的值从1递增至9，依次对应第1行至第9行；在内循环中定义一个整型变量j，让j的值从1递增至当前行号i。

```
public class Jiujiu {
    public static void main(String[] arg) {
        int i,j;
        for(i=1;i<=9;i++)   {
             for(j=1;j<=i;j++)
                System.out.print(i+"*"+j+"="+(i*j)+"\t") ;
           System.out.println();
        }
    }
}
```

解决问题5的程序运行结果如图2-5所示。

```
1×1=1
2×1=2   2×2=4
3×1=3   3×2=6   3×3=9
4×1=4   4×2=8   4×3=12  4×4=16
5×1=5   5×2=10  5×3=15  5×4=20  5×5=25
6×1=6   6×2=12  6×3=18  6×4=24  6×5=30  6×6=36
7×1=7   7×2=14  7×3=21  7×4=28  7×5=35  7×6=42  7×7=49
8×1=8   8×2=16  8×3=24  8×4=32  8×5=40  8×6=48  8×7=56  8×8=64
9×1=9   9×2=18  9×3=27  9×4=36  9×5=45  9×6=54  9×7=63  9×8=72  9×9=81
```

图 2-5　解决问题 5 程序的运行结果

（5）循环控制语句

Java语言提供两种常用循环控制语句：break和continue，这些语句在特定的情况下可以改变程序的执行流程。

①break语句。在某些情况下，我们需要在满足某种条件时强行终止循环，可以使用break语句来实现这个功能。在Java语言中，break不仅可以在switch语句中终止某一种情形，也可以在循环结构中用于结束循环。break语句通常结合if 语句使用。

②continue语句。continue语句只能用于循环结构中，其功能是终止本轮循环，进入下一轮循环。需要注意的是，continue语句通常结合if 语句使用。

六、数组的初步使用

在实际应用中，经常需要处理大批数据类型相同的数据，Java语言提供的数组可以很方便地表示这些数据。所谓数组是指具有相同数据类型的数据按顺序存储在一起组成的有序集合。数组有一维数组和二维数组，可以对数组里面的数据进行排序和查找。数组属于引用数据类型，数组必须经过实例化以后才能够使用。数组的名称实际上是存储数组元素的存储空间的首地址。

1. 一维数组的定义与使用

（1）一维数组的声明

一维数组的声明格式如下：

```
数据类型 数组名 [ ] ;
```

或

```
数据类型 [ ] 数组名 ;
```

说明：

“数据类型”可以是Java语言中任意的数据类型；“数组名”是一个标识符，需符合标识符命名规则；[ ]表明此数组是一个一维数组，[ ]没有指定数组长度，此时不能访问数组内任何元素。

例如：

```
char names[ ] ;
int [ ] num ;
```

上面的举例中声明了一个类型为字符型的一维数组names，一个类型为int型的一维数组num，因为没有实例化数组对象，所以数组names和num还不能使用。

（2）一维数组的实例化

声明数组后，还需要实例化数组，也就是为数组分配内存空间。一维数组的创建格式：

```
数组名 [ ] = new 数据类型 [ size ]
```

其中，new关键字用于给数组分配内存空间；size用于定义数组的长度。

例如：

```
int num[ ] ;
num = new int[10] ;
```

上面的举例中先声明一个名称为num的整型数组，然后创建num数组对象，数组num的长度为10。

（3）同时声明与创建数组

也可以在声明数组时，同时创建数组。声明与创建数组的格式：

```
数据类型 数组名 [ ] = new 数组类型 [ size ]
```

例如：

```
int  num[ ] = new int[10] ;
```

在上面的举例中声明了一个名称为num的整型数组，并分配了10个整型数据所占据的内存空间。

（4）数组元素的表示

一维数组的元素由下标唯一确定，格式如下：

```
数组变量 [ 下标 ]
```

其中，[下标]是表达式，用于确定数组元素在数组中的位置，其数据类型为整型，取值范围为0到数组长度-1。

例如，在上面的例题中，在声明了一个名称为num的整型数组并分配了10个整型数据所占据的内存空间后，可使用数组num的元素，顺序依次为num [0]，num [1]，num [2]，…，num [9]。注意，数组元素的下标从0开始。

（5）数组元素的初始化

数组元素的初始化指为数组元素赋初始值，声明并创建数组后，可直接给数组元素赋值，方法与变量赋值相同。例如：

```
int  num [ ] = new int[10] ;
num[1]=10 ; num[2] = 20 ; num[3]=50 ;
```

解决问题6　一维数组的使用：逆序显示10，9，8，…，2，1。

解题思路：分别定义一个数组arr、一个整型变量i，在第一个循环语句里，变量i的值从0递增至9，同时将变量i加1以后再赋值给arr数组对应的数组元素，然后在第二个循环语句里，变量i的值从9递减至0，逆序输出arr数组各个元素值。

```
public class Array1 {
    public static void main(String[] arg)  {
        int arr[] ;
        arr = new int[10] ;
        for(int i = 0 ;i < 10;i++)
            arr[i] = i+1 ;
        for(int i = 9;i >= 0; i--)
            System.out.println(arr[i]) ;
    }
}
```

2. 二维数组的定义与使用

一维数组中的每个元素带有一个下标。若数组中每一个元素带有两个下标，这样的数组称为二维数组。

（1）二维数组的定义

二维数组可以看作是多个相同类型的一维数组。二维数组的一般定义格式如下：

```
数据类型 数组名 [ ][ ]
```

或

```
数据类型 [ ][ ] 数组名
```

例如：

```
float attr[3][4]
```

二维数组声明和申请存储空间可以同时进行。例如：

```
int a[ ][ ] = new int[2][3] ;
```

（2）二维数组初始化

可以在声明数组时对其进行初始化。例如：

```
int [ ][ ] attr = new int[ ][ ]{{10,2},{-5,12},{4,9}} ;
```

如果声明一个二维数组但没有对其进行初始化，则必须使用new运算符将数组分配给此变量。例如：

```
int [ ][ ] attr ;
attr = new int[ ][ ]{{10,2},{-5,12},{4,9}} ;
```

（3）二维数组元素

二维数组元素格式如下：

```
二维数组名 [ 下标 1][ 下标 2]
```

其中，[下标1]和[下标2]分别指数组元素第一维、第二维的下标。

解决问题7 定义一个3行4列的二维数组，赋初始值，并使用循环打印数组中每个元素的值。

```
public class Array2 {
    public static void main(String[] arg) {
        int arr2[][] = new int[3][4] ;
        int i,j ;
        for(i = 0; i < 3;i++){
            for(j = 0;j < 4 ;j++){
                arr2[i][j] = i+j ;
            }
        }
        //输出数组每个元素
        for(i = 0;i < 3;i++){
            for(j = 0;j < 4;j++)     {
                System.out.print(arr2[i][j]+"\t") ;
            }
            System.out.println();
        }
    }
}
```

程序的运行结果：

```
0    1    2    3
1    2    3    4
2    3    4    5
```

任务实施

应用实例——编写一个程序查找图书名称

解决问题8 图书信息查找。

分析：

（1）需要将已有的图书信息保存到一个数组对象中；

（2）从键盘上输入信息；

（3）将输入的信息与数组的元素逐一进行比较，如果找到则显示成功信息，并终止程序；

（4）如果所有元素都已经遍历，没有找到，显示查找不成功的信息。

```
import java.util.* ;
public class QuerryBook {
    public static void main(String[] args){
        Scanner input = new Scanner(System.in) ; //创建一个对象，用于从键盘输入信息
        System.out.println("请输入你想查询的书:") ; //在屏幕上打印提示信息
        boolean flag = false ;        //设置一个标志变量，用于记录是否找到想要的信息
        String bookName = input.next() ;
        //将图书名称保存到数组对象中
        String nameList[] = {"习近平法治思想学习纲要","习近平的七年知青岁月","中国共产党
历史学习百问","科学与忠诚：钱学森的人生答卷","可爱的中国","星火燎原","谁是最可爱的人"};
        for(int i=0;i<nameList.length;i++) { //遍历数组对象的元素
            if(nameList[i].equals(bookName)) {
                //如果找到想要的书，显示成功的信息，并将标志变量设定为true，同时终止查找
                System.out.println("找到你想要的书...") ;
                flag = true ;
                break ;
            }
        }
        if(!flag){                                        //如果没有找到，则显示相关提示信息
            System.out.println("没有找到你想要的书...") ;
        }
    }
}
```

课后实践

1. 编写程序：给出一个整数，判断此数是奇数还是偶数。

2. 编写程序：计算n的阶乘（$n!$）。

3. 编写程序：显示学生成绩等级。如果学生成绩在60分以下，则显示“不及格”；如果在60～69分，则显示“及格”；如果在70～79分，则显示“中等”；如果在80～89分，则显示“良好”；如果在90～100分（含100分），则显示“优秀”。

4. 编写程序：求出100以内的素数。

5. 编写程序：利用冒泡排序法，对一个数组进行升序排列。

6. 编写程序：电影信息查询，显示相应的查找信息。电影信息库包含《建党伟业》《建国大业》《建军大业》《长征》《血战湘江》《永不消逝的电波》。

任务3 类与对象的使用

任务描述

图书馆中的图书包含有很多信息，其中比较重要的信息包含有书名、价格、出版社等，如果只是用基本数据类型来记录这一种物品，就不能够完整地反映这个物品的真实情况。小龙想要按照生活中的实际对象，用Java程序实现对图书对象的添加、删除、查找功能。

职业能力与目标

◎ 初步具备面向对象程序设计的基本思路；
◎ 掌握面向对象程序设计的基本要素和特性；
◎ 能够编写符合要求的类，并利用类创建对象；
◎ 理解对象在内存中的存储，能够通过对象合理引用类的成员；
◎ 掌握方法的定义格式、参数的传递，以及方法的重载；
◎ 掌握构造方法的定义格式及构造方法的使用；
◎ 理解匿名对象的定义与使用；
◎ 理解单例设计模式；
◎ 能够熟练使用String对象；
◎ 具备调试程序的能力，能够分析问题、解决问题；
◎ 增强对民族自主品牌自豪感，有担当意识；
◎ 践行社会主义核心价值观，具有深厚的爱国情怀。

Java语言是面向对象程序设计语言，面向对象是程序设计的一种思想，是相对于面向过程来说的。面向过程是针对某一个问题单独提出解决方案并设计代码。面向对象是以组件化的形式进行代码设计，最大的特点是这些组件可以重用。例如，以面向过程的思想生产汽车，生产者需要生产汽车的每一个零件，一旦零件损坏，就没有匹配的零件可用；如果以面向对象的思想生产汽车，汽车的零件可以由其他的生产者生产，汽车的生产者只要找到与所需功能相匹配的零件即可，无须自己生产每一个零件，最大的优点是这些组件可以重复使用，缩短开发周期。

知识储备

一、什么是面向对象程序设计

面向对象是从现实世界中客观存在的事物出发来构造软件系统，并在系统构造中尽可能运用人类的自然思维方式，强调直接以问题领域中的事物为中心来思考问题、认识问题，依据这些事物的本质特点，把它们抽象地表示为系统中的对象，以这些对象作为系统的基本构成单位。这样可以使系统直接地映射问题领域，保持问题域中事物及其相互关系的本来面貌。

面向对象的基本思想认为世界是由各种各样具有自己功能和内部状态的对象组成，不同对象之间的相互作用和通信构成了完整的现实世界。因此，软件系统也是由一些具有内部状态和功能的对象组成，对象之间通过合作（相互间的功能调用）来实现系统功能。换句话说，在面向对象程序设计中，万物皆对象。

1. 认识面向对象程序设计的要素

面向对象程序设计的三大要素是：对象、类、继承。

（1）对象

对象是用来描述客观事物的一个实体，它是构成系统的一个基本单元。例如，复兴号动车组、和谐号动车组，复兴号、和谐号这些都是现实生活中存在的具体事物，在面向对象程序设计中，复兴号、和谐号就可以用对象来描述。一个对象具有一组属性和行为，属性用来描述对象的状态，行为用来描述对象的功能。复兴号是动车的品牌，它还拥有其他的特性，例如，车次号、速度、始发站、终点站等，这些都称为属性，用来描述动车的状态；动车能够行驶，这是它的功能，属于对象的行为。

（2）类

类指的是具有相同属性和行为的同一类对象，是这一类对象的抽象。因而，类是抽象的，对象是具体的。类是生成对象的模板，对象是类的实例。在进行面向对象程序设计时，首先要寻找对象，把对象进行归类，抽取出相同的属性和行为，定义成为类。例如，复兴号动车组是动车，和谐号动车组也是动车，这两个对象属于同一类事物，对它们的品牌、车次号、速度、始发站、终点站的共同属性进行抽取，定义成为这一类事物的共同属性；对它们的驾驶功能进行抽取，定义成为这一类事物的行为。由此，就生成了这类对象共同的类。类中的属性和行为统一称为类的成员。

类的属性一般为私有成员，只能在类的内部使用，类的行为一般是公有成员，可以在类的外部调用。类可以使用UML图进行描述，如图3-1所示。UML图分为三部分，第一部分是类名，第二部分是属性，第三部分是行为。其中公有成员使用“+”表示，私有成员使用“-”表示。

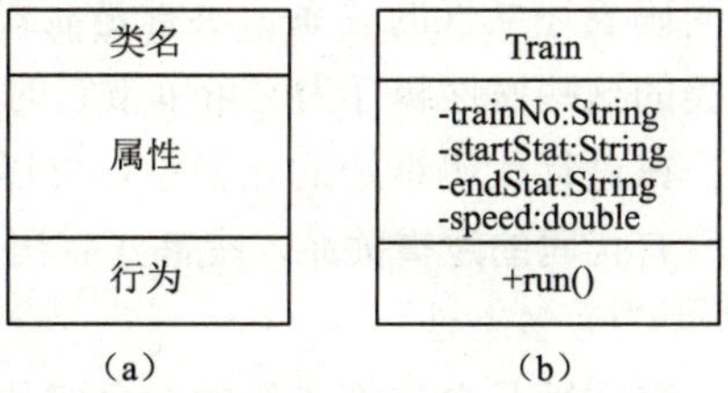

图 3-1　类的 UML 图

（3）继承

继承描述的是类与类之间的关系。有了继承关系以后，使得一个类可以拥有另一个类的属性和行为，并且可以由一个类派生出很多的子类，形成类的层次关系。这是现实世界中事物的分类问题在计算机中的表现形式。继承使软件复用变得简单、易行，缩短程序的开发周期，类的继承关系如图3-2所示。

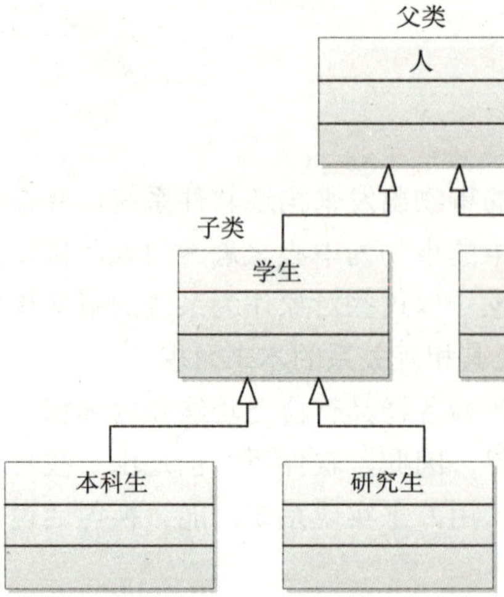

图 3-2　类的继承关系图

2. 认识面向对象程序设计的特性

面向对象程序设计有三大特性：封装性、继承性、多态性。

（1）封装性

封装性是保护类的内部定义结构的安全机制。如计算机，它的主机是用主机箱来进行封装的，可以保护内部组件的安全。同理，定义一个类以后，类的属性值只能在类的内部进行修改，以保证数据不被非法修改，产生安全隐患。另外对于类的实现，需要尽可能隐藏它的内部细节，与外部的联系只能通过外部接口实现，以保护程序不被恶意修改。

类的封装性反映了事物的相对独立性，使用者只需要关心类提供了什么功能（即能做什么），至于如何实现这些功能，用户不需要关注。如计算机，用户只需要关注有没有USB接口、视频和音频接口、鼠标键盘接口，至于这些接口如何与主板、CPU进行通信，用户不需要关注。

（2）继承性

继承性指的是子类（特殊类）拥有父类（一般类）的属性和行为。继承意味着自动拥有，子类不必重新定义父类中已经存在的属性和行为，它自动地、隐含地拥有父类的属性和行为。继承提供了一种明确表述共性的关系。不管是显式还是隐式继承，在概念上和效果上都是子类的属性和行为，而且子类的这些属性和行为又可以被它的子类所继承，也就是说，继承关系可以传递。

在进行代码维护的过程中，可以定义新的类继承已有的类，实现对原有系统功能的扩充，且不影响原有代码的逻辑关系，提高了代码的可维护性。

（3）多态性

多态性是允许将子类的对象赋值给父类的对象，赋值之后，父类对象就可以根据当前值来调用对应的子类对象的方法，实现一个对象有多种状态的技术。多态有编译时多态和运行时多态。编译时多态通过方法的重载（overload）实现，运行时多态通过方法的重写（override）实现。通常所说的多态是运行时多态。比如狗是动物、猫也是动物，如果把狗的对象赋值给动物，那么说动物在叫，所指的是狗在叫；如果把猫的对象赋值给动物，此时说的动物在叫指的是猫在叫。有了多态性以后，扩展了程序的功能，特别是在进行参数传递时，统一了形参的类型。

3. 初步认识类和对象

类和对象是面向对象程序设计中最基础的组成单元，类是共性事物的集合，对象是指某一个具体的事物。例如，花指的是一类事物，而玫瑰花是一种具体的花；鱼指的是一类事物，而鲤鱼是一种具体的鱼；人是一类事物，而小明是一个具体的事物。花、鱼、人在程序中的体现就是类，玫瑰花、鲤鱼、小明在程序中的体现就是对象。

所有的类都是用来描述对象的结构，比如人有姓名、年龄、性别、身高等共性特征，除了这些共性特征以外，还有相同的功能，比如人具有学习的功能、行走的功能等。特征在类中的体现是属性（成员变量），功能在类中的体现是行为（成员方法）。例如，笔记本计算机有品牌、价格、重量等特征，有开机、关机等功能。

对象是由类产生，对象所能操作的行为由产生该对象的类来决定，超过类定义范畴的操作，对象不能够使用。例如，小明是人类，因而它能够使用学习功能、行走功能，但是不能使用飞的功能。

类是对象的模板，是抽象的，它必须通过实例化对象才能够被使用，对象是具体的。所以要先定义类，才能够定义对象。比如银行卡是一个类，是抽象的，但中国建设银行的信用卡是对象，是具体的、可以使用的。

4. 面向对象程序设计思路

在进行面向对象程序设计的时候，首先要对系统进行建模，通俗地说就是抽取类，一般情况下需求中出现的名词就是需要定义的类。其次是要给每一个类定义属性，用来描述对象状态的内容就是类的属性。最后是要定义类的功能，也就是行为，一般用动词来描述的就是对象的行为。在定义行为时，要解决两个问题：是否需要接收类以外的数据；是否需要把结果告诉调用者。这是面向对象程序设计的一般思路，下面通过例子来说明使用面向对象程序设计思想进行建模，不考虑代码的实现。

解决问题1　猫抓老鼠。

（1）分析：在需求中出现了两个名词，猫和老鼠，所以类有两个：猫、老鼠。在这里没有用来描述猫和老鼠状态的内容，所以不考虑属性（一般在需求中出现什么，就考虑什么，有利于简化问题）。需求中出现的动词是抓，所以行为（或者说功能）就是抓。关键需要确定这个行为所属的对象，可以通过“功能属于谁”行为就是谁的原则进行判断。这里可以很明确地知道“抓”的动作是猫产生的，所以这个行为要定义在猫这个对象中。

在抓这个行为中，老鼠不是属于猫的数据，这个数据要从外部传递进来，因此，行为需要参数；另外有没有抓住老鼠需要告诉调用者，所以这个功能需要有返回值，返回值要明确告诉使用者有没有抓住老鼠，抓住了为true，没抓住为false，因而返回值的类型为布尔型。

（2）抽象代码：根据上面的分析，可以定义出与代码无关的模型。

```
猫 {
    boolean 抓（老鼠） {
        ...
    }
}
老鼠 {
    ...
}
```

上述的抽象代码，就是面向对象程序的雏形。属性通过定义变量来实现，行为通过定义方法来实现。

解决问题2　商店卖水，水可以喝，一瓶500 mL的水价格为2.0元。

（1）分析：需求中出现了两个名词，商店和水，所以有两个类：商店、水。商店中有商品，品名是水，所以有一个属性。水有描述状态的数据：容量、价格，所以水的属性有两个。需求中出现的行为有两个：卖、喝。需要确定这两个功能属于哪个类，很显然，“卖”是商店的行为，“喝”是水的行为，所以这两个行为分别属于商店和水。

“卖”的功能：卖的商品是水，水是属于商店对象的商品，不是外部数据，不需要参数；卖完水之后，商店能够获得收入，所以需要返回值，返回值的类型为水的价格数据类型。

“喝”的功能：没有外部数据需要传递进来；有没有喝完水需要告诉调用者，有布尔型的返回值。

（2）抽象代码：

```
商店  {
    商品名称：水 ；
    double 卖（ ） {
         ...
    }
}
水  {
    容量 ；
    价格 ；
    boolean 喝（ ） {
         ...
    }
}
```

通过两个例子，说明了面向对象程序类的设计基本思路，读者在学习的初期，可以按照这样的思路设计程序的框架。

二、如何定义和使用类

类是Java中的一种重要的引用数据类型，它封装了一类对象的属性和方法，是这一类对象的原型。类实例化就得到了对象。

1. 认识类的定义格式

在Java中，类的定义是通过关键字class来实现。格式如下：

```
[权限修饰符] class <类名>  {
    //类体：由属性（变量）和方法构成
    [权限修饰] <数据类型> <属性名> ;
    [权限修饰] <返回值类型> <方法名> ([数据类型  参数1，…]) {
         //方法体
    }
}
```

下面对定义格式做几点说明：

（1）类的定义包括类声明和类体，class是类声明，类体是由一对“{ }”括起来的内容，包含有属性（成员变量）和行为（成员方法）；

（2）“< >”中的内容为必选项，“[ ]”中的内容为可选项，其中权限修饰有四个：public、private、protected、默认。其中，public表示在类外面可以访问，private表示只能在类的内部访问，protected表示同一个包中的类或者该类的子类可以访问，默认修饰表示只能在同一个包中的类可以访问；

（3）每一个类一般都是单独定义，类名符合标识符的命名规则，一般情况下，类名中每个英文单词中的第一个字母为大写，如Person，如果一个类的名称使用public修饰，这个类名必须与文件名相同，一个源文件只能有一个public类；

（4）类中的属性可以是任意数据类型，例如，简单类型int、double等，也可以已经定义的类的类型；

（5）一般情况下，方法需要对象提供功能，它的权限为public。

有了类的定义格式，可以很方便地把抽象代码转换成类的定义形式，把解决问题1和解决问题2转换成类的定义格式，如解决问题3和解决问题4所示。

解决问题3 猫抓老鼠。

```
class Cat {
    public boolean catch(Mouse m) {
        // 方法体
    }
}
class Mouse {
    // 类体
}
```

解决问题4 商店卖水，水可以喝，一瓶500 mL的水价格为2.0元。

```
class Shopping {
    Water w ;
    public double sale() {
        // 方法体
    }
}
class Water {
    double price ;
    double volume ;
    public boolean drink() {
        // 方法体
  }
}
```

虽然上面的例题运行以后，不能得到任何结果，但类的定义形式和框架可以按照这样的思路完成。下面通过分析人，来完整地定义一个类，如解决问题5所示。

解决问题5　定义人类。

（1）分析：要描述一个人，一般包含姓名、性别、年龄等特征，为了简化问题，只使用这些特征来描述一个人，所以人的属性有三个。人会说话，能够说出自己的姓名、性别、年龄，这三个数据都是人类的内部数据，这个行为不需要参数；会学习，向屏幕输出一句话，所以人的行为有两个。

（2）代码设计：

```
class Person {
    //定义属性(变量)
    String name ;
    String sex ;
    int age ;
    //定义行为(方法)
    public void speak() {
        System.out.println("name = " + name + ",sex = " + sex +",age = "+ age) ;
    }
    public void study() {
        System.out.println("我正在努力学习...") ;
    }
}
```

视频

实例化对象

2. 对象的定义与使用

一个类一旦定义好了以后，它就成为一种引用类型的数据，可以用来定义变量、创建对象。在一个类的外部，类的成员不能够直接使用，只能通过实例化对象才能够使用。

1）实例化对象的方法

（1）先定义后实例化

格式如下：

```
类名  对象引用名 = null ;          //定义引用类型的变量
对象引用名 = new 类名() ;          //实例化对象
```

例如，实例化解决问题5中的Person对象。

```
Person p = null ;                  //不显示赋值，对象类型的变量默认值为null
p = new Person() ;
```

（2）定义的同时实例化

```
类名  对象引用名 = new 类名() ;
```

例如，实例化解决问题5中的Person对象。

```
Person p = new Person() ;
```

实例化对象一般包括三个步骤：

①声明对象引用：对象引用不是对象，声明对象引用是为存储对象地址准备存储空间。如果把对象看作是房子，对象引用就是存储房子钥匙的抽屉。对外引用的初始值为null，它不指向任何对象。只

是声明对象的引用，还不能对该对象进行任何操作。

②实例化对象：使用运算符new可以实例化对象，实质是为对象分配内存空间，用以保存对象的属性值，这片存储空间就称为对象，它有一个地址。每次使用new运算符，都会在内存中开辟新的存储空间来保存对象。给对象引用赋值实际上是把对象的地址赋给对象引用，以便通过对象引用来操作对象的成员。

③初始化：使用new运算符为对象分配存储空间以后，类的构造方法完成对象成员的初始化工作。如果没有显式初始化，每个成员都会用默认值进行初始化。比如int型默认为0，double型默认为0.0，boolean型默认为false，引用类型默认为null。

2）对象的使用

使用new运算符创建好对象以后，可以通过“.”运算符操作该类的成员。解决问题6中利用Person类实例化对象，并通过对象操作Person类中的成员。

解决问题6　实例化对象和使用对象。

```
class Person {
    //定义属性（变量）
    String name ;
    String sex ;
    int age ;
    //定义行为（方法）
    public void speak() {
        System.out.println("name = " + name + ",sex = " + sex +",age = "+ age) ;
    }
    public void study() {
        System.out.println("我正在努力学习 ...") ;
    }
}
public class PersonDemo {
    public static void main(String[] args) {
        Person p = new Person() ;    //实例化对象
        p.name = "小明" ;            //通过实例化对象操作属性
        p.sex = "男" ;
        p.age = 20 ;
        p.speak() ;                  //使用实例化对象操作方法
        p.study() ;
    }
}
```

解决问题6的程序运行结果如图3-3所示。

在类PersonDemo中实例化了类Person的对象p，并通过p可以操作类Person中的成员。类中的成员只能通过对象进行操作，不能在类的外部直接使用，解决问题7就会产生编译错误。

```
name = 小明,sex = 男,age = 20
我正在努力学习…
```

图 3-3　解决问题 6 的程序运行结果

解决问题7 错误使用类的成员。

```
class Person {
    String name ;
    String sex ;
    int age ;
    public void speak() {
        System.out.println("name = " + name + ",sex = " + sex +",age = "+ age) ;
    }
    public void study() {
        System.out.println("我正在努力学习 ...") ;
    }
}
public class PersonDemo {
    public static void main(String[] args) {
        Person p = new Person() ;
        p.name = "小明" ;
        p.sex = "男" ;
        p.age = 20 ;
        speak() ;                    // 直接使用 Person 类中的 speak() 方法
        p.study() ;
    }
}
```

在类PersonDemo中直接使用类Person中的speak()方法，产生编译错误信息，如图3-4所示。

```
PersonDemo.java:18: 错误: 找不到符号
        speak() ;                    //直接使用Person类中的speak()方法

  符号:   方法 speak()
  位置: 类 PersonDemo
1 个错误
```

图 3-4　解决问题 7 的程序编译错误信息

3）对象引用的初步分析

对象引用是整个Java的基础，没有掌握对象引用，等于没有学习Java。为了能够更加深入理解对象，下面来剖析对象在内存中的存储关系。

视频

Java程序运行时内存状态示意图

Java虚拟机把内存划分成五种：栈内存、堆内存、方法区、本地方法区、寄存器。其中栈内存用来存储当前运行的程序代码，程序一旦运行结束，就会释放栈内存空间。堆内存用来存储对象，每次运行new运算符，都会在堆内存中开辟存储空间来保存对象，每一个对象在堆内存中有一个地址。方法区、本地方法区和寄存器在本书中不作说明。

栈内存用来存放正在运行的程序，堆内存用来存放创建的对象。以解决问题6为例，说明程序运行时栈内存和堆内存的状态，请大家认真学习视频。

Java程序是从main()方法开始运行，因而main()方法首先进入栈内存，堆内存为空；在main()方法中的第一条语句为“Person p = new Person();”。new运算符的功能是在堆内存中开辟存储空间，运行时，由于new运算符的优先级别高于赋值运算符“=”，所以这条语句执行时首先在堆内存中开辟存储空间保存Person对象的三个属性name、sex和age，然后调用Person()构造方法（此时Person()方法进入栈内存）完成对成员的初始化。内存状态图如图3-5所示。

初始化完成以后，构造方法Person()弹栈释放内存空间。堆内存中存储的Person对象有一个地址，这个地址通过赋值运算符赋值给Person对象的引用p，假设对象的地址值为十六进制的值0X1000，则p的值为0X1000，使得p指向堆内存中的Person对象。通过对象引用p可以对堆内存中的对象进行操作，也可以调用Person类中的方法，内存的空间状态如图3-6所示。

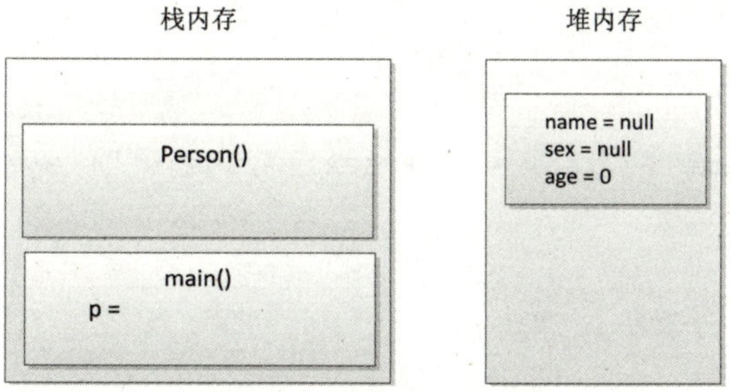

图 3-5　使用 new 运算符以后内存状态图

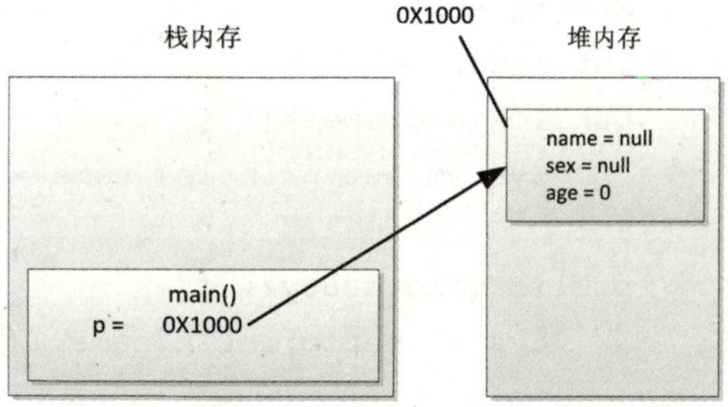

图 3-6　构造方法完成初始化后内存状态图

需要特别强调的是，只定义对象，不使用new运算符在堆内存当中创建对象，就不能通过对象引用类的属性和方法。

视 频

栈内存与堆内存

如果一个对象在程序开发过程中，只需要使用一次，这样的对象可以定义成为匿名对象，即不使用对象引用指向new运算符实例化的对象。但在堆内存中仍然开辟存储空间保存对象，只不过使用完以后就变成垃圾，被系统清理掉并释放存储空间，如解决问题8所示。

解决问题8　匿名对象操作成员。

```
class Book {
    String name = "Java 案例教程" ;
    double price = 55.5 ;
    public void show() {
        System.out.println(" 书名: " + name + ", 价格: " + price) ;
    }
}
public class BookDemo {
    public static void main(String[] args) {
        new Book().show() ;
    }
}
```

解决问题8的程序运行结果如图3-7所示。在程序中使用new运算符实例化对象之后直接操作Book类中的show()方法，但这个对象没有任何引用指向它，所以只能使用一次。

```
书名：Java案例教程，价格：55.5
```

图 3-7　解决问题 8 的程序运行结果

在面向对象程序设计过程中，比较容易犯的错误是：

```
Person p1 ;
p1.name = " 小明 " ;
```

上述的第一条语句只是声明一个Person类的对象引用，并没有在堆内存中开辟存储空间来保存对象，此时的对象引用没有任何指向，在编译程序时会产生错误提示信息。只有new运算符才具有在堆内存中开辟存储空间的功能。解决问题9只定义了对象引用p，但是p没有初始化。

解决问题9 只定义对象引用没有实例化对象。

```
class Person {
    String name ;
    String sex ;
    int age ;
    public void speak() {
        System.out.println("name = " + name + ",sex = " + sex +",age = "+ age) ;
    }
    public void study() {
        System.out.println(name + " 正在努力学习 ...") ;
    }
}
public class PersonDemo {
    public static void main(String[] args) {
        Person p ;                                  // 只有对象引用，没有指向任何对象
        p.name = " 小明 " ;
    }
}
```

解决问题9的程序编译时产生错误提示信息，如图3-8所示。

```
PersonDemo.java:15: 错误: 可能尚未初始化变量p
        p.name = "小明" ;
        ^
1 个错误
```

图 3-8　解决问题 9 的程序编译信息

视频

初学者常见的错误

4）封装性分析

Java的封装性是Java语言提供的一种保护类的定义结构的安全机制。比如在Person类中定义有age属性，如果使用语句“p.age = -10 ;”，在语法上没有任何错误，但是存在程序的业务逻辑错误，因为人的年龄值不能为负数。而产生这种安全因素的根本原因是外部程序直接操作了类的内部数据，从另一个角度来说，类的内部细节暴露给了使用者。为了解决这个问题，在Java中使用关键字private来实现封装，凡是只能在内部使用的成员，使用private权限修饰符进行修饰，使得外部不能够直接操作这些私有成员。在解决问题10中，类的属性都使用private修饰。

解决问题10 类的外部访问被private封装的成员。

```
class Person {
    private String name ;                           // 属性使用 private 进行封装
    private String sex ;
    private int age ;
    public void speak() {
        System.out.println("name = " + name + ",sex = " + sex +",age = "+ age) ;
    }
    public void study() {
```

```
        System.out.println(name + "正在努力学习...") ;
    }
}
public class PersonDemo {
    public static void main(String[] args) {
        Person p = new Person() ;
        p.name = "小明" ;           //在 Person 类的外部不能直接使用 private 修饰的成员
    }
}
```

解决问题10的程序在编译时会产生编译错误信息，如图3-9所示。name被private修饰，只能在Person中访问。

```
PersonDemo.java:15: 错误: name可以在Person中访问private
        p.name = "小明" ;                      //在Person类的外部不能直接使用private修饰的成员
        ^
1 个错误
```

图 3-9　解决问题 10 的程序编译信息

被private封装以后，Person类的中属性在外部不可见，也不能被外部对象使用。外部对象需要访问这样的属性，只能通过类所提供的功能进行访问，这些功能只能通过成员方法来实现。

注　意：

对类的成员实现封装以后，还必须提供有访问这些成员的接口，否则这样的类没有使用价值。

三、方法的定义

一个类的类体一般情况下包含两部分内容：属性（成员变量）和方法。方法用来描述类的功能，是与外部通信的接口。调用者可以通过方法，来使用类所提供的功能，完成软件系统的功能。

1. 方法定义的格式

方法是类的成员，必须包含在类中。方法的定义格式如下：

```
[权限修饰] <返回值类型> 方法名([参数类型 参数1,...]) {
    ... //方法体
}
```

对方法的定义格式做几点说明：

（1）返回值的类型一定要有，可以是Java中任意的基本数据类型，例如，int、double等，也可以是引用类型，例如，类、接口、数组类型，如果不需要返回值，则返回值的类型为void关键字；如果有返回值，必然有return语句，而且return后面的表达式的值与返回值的类型要一致；

（2）方法名必须符合Java规定的标识符命名规范，一般情况下使用与功能相对应的单词，如果一个方法名由多个英文单词构成，从第二个英文单词开始，首字母大写，例如，setName、removeNode等；

（3）权限修饰符一般为public，因为方法是外部对象与类通信的接口；

（4）方法中需要使用的外部参数放在一对“（）”中，这样的参数称为形式参数（也称形参），参数的类型是Java中的任意数据类型，如果没有参数，这对“（）”不能少；

（5）方法体是由实现方法功能的语句构成，必须放在一对“{}”内，除了定义成员变量以外，其他的语句一般都放在方法体中；

（6）外部对象调用方法时，就会执行方法体，方法体在执行前，会被加载到栈内存，方法执行完以后，会释放栈内存，在方法内部定义的变量（包括形参），会随着栈内存的释放而失效。

Java程序中的方法必须符合方法定义的格式。例如，在Person类中定义的方法study()：

```
public void study() {
    System.out.println(name + "正在努力学习...");
}
```

方法的名称为study，方法没有返回值，即void，修饰权限为public，方法中没有参数。在类的外部使用“p.study();”语句可以调用方法，调用方法时，会传递参数、执行方法体。

2. 确定方法所实现的功能

要定义类的成员方法，必须要明确两件事：一是确定方法的结果类型（实现什么样的功能），二是要确定方法中使用的数据源，如果使用的是类自己的成员变量，就不需要形参，如果需要使用来自当前类的外部数据，则必须使用形参来接收从外部传递进来的数据。这两个问题明确了以后，方法的功能就确定了，至于如何实现功能，需要方法体中的语句来实现。而对外部来说，并不关心实现的细节。

解决问题 11 定义一个书本类，它有书名、价格和出版社三个属性，提供了一个获取书的信息的方法。

（1）需求分析：对象只有书，所以只要定义一个类Book，它有三个属性，这三个属性通过定义成员变量来实现。需求中明确有一个方法，这个方法的功能是获取书的信息，书的信息就是书的属性值。

（2）方法功能确定：类中的方法只有一个，它的功能是告诉调用者书的信息，因而方法需要返回值，一般情况下，获取信息使用字符串类型的数据，因此，返回值的类型为字符串；书的信息由书的属性提供，不需要使用外部数据，因而没有形参。根据需求分析，可以定义方法的框架：

```
public String getBookMessage() {
    //方法体
}
```

方法体：把书的信息变成字符串，返回给调用者。

（3）代码的实现：

```
class Book {
    private String name = "习近平的七年知青岁月";
    private double price = 76.0;
    private String publish = "中共中央党校出版社";
    public String getBookMessage() {                    //获取书信息的方法
        return "书名："+ name + "，价格：" + price + "，出版社：" + publish;
    }
}
public class BookDemo {
    public static void main(String[] args) {
        Book b = new Book();
```

```
        System.out.println(b.getBookMessage()) ;
    }
}
```

解决问题11的程序运行结果如图3-10所示。

```
D:\java17\class>java BookDemo
书名：习近平的七年知青岁月，价格：76.0，出版社：中共中央党校出版社
```

图 3-10　解决问题 11 的程序运行结果

一般情况下，在每一个类中都需要定义一个方法，用来获取这个类中成员变量的信息。

3. 设置器和获取器

解决问题11中Book类的成员变量都被private修饰，这些成员变量只能在类的内部使用，如果要在外部进行修改，必须定义方法来实现。在Java中，通过定义方法用来修改成员变量的值，这样的方法统称为setter（设置器），通过定义方法来获取成员变量的值，这样的方法统称为getter（获取器）。

（1）获取器

获取器所提供的功能是获取成员变量的值，通常情况下，为每一个成员变量单独定义方法来获取该成员变量的值，方法的返回值与对应成员变量的值的类型相同。在这些方法中使用的数据是类的成员变量，不需要外部数据，因而没有形参。

（2）设置器

设置器所提供的功能是利用外部数据给成员变量进行赋值，每一个成员变量都有一个单独的设置方法。这个方法需要使用外部数据，所以有一个形参，形参的类型与对应成员变量的类型一致。修改解决问题11的程序Book类，增加设置器setter和获取器getter，解决问题12所示。

解决问题 12　设置器setter和获取器getter。

```
class Book {
    private String name  ;
    private double price  ;
    private String publish  ;
    //定义设置器 setter
    public void setName(String n) {
        name = n ;
    }
    public void setPrice(double p) {
        price = p ;
    }
    public void setPublish(String pub) {
        publish = pub ;
    }
     //定义获取器 getter
    public String getName() {
        return name ;
    }
```

```
        public double getPrice() {
            return price ;
        }
        public String getPublish() {
            return publish ;
        }
        public String getBookMessage() {
            return "书名：" + name + "，价格：" + price + "，出版社：" + publish ;
        }
    }
```

为了使用方便，每个类中都应该有setter和getter，提供给用户访问成员变量。

4. 参数的传递

使用者通过对象操作类中的成员方法时，如果成员方法中有形式参数，调用者必须使用相对应的实际参数（实参）把外部数据传递给形参，且实参和形参在数量、类型上必须相匹配。例如，在Book类中有一个setName()方法，方法中有一个String类型的形参，在进行方法调用时，必须有一个String类型的实参：

```
b.setName("Java 案例教程") ;
```

在进行方法调用时，实际参数的值就会传递给形式参数，参数的传递等同于赋值，也就是把实参的值赋给形参。在参数传递过程中，可能会使用到基本类型的数据，也可能会使用到引用类型的数据，这两者在传递过程中区别比较大。

（1）基本数据类型传递

对于基本类型的数据，方法的形参只接收实参的值，如果形参的值发生改变，不会影响实参的值。也就是说，实参和形参在进行数据传递的时候，是单向传递。

视频

引用数据类型传递时内存状态示意图

（2）引用数据类型传递

如果方法在定义时使用的形参为引用数据类型，实参也要提供相对应的引用数据类型，并且实参必须要指向一个实例化的对象。在进行参数传递的时候，实质是把实参所指向的对象地址传递给形参，让形参也指向同样的对象。如果通过形参改变对象成员的值，意味着实参所指向的对象相应的值也发生改变。

解决问题13的程序是基本数据类型传递和引用类型传递时的结果演示。

解决问题13 参数的传递。

```
class Book {
    private String name = "红岩" ;
    private double price = 36 ;
    public void setName(String n) {
        this.name = n ;
    }
    public void setPrice(double p) {
        price = p ;
```

```
    }
    public String getMessage() {
        return "书名：" + name + "，价格：" + price ;
    }
}
class Person {
    public void read(Book book) {
        System.out.println("形参是书对象：" + book.getMessage()) ;
        book.setName("谁是最可爱的人") ;
        book.setPrice(14.1) ;
        System.out.println("在方法中修改引用类型的形参：" + book.getMessage()) ;
    }
    public void speak(double name) {
        System.out.println("形参是基本数据类型：" + name) ;
        name = 88.8 ;
        System.out.println("在方法中修改基本数据类型的形参：" + name) ;
    }
}
public class  PersonReadBook {
    public static void main(String[] args) {
        Person p = new Person() ;
        double name = 66.8 ;
        System.out.println("----------------------------------------") ;
        System.out.println("实参是基本数据..." + name) ;
    p.speak(66.8) ;                                    //实参为double基本数据类
        System.out.println("参数传递结束以后..." + name ) ;
        System.out.println("----------------------------------------") ;
        Book book = new Book() ;
        System.out.println("实参是引用类型参数..." + book.getMessage()) ;
        p.read(book) ;                           //实参为实例化对象
        System.out.println("参数传递结束以后..." + book.getMessage()) ;
        System.out.println("----------------------------------------") ;
    }
}
```

解决问题13的程序运行结果如图3-11所示。

```
------------------------------------------------
实参是基本数据...66.8
形参是基本数据类型：66.8
在方法中修改基本数据类型的形参：88.8
参数传递结束以后...66.8
------------------------------------------------
实参是引用类型参数...书名：红岩，价格：36.0
形参是书对象：书名：红岩，价格：36.0
在方法中修改引用类型的形参：书名：谁是最可爱的人，价格：14.1
参数传递结束以后...书名：谁是最可爱的人，价格：14.1
------------------------------------------------
```

图3-11　解决问题13的程序运行结果

从图3-11程序的运行结果来看，Person类中的speak()使用了基本数据类型的形参name，在方法中的值发生了改变，但是实参的值仍然为原来的值，没有发生改变。而Person类的read()方法使用了引用类型Book作为形参，在方法中修改Book实例化对象的值以后，实参的值也发生了改变。

注意：

字符串是引用类型的数据，但在进行参数传递时，效果等同于基本数据类型。

5. 方法的重载

方法重载（overload）指的是一个类中可以定义名字相同但参数列表不同的多个方法。参数列表不同包含参数的个数不同、类型不同。当调用时，Java虚拟机会根据参数的数量、类型来区分同名的不同方法，这也称为编译时多态。解决问题14的程序体现方法重载及应用。

解决问题 14 方法重载及应用。

```
class Absolute {
    public int abs(int data) {                    //定义方法 abs()，形参为整型
        return data>=0? data:-data ;
    }
    public double abs(double data) {              //定义方法 abs()，形参为双精度
        return data>=0?data:-data ;
    }
}
public class OverloadDemo {
    public static void main(String[] args) {
        Absolute a = new Absolute() ;
        System.out.println("整数的绝对值：" + a.abs(-5)) ;
        System.out.println("浮点数的绝对值：" + a.abs(-3.14)) ;
    }
}
```

解决问题14的程序运行结果如图3-12所示。

```
整数的绝对值：5
浮点数的绝对值：3.14
```

图 3-12　解决问题 14 的程序运行结果

注意：

方法的返回值不能用来作为区分重载的条件。

四、构造方法

使用new运算符可以在堆内存中开辟存储空间保存对象，对象的属性拥有初始值，这些初始值是相应数据类型的默认值，整型默认为0，double默认为0.0，布尔默认为false，对象类型默认为null。如果想要在创建对象的时候给对象的属性进行赋值，在Java中，可以利用构造方法来完成。

1. 构造方法的定义

构造方法是类的一种特殊方法，它没有返回值且方法的名称与类名相同。如下列代码段表示定义了一个构造方法。

```
class Book {
    public Book() {
        ...// 方法体
    }
}
```

从上面的代码段可以看出，在类Book中定义了一个方法，这个方法的名称为Book且没有返回值，这样的方法便是构造方法。

构造方法的作用是构造一个对象，并给对象完成初始化。构造方法有下面几个特点：

（1）构造方法是在new运算符创建对象时被自动调用；

（2）构造方法的名称与类同名；

（3）构造方法没有任何类型的返回值，包括void类型；

（4）构造方法一般是对类的属性（成员变量）进行初始化；

（5）每一个类都有一个默认的不带参数的构造方法，如果显式定义了带参数的构造方法，默认不带参数的构造方法就不存在了。一般情况下，每个类都保留显式地声明不带参数的构造方法。

2. 构造方法的使用

构造方法的作用在实例化对象时完成对象成员变量的初始化，它的最大好处是不再完全依赖setter。解决问题15在创建对象时完成对象属性的初始化，为了简化代码，以后在非必要的情况下，省略setter和getter。

解决问题15　构造方法的使用。

```
class Book {
private String name  ;
    private double price  ;
    private String publish  ;
    public Book(String n, double p, String pub) {        // 定义带参数的构造方法
        name = n ;
        price = p ;
        publish = pub ;
    }
    public String getBookMessage() {
        return "书名：" + name + "，价格：" + price + "，出版社：" + publish ;
    }
}
public class BookReader {
    public static void main(String[] args) {
        Book b1 = new Book("习近平经济思想学习纲要",12,"人民出版社 学习出版社") ;
        System.out.println(b1.getBookMessage()) ;
        Book b2 = new Book("习近平新时代中国特色社会主义学习纲要",16,"人民出版社 学习出版社") ;
        System.out.println(b2.getBookMessage()) ;
    }
}
```

解决问题15的程序运行结果如图3-13所示。

```
F:\Java17\class>javac BookReader.java

F:\Java17\class>java BookReader
书名：习近平经济思想学习纲要，价格：12.0，出版社：人民出版社 学习出版社
书名：习近平新时代中国特色社会主义学习纲要，价格：16.0，出版社：人民出版社 学习出版社
```

图 3-13　解决问题 15 的程序运行结果

类中定义有带参数的构造方法以后，使用new运算符实例化对象时，也必须在构造方法中给定对应类型的实参，并且默认的无参构造方法不存在。解决问题16的程序在编译时会产生错误信息。

解决问题 16　有参构造方法在使用时必须指定类型一致的实际参数。

```
class Book {
    private String name  ;
    private double price  ;
    private String publish  ;
    //定义了有参构造方法，没有定义无参构造
    public Book(String n, double p, String pub) {
        name = n ;
        price = p ;
        publish = pub ;
    }
    public String getBookMessage() {
        return "书名：" + name + "，价格：" + price + "，出版社：" + publish ;
    }
}
public class BookDemo {
    public static void main(String[] args) {
        Book b1 = new Book("世界铁路发展报告（2021）",118,"中国铁道出版社有限公司") ;
        System.out.println(b1.getBookMessage()) ;
        Book b2 = new Book() ;                          //使用无参构造方法实例化对象
        System.out.println(b2.getBookMessage()) ;
    }
}
```

解决问题16的程序在编译后，会产生错误信息如图3-14所示。

```
BookDemo.java:19: 错误: 无法将类 Book中的构造器 Book应用到给定类型;
                Book b2 = new Book() ;                        //使用无参构造方法实例化对象
                          ^
  需要: String,double,String
  找到: 没有参数
  原因: 实际参数列表和形式参数列表长度不同
1 个错误
```

图 3-14　解决问题 16 的程序编译信息

提示信息表示，在实例化对象时使用了Book()无参构造方法，参数列表与定义的构造方法参数列表不一致。在Book类中实际定义的构造方法带有String、double、String三个参数。为了解决这个问题，只需要在类中显式地定义无参构造方法即可，或者使用new运行符调用构造方法时按构造方法中形参

的类型指定实参。同一个类中多个构造方法具有不同的参数，叫构造方法的重载。在实例化书的对象时，默认情况下书的名字为“习近平谈治国理政（第一卷）”、价格为80.0元、出版社为“外文出版社”，如解决问题17所示。

解决问题 17　构造方法的重载。

```
class Book {
    private String name ;
    private double price ;
    private String publish ;
    public Book() {                                          //定义无参构造方法
        name = "习近平谈治国理政（第一卷）" ;
        price = 80.0 ;
        publish = "外文出版社" ;
    }
    public Book(String n, double p, String pub) {           //定义有参构造方法
        name = n ;
        price = p ;
        publish = pub ;
    }
    public String getBookMessage() {
        return "书名：" + name + "，价格：" + price + "，出版社：" + publish ;
    }
}
public class BookDemo {
    public static void main(String[] args) {
        Book b1 = new Book("习近平谈治国理政（第二卷）",80,"外文出版社") ;
        System.out.println(b1.getBookMessage()) ;
        Book b2 = new Book() ;                               //使用无参构造方法实例化对象
        System.out.println(b2.getBookMessage()) ;
    }
}
```

解决问题17的程序运行结果如图3-15所示。程序中分别使用带参的构造方法和不带参的构造方法实例化对象，并把对象的地址赋值给对象引用b1和b2。

```
F:\Java17\class>java BookMax
书名：习近平谈治国理政（第二卷），价格：80.0，出版社：外文出版社
书名：习近平谈治国理政（第一卷），价格：80.0，出版社：外文出版社
```

图 3-15　解决问题 17 的程序运行结果

在实例化对象的时候，使用构造方法给对象初始化之前，对象的成员变量已经有过一次初始化过程。

3. 匿名对象的使用

在某些情况下，一个类的实例化对象如果只需要使用一次，没有必要定义对象引用来保留对象的地址，这样的对象称之为匿名对象。在解决问题8已经介绍过匿名对象的使用，下面再通过一个例子来

说明匿名对象的使用，如解决问题18所示。

解决问题 18　商店卖水。

（1）需求分析：需求中有两个对象水、商店，可知需要定义两个类。水是商店的商品，所以商店有属性商品，还有名称、收入属性。水有价格和容量的属性。之前已经分析过，商店的行为有卖，水的行为有喝。假设商店中的水500 mL售价2.0元，要求依据商店查询到水的价格。所以商店还有查询商品价格的行为，还可以更换商品的价格。水还有返回价格信息的行为和返回商品信息的行为。

（2）UML建模：类之间有包含关系，使用实心箭头线，如图3-16所示。

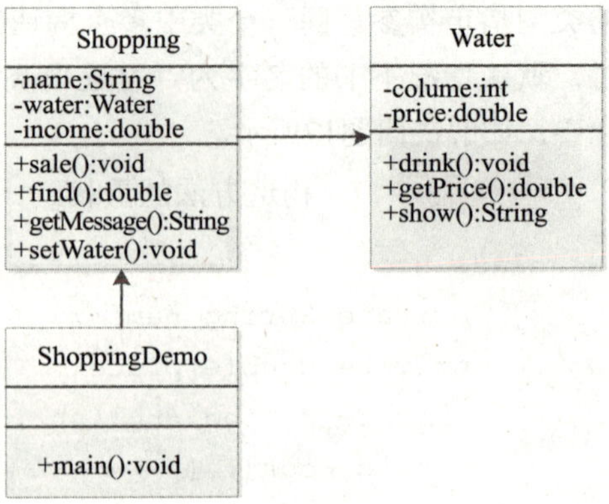

图 3-16　商店卖水的 UML 图

（3）代码实现：

```
class Shopping {
    private double income ;
    private String name ;
    private Water water ;
    public Shopping(String n, Water w) {
        name = n ;
        water = w ;
    }
    public void sale() {
        income = income + water.getPrice() ;
    }
    public void setWater(Water w) {
        water = w ;
    }
    public double find() {              //查询商品价格
        return water.getPrice() ;
    }
    public String getMessage() {        //获取商店信息
        return "商店名称：" + name + "，商店收入：" + income + "，商品信息：" + water.show() ;
    }
}
class Water {
    private double price ;
    private int colume ;
    public Water(double p, int c) {
        price = p ;
        colume = c ;
    }
```

```
    public double getPrice() {   //水的价格信息
        return price ;
    }
    public String show() {          //水的商品信息
        return "水的价格: " + price + ", 水的容量: " + colume ;
    }
}
public class ShoppingDemo {
    public static void main(String[] args) {
        //在程序中水对象只需要使用一次，可以使用匿名对象
        Shopping shop = new Shopping("火车头商店", new Water(2.0,500)) ;
        shop.sale() ;
        System.out.println("商店水的价格查询: " + shop.find()) ;
        System.out.println(shop.getMessage()) ;
        System.out.println("----------------------------------------------") ;
        System.out.println("更换水的信息") ;
        shop.setWater(new Water(3.0,750)) ;
        System.out.println("更换水的价格查询: " + shop.find()) ;
        shop.sale() ;
        System.out.println(shop.getMessage()) ;
    }
}
```

解决问题18的程序运行结果如图3-17所示。由于匿名对象可以让代码变得更加简洁、可读性强，所以在实际开发过程中经常使用到匿名对象。在实例化Shopping对象时，给构造方法传递的实参就是匿名对象；使用Shopping实例化对象调用setWater()方法时，使用的实参也是匿名对象。

```
商店水的价格查询：2.0
商店名称：火车头商店，商店收入：2.0，商品信息：水的价格：2.0，水的容量：500
----------------------------------------------
更换水的信息
更换水的价格查询：3.0
商店名称：火车头商店，商店收入：5.0，商品信息：水的价格：3.0，水的容量：750
```

图 3-17　解决问题 18 的程序运行结果

五、this 关键字

实例化对象在操作本类中的方法时，方法的功能完全相同，但操作的数据却能够进行很清晰的界定，主要归结于this关键字的功能。

1. this 关键字的含义

当类实例化对象时，实际是在堆内存中开辟存储空间来保存类的成员变量（属性）。类的成员方法是随着类的加载而加载到内存的方法区中，当实例化对象调用方法时，对应的方法就会进入栈内存运行。类的方法之所以能够区分不同的堆内存中的同一类型对象，是因为每个方法在执行的时候，默认持有this关键字，这个关键字用来代表当前对象。哪一个对象调用方法，this就指向哪一个对象，所以this有地址。如解决问题19所示。

解决问题19 同一个类的不同实例化对象操作成员方法。

```
class Train {
    private String trainNo ;                              // 车次号
    private String beginStation ;                         // 始发站
    private String endStation ;                           // 终到站
    private double speed ;                                // 速度
    public Train() {                                      // 定义无参构造函数
        trainNo = "G1921" ;
        beginStation = " 上海 " ;
        endStation = " 嘉兴 " ;
        speed = 350 ;
    }
    public Train(String No,String begin,String end,double sp) {   // 定义有参构造函数
        trainNo = No ;
        beginStation = begin ;
        endStation = end ;
        speed = sp ;
    }
    public String getMessage() {
        return " 车次号：" + trainNo + ", 始发站：" +
            beginStation + ", 终点站：" + endStation + ", 速度：" + speed ;
    }
}
public class  TrainHighSpeed {
    public static void main(String[] args)  {
        Train CRH = new Train() ;
        System.out.println("---------------- 第一趟是复兴号 ----------------");
        System.out.println(CRH.getMessage()) ;
        Train highTrain = new Train("D1949"," 井冈山 "," 西柏坡 ",250) ;
        System.out.println("---------------- 第二趟是和谐号 ----------------");
        System.out.println(highTrain.getMessage()) ;
    }
}
```

解决问题19的程序运行结果如图3-18所示，可以很明确地看出第一个对象引用操作getMessage()方法和第二个对象引用操作getMessage()方法所获得的数据完全不同。

```
F:\Java17\class>java TrainHighSpeed
----------------第一趟是复兴号----------------
车次号：G1921,始发站：上海,终点站：嘉兴,速度：350.0
----------------第二趟是和谐号----------------
车次号：D1949,始发站：井冈山,终点站：西柏坡,速度：250.0
```

图 3-18　解决问题 19 的程序运行结果

注 意:

被static关键字修饰的方法，不持有this关键字。

this代表的是对象，因而它有地址，通过修改解决问题19的程序代码，在getMessage()方法中增加一条语句来输出this的值，在运行程序时，可以得到this的地址值，程序代码段如下：

```
public String getMessage() {
    System.out.println("this 关键字的值：" + this ) ;    //在方法中增加这一行代码
    return "车次号：" + trainNo + "，始发站：" +
            beginStation + "，终点站：" + endStation + "，速度：" + speed ;
}
```

修改解决问题19的程序运行结果如图3-19所示。

```
----------------第一趟是复兴号----------------
this地址值：Train@63961c42
车次号：G1921，始发站：上海，终点站：嘉兴，速度：350.0
----------------第二趟是和谐号----------------
this地址值：Train@119d7047
车次号：D1949，始发站：井冈山，终点站：西柏坡，速度：250.0
```

图 3-19　修改解决问题 19 的程序运行结果

this的值以@分隔为前后两部分，前面部分表示当前this的类型为Train类型，后半部分表示十六进制的地址值，每一台机器以及每次运行的值都可能不相同。

2. this 关键字的使用方法

this能够区分同一个类的不同实例化对象，所以this关键字可以用来区分形参与成员变量，也可以用来调用构造方法。

（1）使用this区分成员变量和形参

类中定义的变量称为成员变量，也称为类的属性。在方法中也可以定义变量，这样的变量称为局部变量。成员变量保存在堆内存中，局部变量保存在栈内存中。所以局部变量会随着方法的弹栈而消失，而成员变量是随着对象的消失而消失。这两种类型的变量保存的位置不同，而且生命周期也不同。

成员变量的名字可以完全与局部变量的名字相同，Java虚拟机在使用变量的时候，栈内存中变量做优先级别高于堆内存中的变量。为了能够区分变量的性质，一般情况下，成员变量的前面都加上关键字this，如解决问题20程序所示。

解决问题 20　使用this区分成员变量和局部变量。

```
class Train {
    private String trainNo ;                  //车次号
    private String beginStation ;             //始发站
    private String endStation ;               //终到站
    private double speed ;                    //速度
    public Train() {                          //定义无参构造函数
        trainNo = "G1921" ;
        beginStation = "上海" ;
        endStation = "嘉兴" ;
        speed = 350 ;
    }
    public Train(String trainNo,String beginStation,String endStation,double speed) {
                                              //定义有参构造函数
```

```
        this.trainNo = trainNo ;          //使用 this 关键字区分成员变量和形参
        this.beginStation = beginStation ;
        this.endStation = endStation ;
        this.speed = speed ;
    }
    public void showTrainNo() {
        String trainNo = "G1927" ;
        System.out.println("不使用 this 关键字，变量名相同时优先使用局部变量：" + trainNo) ;
        System.out.println("使用关键字 this，引用的是类成员变量：" + this.trainNo) ;
    }
    public String getMessage() {
        return "车次号：" + trainNo + "，始发站：" +
            beginStation + "，终点站：" + endStation + "，速度：" + speed ;
    }
}
public class TrainHighSpeed {
    public static void main(String[] args)     {
        Train CRH = new Train() ;
        System.out.println("----------------第一趟是复兴号----------------") ;
        System.out.println(CRH.getMessage()) ;
        Train highTrain = new Train("D1949","井冈山","西柏坡",250) ;
        System.out.println("----------------第二趟是和谐号----------------") ;
        System.out.println(highTrain.getMessage()) ;
    }
}
```

解决问题20的程序运行结果如图3-20所示。

```
-----------------第一趟是复兴号-----------------
this关键字的值：Train@63961c42
车次号：G1921,始发站：上海,终点站：嘉兴,速度：350.0
---------使用第一个对象检验是否使用this关键字引用变量---------
不使用this关键字，变量名相同时优先使用局部变量：G1927
使用关键字this，引用的是类成员变量：G1921
-----------------第二趟是和谐号-----------------
this关键字的值：Train@119d7047
车次号：D1949,始发站：井冈山,终点站：西柏坡,速度：250.0
---------使用第二个对象检验是否使用this关键字引用变量---------
不使用this关键字，变量名相同时优先使用局部变量：G1927
使用关键字this，引用的是类成员变量：D1949
```

图 3-20　解决问题 20 的程序运行结果

Train类中有参构造方法的形参名称与成员变量的名称相同，为了区分成员变量和方法的形参，可以在成员变量的前面加上this关键字，以区分成员变量和形参以及方法的局部变量。在showTrainNo()方法中定义的局部变量trainNo与成员变量trainNo的名称相同，在该方法中使用相同名称的变量时，局部变量有优先使用权。

（2）使用this调用同一个类的不同构造方法

在解决问题20程序代码中，有参构造Train和无参构造Train的功能都是为了完成初始化，但出现了重复的代码，程序不够简洁。为了解决这个问题，可以使用this关键字来调用本类的构造方法。程序代码段如下所示：

```
public Train() {                //定义无参构造函数，并通过this关键字调用有参构造函数
    this("G1921","上海","嘉兴",350) ;
}
```

可以利用上述代码段，将解决问题20的无参构造函数替换，看看运行的结果是否同前述程序的运行结果一致。

注 意：

this语句必须放在构造方法的第一条语句。使用this在进行构造方法相互调用时，至少有一个构造方法不能使用this。否则就会出现构造方法调用递归调用，产生编译错误信息。

解决问题21 使用this相互调用本类的构造方法，产生编译错误信息。

```
class Person {
    private String name ;
    private int age ;
    public Person() {                          //无参构造
        this("小强", 18) ;                      //使用this调用带两个参数的构造方法
    }
    public Person(String name) {               //有一个参数的构造
        this( name, 20) ;                       //使用this调用带两个参数的构造方法
    }
    public Person(String name, int age) {  //有两个参数的构造
        this() ;                                //调用无参构造
        this.name = name ;
        this.age = age ;
    }
}
public class PersonDemo6 {
    public static void main(String[] args) {
        Person p1 = new Person() ;
        Person p2 = new Person("小明" , 22) ;
    }
}
```

解决问题21的程序编译以后，产生错误信息如图3-21所示。解决的办法是把Person类中的有两个形参的构造方法中“this();”语句删除即可。

```
PersonDemo6.java:5: 错误: 递归构造器调用
        public Person() {                                //无参构造
        ^
1 个错误
```

图3-21　解决问题21的程序编译信息

（3）使用this进行属性的比较

如果要比较当前对象的值与指定对象的值是否相同，可以在类中定义一个方法完成比较的功能。这个功能要使用指定的对象，所以需要使用形参，形参的类型与当前对象的类型相同。属性值是否相

同，需要告诉调用者，因此有布尔类型的返回值。解决问题22的程序中Person类的compareTo()用来比较两个对象的属性值是否相同。

解决问题22 使用this代表当前对象。

```
class Person {
    private String name ;
    private int age ;
    public Person() {
        this("郎平", 63) ;
    }
    public Person(String name) {
        this( name, 62) ;
    }
    public Person(String name, int age) {
        this.name = name ;
        this.age = age ;
    }
    public void show() {
        System.out.println("祖国至上、团结协作、顽强拼搏、永不言败的女排精神...") ;
    }
    public boolean compareTo(Person p) {
        if(this == p) return true ;    //如果当前对象与指定对象指向同一个对象，为true
        //当前对象的属性与指定对象的属性进行比较
        if(this.name.equals(p.name) && this.age == p.age) {
            return true ;
        }
        return false ;
    }
}
public class PersonDemo2 {
    public static void main(String[] args) {
        Person p1 = new Person() ;
        Person p2 = new Person("梁艳" , 61) ;
        Person p3 ;
        p3 = p2 ;
        Person p4 = new Person("孙晋芳" , 68) ;
        System.out.println("p1 == p2 :" + p1.compareTo(p2)) ;    //p1与p2比较
        System.out.println("p2 == p3 :" + p2.compareTo(p3)) ;    //p2与p3比较
        System.out.println("p2 == p4 :" + p2.compareTo(p4)) ;    //p2与p4比较
        p4.show() ;
    }
}
```

解决问题22的程序运行结果如图3-22所示。p1与p2分别指向不同的对象，结果为false，p2与p3指向同一个对象，结果为true，p2与p4的属性值完全相同，结果为true。

```
p1 == p2 :false
p2 == p3 :true
p2 == p4 :false
祖国至上、团结协作、顽强拼搏、永不言败的女排精神…
```

图 3-22　解决问题 22 的程序运行结果

六、static 关键字

一般情况下，类的行为（方法）主要是为了操作类中的数据（成员变量），在实际应用时可能会遇到这样一种情况，类的行为没有操作类中的任何成员变量。比如下列的代码段：

```
class Person {
    private String name ;
    public void sleep() {
        System.out.println(" 呼呼呼 ...zzz...") ;
    }
}
```

Person类中的sleep()方法没有操作任何的成员变量。Java提供了static关键字进行修饰，可以不通过实例化对象来使用这些行为。

1. static 定义方法

视 频

static成员在内存中的状态示意图

使用static关键字修饰的方法，称之为类方法，也称静态方法。类方法的特点有：

（1）类方法属于类，而不是某个属于实例化对象，它优先于对象而存在，随着类的加载而加载到内存方法区的静态区域；

（2）类方法有两种使用格式：一是通过“实例化对象名.方法名()”格式进行使用，二是通过“类名.方法名()”的格式使用，一般情况下通过第二种情况使用出现的机会更多；

（3）类方法中不持有this，因为类方法不属于某个对象，也不能使用this；

（4）类方法只能访问类属性（使用static修饰的属性）和其他的类方法；

（5）类方法一般使用public权限修饰符，static紧跟权限修饰符的位置。

解决问题23的程序说明了static方法的定义与使用。

解决问题23　static方法的定义与使用。

```
class QQ {
    private long number ;
    public QQ() {
        this(10001) ;
    }
    public QQ(long number) {
        this.number = number ;
    }
    public static void systemMessage() {    // 定义类方法（static 修饰）
```

```
        System.out.println(" 网络聊天，文明用语 ...") ;
    }
    public String getMessage() {
        return "QQ 号码是: " + number ;
    }
}
public class QQDemo {
    public static void main(String[] args) {
        System.out.println(" 通过类名直接引用 static 方法 ...") ;
        QQ.systemMessage() ;                            // 通过类名操作类方法
        QQ q = new QQ(821575324) ;                      // 虚构的 QQ 信息
        System.out.println(" 通过实例化对象引用 static 方法 ...") ;
        q.systemMessage() ;                             // 通过实例化对象操作方法
        System.out.println(q.getMessage()) ;
    }
}
```

解决问题23的程序运行结果如图3-23所示。

```
通过类名直接引用static方法...
网络聊天，文明用语...
通过实例化对象引用static方法...
网络聊天，文明用语...
QQ号码是：821575324
```

图 3-23　解决问题 23 的程序运行结果

在开发应用时，如果只需要使用静态方法，就不需实例化对象即可使用类名操作类方法。这样做既可以节省堆内存空间，也可以简化代码。在静态方法中不能够使用非静态的成员变量，也不使用this和super。否则程序编译时产生错误信息，如解决问题24的程序所示。

解决问题 24　static()方法使用非静态变量和this。

```
class Circle {
    private double radius ;
    private double pi = 3.14 ;
    public Circle() {
        this(1.0) ;
    }
    public Circle(double radius) {
        this.radius = radius ;
    }
    public static void show() {
        System.out.println("Circle 类程序运行 ..." + pi) ;
                                      // 静态方法使用静态成员变量，否则编译错误
        System.out.println("this 的值: " + this) ;
    }
    public double area() {
        return radius * radius * pi ;
    }
}
```

```
public class CircleDemo {
    public static void main(String[] args) {
        Circle c = new Circle() ;
    }
}
```

解决问题24的程序编译以后，产生的错误信息如图3-24所示。2个错误信息提示在静态方法中使用了非静态的变量和使用了this。解决的办法：把成员变量pi定义成静态变量，把this引用删除。

```
CircleDemo.java:11: 错误: 无法从静态上下文中引用非静态 变量 pi
                System.out.println("Circle类程序运行..." + pi) ;
                                                          ^
CircleDemo.java:12: 错误: 无法从静态上下文中引用非静态 变量 this
                System.out.println("this的值: " + this) ;
                                                  ^
2 个错误
```

图 3-24　解决问题 24 的程序编译信息

2. static 定义属性

解决问题24中的程序Circle类的静态方法show()如果要使用成员变量pi，必须为成员变量添加static修饰符，让成员变量变成静态变量（类变量）。静态变量有以下几个特性：

（1）静态变量与对象无关，它是所有对象共享的成员；

（2）静态变量可以通过“对象名.变量名”的方式引用（非private成员），也可以直接通过“类名.变量名”的方式引用，一般使用第二种情况；

（3）静态变量随着类的加载而加载，存储在方法区的静态区域内；

（4）静态变量既可以在静态方法中使用，也可以在非静态方法中使用。

解决问题25的程序代码展示了静态变量的使用。

解决问题25　static变量的定义与使用。

```
class Share {
    private static int count =0 ;                //定义静态变量
    public Share() {
        count ++ ;
    }
    public void show() {                         //非静态方法可以使用静态变量
        System.out.println(count) ;
    }
}
public class StaticDemo
{
    public static void main(String[] args)
    {
        Share s1 = new Share() ;
        System.out.print("对象s1的静态变量count = ") ;
        s1.show() ;
        Share s2 = new Share() ;
```

```
        System.out.print(" 对象 s2 的静态变量 count = ") ;
        s2.show() ;
        Share s3 = new Share() ;
        System.out.print(" 对象 s3 的静态变量 count = ") ;
        s3.show() ;
        System.out.print(" 对象 s1 的静态变量 count = ") ;
        s1.show() ;
    }
}
```

解决问题25的程序运行结果如图3-25所示。Share类中的count为静态变量，存储在方法区的静态区域，所有的对象都可以访问。不同于堆内存中的对象，每个对象都有独立的存储空间，每个对象只能访问自己的存储空间。

```
对象s1的静态变量count = 1
对象s2的静态变量count = 2
对象s3的静态变量count = 3
对象s1的静态变量count = 3
```

图 3-25　解决问题 25 的程序运行结果

3. main() 方法

main()方法是虚拟机运行程序的起点，在有些情况下，main()方法所在的类也称为客户端。所以，程序要运行必须要有main()方法，否则会产生图3-26所示的运行错误信息。

```
错误: 在类 Share 中找不到 main 方法, 请将 main 方法定义为:
   public static void main(String[] args)
否则 JavaFX 应用程序类必须扩展javafx.application.Application
```

图 3-26　运行不包含 main() 方法的类

由于Java虚拟机要加载main()方法运行，这个方法应该有最高的权限public，而且虚拟机没有实例化对象，直接通过类进行加载，因此，这个方法必须要用static修饰，使其变成类方法，以方便虚拟机直接通过类名进行加载运行。

程序运行完成以后，不需要告诉调用者任何其他的信息，这个方法的返回值为void类型。在运行程序时，可以通过命令行输入字符串，在main()方法中定义有String类型的形参，参数的个数是任意多个。实参是通过命令行输入，保存在字符串数组中。

因此，main()方法的头部固定为“public static void main(String[] args)”，只有参数的名称args可以更换为其他的标识符名。

解决问题26的程序通过命令行参数来给对象的成员变量赋初值。

解决问题 26　main()方法与命令行参数。

```
class Person {
    private String name ;
    private String sex ;
    public Person() {
        this(" 任长霞 ", " 女 ") ;
    }
    public Person(String name, String sex) {
        this.name = name ;
        this.sex = sex ;
```

```
        }
        public String getMessage() {
            return "姓名：" + this.name + "，性别：" + this.sex ;
        }
    }
    public class PersonDemo2 {
        public static void main(String[] args) {
            Person p1 = new Person() ;
            Person p2 = new Person(args[0] , args[1]) ;      //使用命令行参数作为实参
            System.out.println(p1.getMessage()) ;
            System.out.println(p2.getMessage()) ;
            System.out.println("命令行输入参数的长度：" + args.length) ;
        }
    }
```

解决问题26的程序运行结果如图3-27所示，使用“Java”命令运行程序时，在后面输入两个参数。

```
F:\Java17\class>java PersonArgs 孔繁森 男
第一个人的信息：姓名：任长霞，性别：女
第二个人的信息是从键盘输入：姓名：孔繁森，性别：男
在程序运行时输入的参数长度：2
```

图 3-27　解决问题 26 的程序运行结果

如果参数的长度不足，会产生运行时的错误如图3-28所示。

```
F:\Java17\class>java PersonArgs 孔繁森
Exception in thread "main" java.lang.ArrayIndexOutOfBoundsException: Index 1 out of bounds for length 1
        at PersonArgs.main(PersonArgs.java:18)
```

图 3-28　命令行参数不足时的异常

运行程序时，只输入了一个参数，产生了ArrayIndexOutOfBoundsException异常。因为在程序运行时，只有“孔繁森”一个参数传递给main()程序中的args[0]，args[1]中没有值，造成数组长度越界。

4. static 的应用——单例设计（singleton）模式

设计模式指的是解决某一类问题行之有效的解决办法。学习设计模式首先要搞清楚是解决什么问题。单例设计模式指的是在使用类实例化对象时，能且只能实例化一个对象的设计模式，以保证一个类的对象唯一性。

（1）单例设计模式的应用场景

假设小明有一张银行卡，小明的公司能够往卡里面存钱，小明本人也能够往银行卡中存、取钱，小明的家人也可以往银行卡中存、取钱。为了能够保证卡里面的钱能够及时、正确更新，必须保证这些对象使用的是同一张银行卡。

从应用场景的描述可知，银行卡是这些对象共享的数据，因此必须保证银行卡在这些对象中的唯一性。因此，银行卡对象是单例设计模式。

（2）单例设计模式的实现

单例设计模式要解决两个问题：

①保证对象的唯一性。从之前学习过的内容中可以获悉，一个类只要提供构造方法，就可以使用new运算符来实例化对象，对象的数量可以是任意多个，不可控。要保证对象的唯一性，就不能让其他的程序来实例化对象，只能是由类的内部提供统一向外部提供对象。

②保证外部程序能够取得实例化对象。在类的内部实例化本类的对象之后，需要对外提供访问的方式，这个访问方式只能通过方法向外提供。对于类的成员方法，使用之前必须要实例化对象，只能通过实例化对象操作成员方法。但是，程序外部不能实例化对象，因此，解决办法就是通过类名直接访问方法。

为了能够解决上述的两个问题，需要通过下面几个步骤来实现：

- 利用private封装类的构造方法，使得程序的外部不能使用类的私有成员；
- 在类的内部实例化本类的对象，要实现数据共享，也就是让这个实例化对象用关键字static修饰，变成类属性；
- 提供一个public()方法，并且让这个方法能够通过类名直接访问，需要加上static修饰符，方法的返回值为本类的类型。

实现的代码如解决问题27所示。

解决问题27　单例设计模式应用。

场景：小明、旺财、小强都使用同一张卡号为6500020100092的建设银行卡。

（1）需求分析：本例中涉及的对象有人和银行卡，需要定义两个类。人类中存在姓名、银行卡两个属性。银行卡类中有账号和钱两个属性。银行卡是单例模式，能够实现钱进账、出账。人可以使用银行卡存、取钱，还可以查询余额信息。

（2）代码实现：

```
class Bank {
    private static Bank b = new Bank("6500020100092") ;   // 实例化本类对象
    private double balance ;                              // 余额信息
    private String number ;                               // 卡号
    private Bank(String number) {                         // 私有化构造方法
        this.number = number ;
    }
    public void save(double balance) {                    // 存指定金额的钱
        this.balance = this.balance +balance ;
    }
    public void get(double balance) {                     // 取指定金额的钱
        if(this.balance < balance) {
            System.out.println("余额不足...") ;
            return ;
        }
        this.balance -= balance ;
    }
    public double getBalance() {                          // 获取余额信息
        return this.balance ;
    }
    public static Bank getInstance() {                    // 单例设计模式
        return b ;
    }
```

```
    public String getMessage() {
        return "银行卡号为：" + this.number + "，的余额为：" + this.balance ;
    }
}
class Person {
    private Bank bank ;
    private String name ;
    public Person() {
        this("小明") ;
    }
    public Person(String name) {
        this.name = name ;
    }
    public void setBank() {                     // 设置银行卡
        this.bank = Bank.getInstance() ;
    }
    public void saveMoney(double money) {       // 向指定银行卡中存钱
        bank.save(money) ;
    }
    public void getMoney(double money) {        // 向指定银行卡中取钱
        bank.get(money) ;
    }
    public String getMessage() {                // 获取银行卡信息
        return bank.getMessage() ;
    }
}
public class BankDemo {
    public static void main(String[] args) {
        Person p1 = new Person("小明") ;
        Person p2 = new Person("旺财") ;
        Person p3 = new Person("小强") ;
        p1.setBank() ;                          // 设置了3次银行卡，实际是同一个银行卡对象
        p2.setBank() ;
        p3.setBank() ;
        System.out.println("小明存5000元钱 ...");
        p1.saveMoney(5000) ;
        System.out.println("小明存钱之后 " + p1.getMessage());
        System.out.println("-----------------------------------------") ;
        System.out.println("旺财取3000元钱 ...");
        p2.getMoney(3000) ;
        System.out.println("旺财取3000元钱后 "+ p2.getMessage());
        System.out.println("-----------------------------------------") ;
```

```
        System.out.println("小强存 6000 元钱 ...");
        p3.saveMoney(6000);
        System.out.println("小强存 6000 元钱后 " + p3.getMessage());
    }
}
```

解决问题27的程序运行结果如图3-29所示。

```
小明存5000元钱...
小明存钱之后银行卡号为：6500020100092，的余额为：5000.0
----------------------------------------
旺财取3000元钱...
旺财取3000元钱后银行卡号为：6500020100092，的余额为：2000.0
----------------------------------------
小强存6000元钱...
小强存6000元钱后银行卡号为：6500020100092，的余额为：8000.0
```

图 3-29　解决问题 27 的程序运行结果

从运行结果可以看出，虽然p1、p2、p3三个对象引用分别设置了银行信息，由于Bank类采用的是单例设计模式，实际上三次操作setBank()方法都指向了同一个银行对象，实现了不同的人对同一张银行卡进行数据的存取。

七、字符串

字符串是引用类型的数据，但因为其在程序开发过程中使用频率很高，所以它具有与基本数据类型相同的使用方式，例如，“String name = "小明"”，因为它是引用类型，所以也可以使用new运算符来构造对象。

1. 字符串 String 的实例化对象

字符串是常用的引用数据类型，它的实例化方式有两种：

（1）使用new运算符实例化String对象

如果读者去查询Java的帮助文档，可以发现String类提供有很多的构造方法来实例化对象。常用的构造方法见表3-1。

表 3-1　String 类的构造方法

序　号	构造方法名	功　能
1	String()	使用空字符实例化一个字符串对象
2	String(String original)	使用指定的字符串实例化 String 对象，这个对象是指定字符串的一个副本
3	String(byte[] bytes)	通过使用平台的默认字符集解码指定的 byte 数组，构造一个新的 String
4	String((byte[] bytes, int offset, int length)	通过使用平台的默认字符集解码指定的字节子数组，这个子数组从 offset 位置开始，长度为 length，实例化 String 对象
5	String(char[] value)	使用字符数组为初始值实例化一个 String 对象
6	String(char[] value,int offset, int count)	使用字符子数组，这个子数组从 offset 位置开始，长度为 count，实例化 String 对象
7	String(StringBuffer buffer)	使用字符串缓冲区对象，实例化 String 对象

解决问题28的程序代码，演示了几种构造方法实例化String对象。

解决问题28 使用String的构造方法实例化字符串对象。

```
public class StringDemo {
    public static void main(String[] args) {
        String s1 = new String("Hello world!") ; //使用指定字符串实例化一个字符串对象
        System.out.println(s1) ;
        byte[] bytes = {'H','e','l','l','o','','w','o','r','l','d','!'};
        String s2 = new String(bytes) ;    //使用字节数组实例化一个字符串对象
        System.out.println(s2) ;
        String s3 = new String(bytes,6,5) ; //使用字节数组的子数组实例化一个字符串对象
        System.out.println(s3) ;
        char[] value = {'H','e','l','l','o','','w','o','r','l','d','!'};
        String s4 = new String(value) ;    //使用字符数组实例化一个字符串对象
        System.out.println(s4) ;
        String s5 = new String(value,0,5) ; //使用字符数组的子数组实例化一个字符串对象
        System.out.println(s5) ;
        String s6 = new String() ;         //实例化一个空字符串对象
        System.out.println("s6 对象的值是空: " + s6) ;
    }
}
```

解决问题28的程序运行结果如图3-30所示。

```
Hello world!
Hello world!
world
Hello world!
Hello
s6对象的值是空:
```

图 3-30 解决问题 28 的程序运行结果

（2）使用字符串常量实例化字符串对象

字符串是程序开发过程中常用的数据类型，在实例化字符串对象时，可以直接使用赋值运算符把字符串常量的值赋给字符串对象，例如，String s = "小明"。在Java中，使用双引号把一串字符括起来之后，实际上就变成了一个String对象，所以允许直接使用字符串常量赋值给字符串对象。

（3）String对象具有不可改变性

两种方式实例化对象的比较：

```
String s1 = "小明" ;
String s2 = new String("小明") ;
```

上述两种方式都能够实例化字符串对象，并且它们的值都是“小明”，只不过第一种方式在内存中只有一个字符串对象，这个对象存储在方法区的常量池中。第二种方式实际上是实例化了两个对象，一个在方法区的常量池中存储，一个在堆内存中存储。所以，建议使用第一种方式实例化String对象。

还需要说明的是，使用第二种方式实例化对象时，虚拟机首先会在常量池中查找是否有“小明”对象，如果没有，则先在常量池中保存“小明”，如果原来已经存在有“小明”，则不存储。解决问题29演示字符串对象是否相同。

解决问题 29　String常量对象不具可变性。

```
public class StringDemo {
    public static void main(String[] args) {
        String s1 = "Hello world !" ;
        String s2 = "Hello world !" ;
        String s3 = new String("Hello world !") ;
        System.out.println("s1 = " + s1) ;
        System.out.println("s2 = " + s1) ;
        System.out.println("s3 = " + s1) ;
        System.out.println("s1 == s2 :" + (s1 == s2)) ;  //s1 和 s2 指向同一个对象
        System.out.println("s1 == s3 :" + (s1 == s3)) ;  //s3 存储在堆内存中
        System.out.println("s2 == s3 :" + (s2 == s3)) ;
    }
}
```

解决问题29的程序运行结果如图3-31所示。从结果可以看出，String对象s1和s2指向的是同一个对象，它们的地址值都相同。s3是通过new运算符实例化的对象，它存储在堆内存中，所以它的地址与s1、s2不相同。

```
s1 = Hello world !
s2 = Hello world !
s3 = Hello world !
s1 == s2 :true
s1 == s3 :false
s2 == s3 :false
```

图 3-31　解决问题 29 的程序运行结果

2. String 字符串常见方法的使用

在String类中提供有大量的方法给程序员直接使用，这些方法可以通过查看Java帮助文档进行学习，一般情况下，要记住每个系统类中的每个方法不太可能，读者需要学会查询帮助文档，这是提高Java学习能力的一种方法。

在查找帮助文档时，可以按照“功能需求”的原则进行筛选。例如，如果想要知道一个String对象的长度，这样的功能必须有返回值，而且长度这样的返回值应该是整型，所以在查找帮助文档时，可以先对返回值的类型进行筛选。表3-2列出String类的常用功能，其他更多的功能，请自行查找Java的API文档。

表 3-2　String 类的常用方法

序　号	构造方法名	功　　能
1	public char charAt(int index)	获取字符串对象中指定位置 index 处的字符，返回给调用者
2	public byte[] getBytes()	将字符串对象转换成字节数组，返回给调用者
3	public int compareTo(String anotherString)	将指定字符串 anoterString 与当前字符串进行比较，如果为 0，表示相等；如果大于 0，表示大于指定字符串；如果小于 0，表示小于指定字符串
4	public boolean endsWith(String suffix)	测试当前字符串是否以指定的字符串 suffix 结束，返回布尔值给调用者
5	public boolean startsWith(String prefix)	测试当前字符串是否以指定的字符串 prefix 开始，返回布尔值给调用者
6	public boolean equals(Object anObject)	将指定对象 anObject 与当前字符串进行比较，相等则为 true，否则为 false
7	public boolean equalsIgnoreCase (String anotherString)	同 equals() 方法，比较时忽略大小写

续表

序　号	构造方法名	功　能
8	public int indexOf(String str)	在当前字符串中查找指定的字符串，返回指定字符串第一次出现的位置，序号从 0 开始
9	public int indexOf(String str,int fromIndex)	同 indexOf(String str)，从指定位置 fromIndex 开始搜索
10	public int length()	获得当前字符串的长度，按 Unicode 字符集进行计算
11	public boolean matches(String regex)	判断当前字符串是否与指定字符串 regex 匹配，regex 是正则表达式
12	public String replace(char oldChar, char newChar)	把当前字符串中的字符 oldChar 替换成指定字符 newChar，返回新的字符串
13	public String[] split(String regex)	把当前字符串按照指定字符串 regex 的规则进行拆分，返回字符串数组。Regex 是正则表达式
14	public String substring(int beginIndex, int endIndex)	从 beginIndex 指定的位置开始，到 endIndex 指定的位置结束，取出子字符串
15	public String toLowerCase()	把字符串转换成小写
16	public String toUpperCase()	把字符串转换成大写
17	public String trim()	把当前字符串前面和后面的空格去掉

注　意：

使用“==”比较两个字符串对象时，比较的是这两个字符串对象所指向的地址，如果要比较对象的内容，必须使用String类中提供的方法equals()。

在表3-2中split()方法和matchs()方法中的参数regex是一个正则表达式组成的字符串对象，正则表达式在后续的内容中会进行详细介绍。解决问题30演示了String类提供的方法。

解决问题30　String方法的使用。

```
public class StringDemo {
    public static void main(String[] args) {
        String s1 = "谁是最可爱的人" ;
        System.out.println("s1 = " + s1) ;
        System.out.println("测试字符串的长度: " + s1.length()) ;
        System.out.println("取得子字符串 Java: " + s1.substring(0,4)) ;
        System.out.println("取得第 4 个位置上的字符: " + s1.charAt(4)) ;
        String s2 = "Hello world" ;
        System.out.println("----------------------------------------") ;
        System.out.println("s2 = " + s2) ;
        System.out.println("测试是否以 He 开始: " + s2.startsWith("He")) ;
        System.out.println("取得 s2 中第一个 o 出现的位置: " + s2.indexOf("o")) ;
        System.out.println("字符串 s2 转换成大写: " + s2.toUpperCase()) ;
        System.out.println("s2 变成字符数组后创建新字符串:"+ new String(s2.toCharArray())) ;
        System.out.println("s2 变成字节数组后创建新字符串: " + new String(s2.getBytes())) ;
```

```
        System.out.println("s2 中的 Hello 替换成‘您好’: " + s2.replace("Hello","您好")) ;
        System.out.println("-----------------------------------------") ;
        char[] ch = {'H','e','l','l','o',' ','w','o','r','l','d'} ;
        String s3 = new String(ch) ;
        System.out.println("s3 = " + s3) ;
        System.out.println(" 字符串 s2 == s3 : " + s2.equals(s3)) ;
    }
}
```

解决问题30的程序运行结果如图3-32所示。

```
s1 = 谁是最可爱的人
测试字符串的长度: 7
取得子字符串Java: 谁是最可
取得第4个位置上的字符: 爱
------------------------------------------
s2 = Hello world
测试是否以He开始: true
取得s2中第一个o出现的位置: 4
字符串s2转换成大写: HELLO WORLD
s2变成字符数组后创建新字符串: Hello world
s2变成字节数组后创建新字符串: Hello world
s2中的Hello替换成‘您好’: 您好 world
------------------------------------------
s3 = Hello world
字符串s2 == s3 : true
```

图 3-32　解决问题 30 的程序运行结果

可以使用“+”运算符来连接字符串，也可以使用“+”运算符把不同类型的数据进行连接，最后得到的结果都是生成一个新的字符串对象。字符串类所提供的方法，需要熟练掌握，在实际开发中，对字符串的操作频率很高。

3. StringBuffer 类及使用

String对象具有不可变性，如果使用“+”运算符连接不同的字符串，会在常量池中产生新的字符串对象，这样会产生很多的对象垃圾。Java中提供了一个系统类StringBuffer来解决这个问题。

StringBuffer类也是用来操作字符串对象，它的最大特点是长度可变。所以在开发过程中，如果一个字符串对象在程序中的长度需要进行变化时，建议使用StringBuffer类，然后再把StringBuffer对象转换成字符串对象。

（1）StringBuffer类的构造方法

public StringBuffer()：构造一个不带字符的字符串缓冲区，其初始容量为 16 个字符。

public StringBuffer(int capacity)：指定初始的缓冲区大小构造一个字符串缓冲区对象。

public StringBuffer(String str)：以指定字符串构造一个字符串缓冲区对象。

（2）StringBuffer类的常用方法

它有些方法与String类相同，这里主要介绍不同的方法，见表3-3。

表 3-3　StringBuffer 对象常用方法

序　号	构造方法名	功　　能
1	public StringBuffer append(String str)	将指定字符串追加到字符串缓冲区中，在 StringBuffer 类中提供有很多重载的 append() 方法，能够追加任意数据类型
2	public StringBuffer deleteCharAt (int index)	删除指定位置 index 的字符，返回 StringBuffer 对象
3	public StringBuffer delete(int start,int end)	删除从位置 start 至 end 之间的字符，返回 StringBuffer 对象
4	public StringBuffer insert(int offset, String str)	在指定位置 offset 插入指定字符串 str，在 StringBuffer 类中提供有很多重载的 insert() 方法，可以插入任意数据类型
5	public StringBuffer reverse()	将字符串反转，返回新的 StringBuffer 对象
6	public String toString()	将字符串缓冲区对象转换成字符串对象

解决问题31　StringBuffer类中方法的使用。

```
public class StringBufferDemo {
    public static void main(String[] args) {
        StringBuffer buf = new StringBuffer() ;        // 实例化缓冲区对象
        buf.append("Hello") ;                          // 追加内容
        System.out.println(" 第一次追加: " + buf) ;
        buf.append("world!") ;
        System.out.println(" 第二次追加: " + buf) ;
        buf.delete(1,5) ;                              // 删除第 1 至第 5 个之间的字符
        System.out.println(" 删除第 1 至第 5 个位置间的字符后: " + buf) ;
        buf.insert(1,"elp") ;
        System.out.println(" 插入 elp: " + buf) ;
        String s = new String(buf) ;
        System.out.println(" 字符串 s 的值: " + s) ;
    }
}
```

解决问题31的程序运行结果如图3-33所示。

一般情况下，当StringBuffer对象中的内容固定之后，再把它变成字符串String对象，可以使用String类中提供的方法操作字符串。

```
第一次追加：Hello
第二次追加：Helloworld!
删除第1至第5个位置间的字符后：Hworld!
插入elp：Helpworld!
字符串s的值：Helpworld!
```

图 3-33　解决问题 31 的程序运行结果

八、对象数组

视 频

对象数组在内存中的状态

数组中的元素既可以保存基本数据类型的数据，也可以保存对象类型的数据。因为数组本身是引用类型，在使用数组时，首先需要用new运算符为数组对象开辟存储空间。如果数组中的每个元素都存储的是对象类型，那么就要把实例化对象的地址赋值给每一个元素，使得数组中的每个元素都能够指向一个具体的对象。一般使用循环来初始化数组元素对象，如下列代码段：

```
Book[] b = new Book[8] ;
for(int i = 0 ;i<10 ;i++) {
    b[i] = new Book() ;
}
```

第一条语句是定义一个具有8个元素的Book类型的数组，for循环为每个元素赋值Book对象类型的引用。

下面通过解决问题32的程序代码来说明数组对象的使用。

解决问题32　利用数组来存储8个Book对象，并按照Book对象中的price进行升序排序。

（1）需求分析：需要类Book。由于之前已经多次使用了Book类，在这里不再分析Book类的定义过程。需求中明确存储8个对象，因此要使用对象数组。数组的排序之前也已经进行了分析，在这里不再阐述。

（2）代码实现：

```
class Book {
    private String name ;
    private double price ;
    private String publish ;
    public Book() {
        this("习近平谈治国理政（第一卷）",80,"外文出版社") ;
    }
    public Book(String name, double price, String publish) {
        this.name = name ;
        this.price = price ;
        this.publish = publish ;
    }
    public boolean compareTo(Book temp) {          // 比较当前书的价格与给定书的价格
        if(temp != null && this.price > temp.price) {
            return true ;
        }
        return false ;
    }
    public String getMessage() {                   // 取得书的信息
        return "书名：" + this.name + "，价格：" + this.price + "，出版社：" +this.publish ;
    }
}
public class ObjectArray {
    public static void main(String[] args) {
        Book[] b = new Book[8] ;
        // 为每个对象数组赋值。
        b[0] = new Book("习近平谈治国理政（第二卷）", 80, "外文出版社") ;
        b[1] = new Book("习近平谈治国理政（第三卷）", 80, "外文出版社") ;
        b[2] = new Book("习近平谈治国理政（第四卷）", 80, "外文出版社") ;
        b[3] = new Book("习近平新时代中国特色社会主义思想专题摘编", 30, "党建读物出版社
中央文献出版社") ;
        b[4] = new Book("党的二十大报告辅导读本", 38, "人民出版社") ;
        b[5] = new Book("初心的力量 共产党人的赤子之情", 49, "新世界出版社") ;
        b[6] = new Book() ;
        b[7] = new Book() ;
        sort(b) ;
        for(int i = 0 ; i < b.length ; i ++) {
            System.out.println ("--------------------------------------------") ;
            System.out.println((i+1) + ": " + b[i].getMessage()) ;
        }
```

```
    }
    public static void sort(Book[] temp) {             // 对 Book 对象数组进行冒泡排序
        if(temp == null) {
            return ;
        }
        for(int i = 0 ; i<temp.length - 1 ; i++) {
            for(int j = 0 ; j< temp.length-1-i ; j ++) {
                if(temp[j].compareTo(temp[j+1])) {
                    Book t = temp[j] ;
                    temp[j] = temp[j+1] ;
                    temp[j+1] = t ;
                }
            }
        }
    }
}
```

解决问题32的运行结果如图3-34所示。

```
1: 书名：习近平新时代中国特色社会主义思想专题摘编，价格：30.0，出版社：党建读物出版社 中央文献出版社
2: 书名：党的二十大报告辅导读本，价格：38.0，出版社：人民出版社
3: 书名：初心的力量 共产党人的赤子之情，价格：49.0，出版社：新世界出版社
4: 书名：习近平谈治国理政（第二卷），价格：80.0，出版社：外文出版社
5: 书名：习近平谈治国理政（第三卷），价格：80.0，出版社：外文出版社
6: 书名：习近平谈治国理政（第四卷），价格：80.0，出版社：外文出版社
7: 书名：习近平谈治国理政（第一卷），价格：80.0，出版社：外文出版社
8: 书名：习近平谈治国理政（第一卷），价格：80.0，出版社：外文出版社
```

图 3-34 解决问题 32 的程序运行结果

任务实施

应用实例——利用链表设计网络书店

1. 需求

通过程序代码能够实现对Book类的存储。要求能够删除结点，能够追加加结点，能够查询结点。

链表是在程序设计中经常使用的一种数据结构，也是一个经典的案例。在Java系统中也提供有已经定义好的链表类供用户使用。为了能够提高读者的程序设计能力，在这里单独把链表当作案例进行剖析。链表的基本框架如图3-35所示。

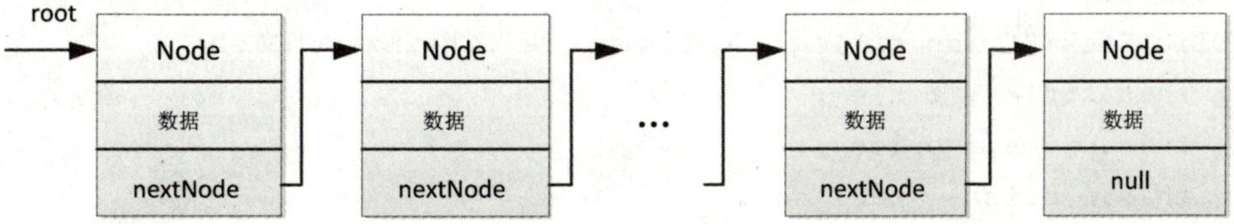

图 3-35 链表的基本结构

图3-35中的每一个方形框称为一个结点，链表中的每一个结点包含两部分内容，一是当前结点的数据，另一个是指向下一个结点对象的引用。结点中的数据部分可以存储Java中任意类型的数据，可以基本类型，也可以是引用类型，结点中的指针部分是一个对象引用，它指向下一个结点，从而构成一个完整的链。

链表的实质是一个长度可以变化的数组。在实际开发过程中，使用数组时，一旦数据定义好了，它的长度就会固定，降低了程序的灵活性。链表的出现，可以解决这个问题，在链表中，可以任意地增加数据，删除数据。链表头部，必须有一个root引用指向第一个结点，方便程序进行数据的查询、增加、删除等操作。

（1）UML建模：需要两个对象Node表示结点，Link表示链。

Node类：有数据和下一个结点对象两个属性。有追加一个结点、删除结点、查询结点的行为。

Link类：有结点属性。有把结点链接到一起、删除链、查询的行为。

它们的UML模型如图3-36所示。

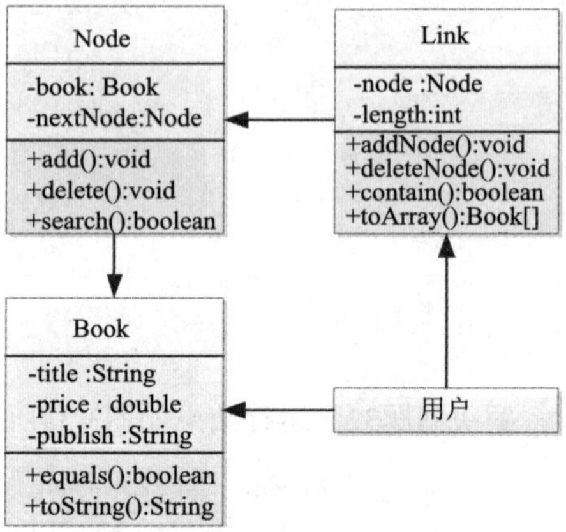

图 3-36　应用实例的 UML 模型

（2）对象行为分析：

①Node类的行为分析：

- 追加结点：遍历至最后一个结点，让最后一个结点的nextNode指向新建的对象。
- 删除结点：找到结点后，让当前结点的next指向下一结点的next对象。
- 查找：使用Book类提供的equals()方法对当前结点的值进行判断。

②Link类的行为分析：

- 追加：在当前链表中追加一个结点。如果链表当前为null，表示是第一个结点，直接把对象赋值给root，否则使用Node提供的addNode()方法追加结点。
- 删除指定结点：如果找到指定结点，若链表只有一个结点，直接把root设置为null，否则使用Node提供的deleteNode()方法删除结点。
- 查找指定结点：使用Node类中提供的search()方法查找。
- 转换成数组：把链表转换成数组。

2. 代码实现

```
class Book {                                        // 定义数据对象 Book
    private String title ;
    private double price ;
    private String publish ;
    public Book(){}
    public Book(String title , double price ,String publish) {
        this.title = title ;
        this.price = price ;
        this.publish = publish ;
```

```
    }
    public boolean equals(Object b) {
        Book book ;
        if(b instanceof Book) {
            book = (Book) b ;
            if(this == book) {
                return true ;
            }
            if(book == null) {
                return false ;
            }
            if(this.title.equals(book.title) && this.price == book.price) {
                return true ;
            }
        }
        return false ;
    }
    public String toString() {
        return "书名：" + this.title + "，价格：" + this.price + "，出版社：" + this.publish ;
    }
}
class Node {                                       //定义结点类Node
    private Book data ;
    private Node next ;
    public void setData(Book str) {
        this.data = str ;
    }
    public Book getData() {
        return this.data ;
    }
    public void setNext(Node next) {
        this.next = next ;
    }
    public Node getNext() {
        return this.next ;
    }
    public void addNode(Node newNode) {     //追加结点
        if(this.next == null) {
            this.next = newNode ;
        } else {
            this.next.addNode(newNode) ;
```

```
        }
    }
    public boolean search(Book obj) {                          // 搜索结点
        if(this.data.equals(obj)) {
            return true ;
        }
        return false ;
    }
    public void deleteNode(Book obj) {                         // 删除结点
        if(this.next != null) {
            if(this.next.search(obj)) {
                if(this.next.next != null) {
                    this.next = this.next.next ;
                    return ;
                } else {
                    this.next = null ;
                    return ;
                }
            } else {
                this.next.deleteNode(obj) ;
            }
        }
    }
}
class Link {                                                   // 定义 Link 类
    private Node root ;                                        // 记录根结点
    private int length = 0 ;                                   // 记录长度
    public void add(Book str) {                                // 向链表中添加结点
        Node newNode = new Node() ;
        newNode.setData(str) ;
        newNode.setNext(null) ;
        if(this.root == null) {
            this.root = newNode ;
        } else {
            this.root.addNode(newNode) ;
        }
        length ++ ;
    }
    public boolean contain(Book obj) {                         // 查找链表中的指定数据
        Node tempNode = null ;
        if(this.root == null) {
            return false ;
```

```
        }
        if(this.root.search(obj)) {
            return true ;
        } else {
            tempNode = this.root.getNext() ;
            while(tempNode != null) {
                if(tempNode.search(obj))
                    return true ;
                tempNode = tempNode.getNext() ;
            }
        }
        return false ;
    }
    public void delete(Book obj) {                    //删除链表结点
        if(this.root == null) {
            return ;
        }
        if (this.contain(obj)) {
            if(this.root.search(obj)) {
                if(this.root.getNext() == null) {
                    this.root = null ;
                } else {
                    this.root = this.root.getNext() ;
                }
            } else if(this.root.getNext() != null) {
                this.root.deleteNode(obj) ;
            }
            length -- ;
        }
    }
    public Book[] toArray() {                         //把链表转换成数组输出
        Node temp ;
        Book arr[] = new Book[this.length] ;
        temp = this.root ;
        int index = 0 ;
        if(this.root == null) {
            return null ;
        }  else {
            while(temp != null) {
                arr[index ++] = temp.getData() ;
                temp = temp.getNext() ;
            }
```

```
        }
        return arr ;
    }
}
public class LinkDemo {                                        // 测试
    public static void main(String[] args) {
        Link link=new Link() ;
        link.add(new Book("井冈山精神",32,"安徽教育出版社")) ;
        link.add(new Book("我心永向党：家书里的百年信仰",58,"人民日报出版社")) ;
        link.add(new Book("红色延安",39,"党建读物出版社")) ;
        link.add(new Book("可爱的中国",35,"天津人民出版社")) ;
        link.add(new Book("红色基因代代传",38,"人民日报出版社")) ;
        link.add(new Book("开天辟地",36,"团结出版社")) ;
        link.add(new Book("铁道游击队",33.8,"南方出版社")) ;
        link.add(new Book("百年大党与中国道路",48,"中共中央党校出版社")) ;
        link.add(new Book("雷锋的故事",16.8,"北京教育出版社")) ;
        System.out.println("链表创建完成...") ;
        Book[] s = link.toArray() ;
        print(s) ;
        link.delete(new Book("铁道游击队",33.8,"南方出版社")) ;
        link.delete(new Book("雷锋的故事",16.8,"北京教育出版社")) ;
        link.delete(new Book("红色延安",39,"党建读物出版社")) ;
        System.out.println("-------------------------------------------") ;
        System.out.println("删除链表中指定的结点后还剩...") ;
        s = link.toArray() ;
        print(s) ;
        boolean flag = link.contain(new Book("百年大党与中国道路",48,"中共中央党校出版社")) ;
        System.out.println("-------------------------------------------") ;
        System.out.println("查找链表中的是否有'百年大党,48,中共中央党校出版社': " + flag) ;
    }
    public static void print(Book[] temp) {
        if(temp != null) {
            for(Book t : temp)  {
                if(t != null) {
                    System.out.println("-------------------------------------------") ;
                }
            }
        }
    }
}
```

应用实例的程序运行结果如图3-37所示。

```
链表创建完成...
----------------------------------------------------------------
书名：井冈山精神，价格：32.0，出版社：安徽教育出版社
----------------------------------------------------------------
书名：我心永向党：家书里的百年信仰，价格：58.0，出版社：人民日报出版社
----------------------------------------------------------------
书名：红色延安，价格：39.0，出版社：党建读物出版社
----------------------------------------------------------------
书名：可爱的中国，价格：35.0，出版社：天津人民出版社
----------------------------------------------------------------
书名：红色基因代代传，价格：38.0，出版社：人民日报出版社
----------------------------------------------------------------
书名：开天辟地，价格：36.0，出版社：团结出版社
----------------------------------------------------------------
书名：铁道游击队，价格：33.8，出版社：南方出版社
----------------------------------------------------------------
书名：百年大党与中国道路，价格：48.0，出版社：中共中央党校出版社
----------------------------------------------------------------
书名：雷锋的故事，价格：16.8，出版社：北京教育出版社
----------------------------------------------------------------
删除链表中指定的结点后还剩...
----------------------------------------------------------------
书名：井冈山精神，价格：32.0，出版社：安徽教育出版社
----------------------------------------------------------------
书名：我心永向党：家书里的百年信仰，价格：68.0，出版社：人民日报出版社
----------------------------------------------------------------
书名：可爱的中国，价格：35.0，出版社：天津人民出版社
----------------------------------------------------------------
书名：红色基因代代传，价格：38.0，出版社：人民日报出版社
----------------------------------------------------------------
书名：开天辟地，价格：36.0，出版社：团结出版社
----------------------------------------------------------------
书名：百年大党与中国道路，价格：48.0，出版社：中共中央党校出版社
----------------------------------------------------------------
查找链表中的是否有'百年大党,48,中共中央党校出版社'：true
```

图 3-37　应用实例的程序运行结果

课后实践

1. 定义一个电视机类：

（1）包含的属性有：品牌、价格、尺寸；

（2）包含的功能有：开机、关机；

（3）包含有无参构造方法、带三个参数的构造方法；

（4）定义Computer类的setter和getter。

要求：利用电视机类实例化品牌为海信的56寸电视机，价格为5 000元，打开电视时，输出“欢迎使用海信电视…”；关闭电视时，输出“再见…”。

2. 利用对象的基本知识，分析下列程序的运行结果，并说明构造方法中this.brank和brank的区别：

```
class Computer {
    private String brank ;
    private double price ;
    public Computer(String brank,double price) {
        this.brank = brank ;
        this.price = price ;
    }
    public void show() {
        System.out.println(brank + "的价格为：" + price) ;
    }
}
public class ComputerDemo {
```

```
    public static void main(String []args) {
        Computer c1 = new Computer("联想",3580.00) ;
        Computer c2 = new Computer("IBM",3300.00) ;
        Computer c3 = null ;
        c1.show() ;
        c2.show() ;
        c3 = c1 ;
        c3.show() ;
        c2 = c3 ;
        c2.show() ;
    }
}
```

3. 给定一个表示身份证号码的字符串“450102180822211137”，要求：

（1）测试这个字符串是否为身份证号码（一般身份证是由数字构成，长度为18位）；

（2）找出这个字符串中是否包含“222”的子串，并输出起始位置；

（3）测试这个身份证号码代表的是男性还是女性（通常情况最后一位是单号表示男性，否则为女性）；

（4）将这个号码中数字“2”用“6”替换；

（5）将这个身份证号码转换成字符数组，并输出。

4. 定义一个Book类，包含有书名、价格、出版社的信息以及输出这些信息的show()方法。要求实例化10个Book类的对象，并且按照价格进行升序排列。

5. 利用单例设计模式，实现小明的父亲能够异地给小明进行存钱的功能。

6. 理解链表的实现，并将代码输入到计算机中进行调试。

模块二

类的高级应用

苟日新，日日新，又日新。Java是纯粹的“面向对象”的语言，深刻展示了程序编写的精髓，简明严谨的结构及简洁的语法特点，为其发展及维护提供了保障，非常适合大型软件的设计和开发，是许多程序员的首选开发语言。Java在不断地发展，提供了越来越完备的系统功能以及非常成熟的框架结构，如Spring Boot框架技术，让程序员只需要很少的代码就能够开发出高效的应用程序，如果想成为一名优秀的Java程序员，需要持续地跟进Java语言中出现的新技术、新知识。Java语言还提供了许多保证程序稳定、健壮的特性，有效地减少了错误，这种“防患于未然”的技术，为开发者开发应用程序提供了更加安全的保障。本模块中的四个子任务，能够让大家更加深刻地领略到Java程序的独特魅力，帮助大家迈入Java程序员的行列。

任务4 利用继承技术编写网络商城商品管理程序

任务描述

在网络商城中，有很多类型的商品，不同的商品他们既有共同的品名、价格等共同的属性，也有查询、删除、增加等共同的功能。如何通过网络商城实现不同商品的管理呢？

职业能力与目标

◎ 能够从具有共同特征的不同对象中抽取父类；
◎ 能够利用继承编写比较复杂的程序；
◎ 掌握super关键字的使用以及与this关键字的区别；
◎ 理解继承的限制；
◎ 能够重写父类中的同名方法；
◎ 能够定义抽象类，合理使用抽象类；
◎ 掌握多态性的含义及其应用；
◎ 能够合理使用接口与继承实现既定功能；
◎ 能够利用继承实现网络商城商品管理；
◎ 能够合理地使用Object类；
◎ 能够将编写好的类制作成jar包，能够导入其他程序员的jar包；
◎ 培养具备优秀技术人才的职业精神；
◎ 增强对民族品牌的自豪感和自信心。

继承是面向对象程序设计的核心概念之一，它是面向对象程序设计的精髓，也是Java的精髓。通过继承，可以大大地减少代码的重复定义，提高代码的使用效率，使程序更加简洁、程序的结构更加清晰，增强程序的可读性。有了继承以后，能够使面向对象程序设计中的对象之间产生关系，即父子关系，为多态性提供前提条件。本任务讨论Java语言对继承与多态的支持。

知识储备

一、初探继承技术

继承关系的概念来源于现实生活，比如儿子继承父亲的财产，说明儿子拥有了父亲的财产，并对这些财产有使用权，换而言之，有了继承关系之后，儿子就可以使用继承自父亲的东西。把儿子类称为子类，把父亲类称为父类。体现在面向对象程序设计中，子类就可以使用继承自父类中所定义的成员。

1. 为什么要使用继承

假如需要定义两个对象学生和工人，对象学生的属性包括姓名、年龄；行为包含学习。对象工人的属性包括姓名、年龄；行为包含工作。

根据上面的需求，可以对两个对象设计见表4-1的代码。

表 4-1　两个不同对象之间代码相似性的比较

```
class Student {                    //定义学生对象
    //定义属性
    private String name ;
    private int age ;
    //定义 setter 和 getter
    public void setName(String name) {
        this.name = name ;
    }
    public void setAge(int age) {
        this.age = age ;
    }
    public String getName() {
        return this.name ;
    }
    public int getAge() {
        return this.age ;
    }
    //定义学习行为
    public void study() {
        System.out.println("study….") ;
    }
}
```

```
class Worker{                      //定义工人对象
    //定义属性
    private String name ;
    private int age ;
    //定义 setter 和 getter
    public void setName(String name)  {
        this.name = name ;
    }
    public void setAge(int age)  {
        this.age = age ;
    }
    public String getName(){
        return this.name ;
    }
    public int getAge(){
        return this.age ;
    }
    //定义工作行为
    public void work() {
        System.out.println("work…") ;
    }
}
```

表4-1中斜体部分的代码从内容和功能上来说是相同的，都是为了定义属性name和age，并且通过定义getter和setter来获取它们的值，而不同的内容只有学习行为和工作行为。这样的程序从语法和语义上来说并不存在问题，但相同的功能定义了不同的代码，代码的重复率很高，程序的可读性比较差，效率比较低。

为了解决这个问题，在Java语言中，引入了继承的概念，继承是两个类之间的一种关系。假设类A继承了类B，则称B为父类、超类或者基类，称A为子类。子类继承父类之后，子类就可以直接使用父类中已经定义的属性和方法，除此之外，子类还可以定义自己独有的成员。图4-1表示了类之间继承关系。

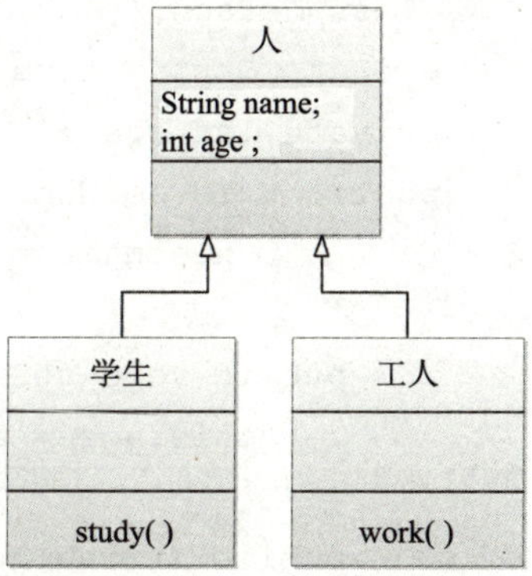

图 4-1　继承关系结构图

从图4-1可以看出，“人”类是父类，它定义了两个属性name和age；“学生”类是子类，它只定义了行为study()，“工人”类也是子类，它只定义了work()，但是这两个子类都可以直接使用“人”类中定义的name和age。“工人”和“学生”有一个共同的父类，这两个类称为兄弟类。

因而，继承是使用已经存在的类作为基础建立新类的技术。子类能够使用父类中定义的属性和行为，也可以定义自己的成员。这种技术让程序员可以充分利用已经存在类，提高代码的复用率，大大缩短开发周期，降低开发费用。

继承具有以下特点：

（1）继承关系是传递的。假设“高职学生”类继承了“学生”类，则“高职学生”除了可以定义自己的成员以外，还可以使用“学生”类中的成员，即也可以直接使用“学生”类继承自“人”类中的成员name和age。虽然是隐式地继承自父类的成员，但在子类中仍然可以直接使用；

继承的传递关系，就构成了对象的继承体系。在学习继承体系时，应该先参阅顶层类中定义的内容，了解这个体系的基本功能，在使用这个体系的功能时，需要创建最底层的子类。也就是“看顶层，建底层”。

（2）继承简化了人们对事物的认识和描述，能清晰体现类之间的层次结构关系；

（3）继承提供了软件复用功能。对于共性的成员（属性和行为），可以定义在父类中，在子类中只需要定义少量的成员即可实现功能的扩充。这种做法能够减少代码和数据的冗余度，增加程序的重用性，提高了程序的可维护性。

需要特别强调的是，在Java语言中，只支持单重继承，也就是说，“学生”类只能有一个父类“人”，不能有多个父类。

2. 实现继承功能

定义继承关系有一个很重要的前提条件，即类与类之间有所属关系（Is-A）。例如，苹果是水果中的一种，牛是动物中的一种。否则，即便是定义了继承关系，也不符合现实的逻辑。

继承的实现是通过关键字extends来实现的，它的语法格式如下：

```
[访问控制方式]class <子类名> extends <父类名>  {
......          //类体
}
```

解决问题1 继承的使用。

```
class Person {
private String name ;
private int age ;
public void setName(String name){
        this.name = name ;
    }
    public void setAge(int age){
        this.age = age ;
    }
    public String getName() {
        return this.name ;
```

```
    }
    public int getAge() {
        return this.age ;
    }
}
class Student extends Person{
    public void study() {
        System.out.println("-------------------------------------------------") ;
        System.out.println("好好学习，为中华民族伟大复兴而努力...") ;
    }
}
class Worker extends Person {
public void work() {
        System.out.println("-------------------------------------------------") ;
        System.out.println("努力工作，为中国式现代化而奋斗...") ;
    }
}
public class PersonExtends {
    public static void main(String[] args)  {
        Student student = new Student() ;  //创建子类Student的实例对象
        student.setName("吕广仁") ; //Student实例对象使用父类中定义的setName()功能
        student.setAge(20) ;        //Student实例对象使用父类中定义的setAge()功能
        Worker worker = new Worker() ; //创建子类Worker的实例对象
        worker.setName("郑志明") ;  //Worker实例对象使用父类中定义的setName()功能
        worker.setAge(35) ;         //子类Worker实例对象使用父类中定义的setAge()功能
        System.out.println("-------------------------------------------------") ;
        System.out.println("学生姓名："+student.getName()+";年龄："+student.getAge()) ;
        student.study() ;           //子类Student实例对象使用自己定义的study()功能
        System.out.println("-------------------------------------------------") ;
        System.out.println("工人姓名："+worker.getName()+";年龄："+worker.getAge()) ;
        worker.work() ;             //子类Worker实例对象使用自己定义的work()功能
    }
}
```

解决问题1的程序运行结果如图4-2所示。

```
学生姓名：吕广仁;年龄：20
-------------------------------------------------
好好学习，为中华民族伟大复兴而努力…
-------------------------------------------------
工人姓名：郑志明;年龄：35
-------------------------------------------------
努力工作，为中国式现代化而奋斗…
```

图4-2 解决问题1的程序运行结果

在解决问题1的程序中，子类Student所创建的实例对象student除了使用自己的功能study()外，还使用了继承自父类Person中所定义的功能setName()和setAge()功能，以及getName()和getAge()功能。同理，子类Worker也可以使用继承自父类的成员。

父类和子类是一般与特殊的关系，在父类中定义的成员是所有子类所共有的成员，子类只需要定义自己特有的功能，对共性的成员通过继承就可以使用。在进行程序开发时，如果两个对象具有共性的成员，可以把它们共性的内容进行向上抽取，把抽取出来的成员定义成为父类，把不同的成员定义成为子类所特有的成员，就可以很方便地实现代码重用。

子类不能选择性地继承父类的成员，也就是说，子类可以继承父类中使用public、private、protected和默认修饰符修饰的成员，而且子类中的访问控制方式与父类中相同，但是，子类不能直接访问父类的私有成员（private修饰）。

解决问题2 探索子类直接访问父类中的private成员产生的错误。

```
class Father {
    private int num ;                         // 父类中被 private 修饰的成员变量
}
class Son extends Father {
    public void show() {
        System.out.println("num = "+ num) ; // 子类直接访问父类中被 private 修饰的成员变量
    }
}
public class PrivateDemo {
    public static void main(String[] args) {
        Son z = new Son() ;
        z.show() ;
    }
}
```

解决问题2的程序在编译时会产生编译错误，错误信息如图4-3所示。

```
PrivateDemo.java:7: 错误: num可以在Father中访问private
                System.out.println("num = "+ num);
                                             ^
1 个错误
```

图 4-3 解决问题 2 的程序编译信息

num属性在父类Father中被private修饰，子类Son不能够被直接访问，否则会产生编译错误。

视频

实例化子类对象时内存状态

3. 探究继承关系的实质

有了继承关系以后，子类不仅有自己定义的成员，还有从祖先类继承下来的成员。在创建子类的对象实例时，不仅要为自己的成员变量进行初始化，还需要对父类中的成员变量进行初始化。为了能够实现对父类成员变量的初始化，在Java中引用了关键字super。

子类的对象在进行实例化时，会先调用父类的构造方法，完成对父类成员变量的初始化之后，才执行本类的构造方法。

解决问题3 利用子类实例化对象。

```
class Animal {
    public Animal() {
        System.out.println(" 访问 Animal 构造方法 ...") ;
    }
}
```

```
class Dog extends Animal {
    public Dog() {
        System.out.println(" 访问 Dog 自己的构造方法 ...") ;
    }
}
public class SuperDemo {
    public static void main(String[] args)      {
        Dog d = new Dog() ;
    }
}
```

解决问题3的程序运行结果如图4-4所示。

从程序运行结果可以看出，在调用子类的构造方法创建子类的实例化对象时，父类的构造方法被自动调用，实现自动调用功能的关键字是super。

```
访问Animal构造方法...
访问Dog自己的构造方法...
```

图 4-4 解决问题 3 的程序运行结果

（1）使用super显式调用构造方法

如果在子类中需要指定调用父类的构造方法，可以使用super(参数列表)的形式来指定父类特定的构造方法。

解决问题4 super显式调用构造方法。

```
class Train {                                   // 定义父类 Train
    private String trainType ;
    private String trainNo ;
    private String beginStation ;
    private String endStation ;
    private double speed ;
    // 父类定义的有参构造方法
    public Train(String trainType, String trainNo, String begin, String end, double speed) {
        this.trainType = trainType ;
        this.trainNo = trainNo ;
        this.beginStation = begin ;
        this.endStation = end ;
        this.speed = speed ;
    }
    // 父类定义的无参构造方法
    public Train() {
        this(" 普通绿皮火车 ","Z6"," 南宁 "," 北京西 ",160) ;
    }
    public void show() {
        System.out.println("-----------------------------------------------") ;
        System.out.println(" 我是: " + this.trainType + ", 车次号: " + this.trainNo) ;
        System.out.println(" 始发站: "+ this.beginStation+ ", 终点站: "+this.endStation+
", 速度: "+ this.speed) ;
```

```
    }
}
class CRH extends Train {                          // 定义子类 CRH 复兴号
    private String controlMode ;
    public CRH(String controlMode, String trainType, String trainNo, String begin,
String end, double speed) {
        super(trainType,trainNo,begin,end,speed) ; // 显式调用父类中带参数的构造方法
        this.controlMode = controlMode ;
    }
    public CRH(String controlMode)    {            // 隐式调用父类中不带参数的构造方法
        super("复兴号","G1921","上海","嘉兴",350) ;
        this.controlMode = controlMode ;
    }
    public void message() {
            show();                                // 子类直接使用父类中的 show() 方法
        System.out.println("控制模式：" + this.controlMode) ;
    }
}
public class TrainExtends {
    public static void main(String[] args) {
        CRH train1 = new CRH("CTCS-3","复兴号","G1949","西柏坡","北京",350) ;
        CRH train2 = new CRH("CTCS-3") ;
        Train train3 = new Train() ;
        train1.message() ;
        train2.message() ;
        train3.show() ;
    }
}
```

解决问题4的程序运行结果如图4-5所示。

```
我是：复兴号，车次号：G1949
始发站：西柏坡，终点站：北京，速度：350.0
控制模式:CTCS-3
--------------------------------------------------
我是：复兴号，车次号：G1921
始发站：上海，终点站：嘉兴，速度：350.0
控制模式:CTCS-3
--------------------------------------------------
我是：普通绿皮火车，车次号：Z6
始发站：南宁，终点站：北京西，速度：160.0
```

图 4-5 解决问题 4 的程序运行结果

说 明：

①子类中所有的构造方法第一行都默认为隐式语句“super();”，用来调用父类的无参构造方法。

②当父类中没有空参数的构造方法时，子类的构造方法必须通过显式的super()语句指定要访问的父类中的构造方法。

③一般情况下，每一个父类都应该保留定义不带参数的构造方法，方便子类的构造方法隐式地调用。

如果将解决问题4定义的空参构造方法public Train()删除，在编译时会出现图4-6所示的错误信息。

```
TrainExtends.java:41: 错误: 无法将类 Train中的构造器 Train应用到给定类型;
                Train train3 = new Train() ;

  需要: String,String,String,String,double
  找到:    没有参数
  原因: 实际参数列表和形式参数列表长度不同
1 个错误
```

图 4-6　子类使用父类的参构造方法不当产生的错误信息

提示信息说明父类中的构造方法需要“String, String,String,String,double”类型的参数，但在子类的构造方法中使用了父类“没有参数”的构造方法，参数的数量不符合要求。解决的办法就是在父类中定义一个不带参数的构造方法。

（2）使用super显式调用父类的成员

子类继承父类以后，子类及其实例化的对象可以使用父类中的成员，包含成员变量和成员方法，而且在子类中还可以定义自己特有的成员，在Java中，允许子类定义与父类中同名的变量和同名的方法。

解决问题5 利用super调用父类中同名的成员变量。

```
class Father {
    int num =1 ;                                          //父类中定义的num成员变量
}
class Son extends Father {
    int num = 10 ;                                        //子类中定义同名的num成员变量
    public void show() {
        System.out.println("子类的num= " + num) ;          //调用子类自己的num成员
        System.out.println("父类的num= " +super.num) ;     //调用父类中的同名num成员
    }
}
public class SameVariable {
    public static void main(String[] args) {
        Son s = new Son() ;
        s.show() ;
    }
}
```

解决问题5的程序运行结果如图4-7所示。

```
子类的num= 10
父类的num= 1
```

图 4-7　解决问题 5 的程序运行结果

有了继承关系以后，程序代码在使用变量的时候，优先使用的是局部变量，其次是自己的成员变量，最后是父类的成员变量。解决问题5所出现的情况在进行程序实际开发过程中并不使用，因为子类需要使用的成员在父类中已经进行了定义，就没有必要再重复定义，它的定义模式不符合降低代码冗余度的原则。但是，在子类中定义与父类同名的方法经常使用，这种技术称之为重写技术，后续将内容单独进行阐述。

4. 继承的限制

在之前阐述继承的过程中，虽然对继承的限制做了少许描述，但还是有必要把继承的限制进行集中说明。

（1）Java不支持多继承

继承的功能是为了让子类能够使用父类的功能，实现代码的重用，提高开发效率，但Java不支持一个子类同时继承多个父类。下列程序代码段不正确。

```
class A { }
class B { }
class C extends A,B { }
```

程序编译后，产生的错误信息如图4-8所示。

```
More.java:3: 错误: 需要'{'
class C extends A,B{ }
                 ^
1 个错误
```

图 4-8　程序编译信息

但是可以通过继承的传递关系，让C既具备B的功能，也具备A的功能。代码如下：

```
class A { }
class B extends A { }
class C extends B { }
```

由继承的关系可知，C是B的子类，是A的孙子类。通过多层继承，使得C可以使用A的功能。虽然对多层继承的层次并没有限制，但在实际开发过程中，一般情况下，继承的层级为3级左右。

（2）子类对父类中的私有成员（private修饰）是隐式继承

严格意义上来说，子类会继承父类中的所有成员。子类也可以继承父类中被private关键字修饰的成员，只不过这种继承是隐式的继承。因为子类不能直接访问父类的private成员，解决问题6的程序会产生编译错误信息。

解决问题6　子类直接访问父类的private成员。

```
class A {                                            // 定义父类 A
    private String msg ;
    public void setMsg(String msg) {
         this.msg = msg ;
    }
    public String getMsg() {
         return this.msg ;
    }
}
class B extends A {                                  // 定义子类 B
    public void show() {
         System.out.println("msg = " + msg) ;        // 子类 B 直接访问父类的私有成员 msg
    }
}
public class More {
    public static void main(String[] args) {
         B b = new B() ;                             // 实例化子类 B 的对象
         b.setMsg("Hello world !") ;                 // 调用父类 A 的功能
         System.out.println(b.getMsg()) ;
    }
}
```

解决问题6的程序编译后，产生的错误信息如图4-9所示。

```
More.java:12: 错误: msg可以在A中访问private
                System.out.println("msg = " + msg) ;    //子类B直接访问父类的私
有成员msg
                                              ^
1 个错误
```

图 4-9 解决问题 6 的程序编译信息

虽然子类不能够直接操作父类中被private修饰的成员变量，但子类的对象可以通过引用父类的方法，去操作父类的成员变量。

（3）子类的对象在实例化之前一定会默认调用父类的无参构造方法

这个道理其实很简单，在现实生活中如果没有父亲，就一定不会有儿子。在对子类的对象进行实例化的时候，首先需要对父类的成员变量进行初始化，否则子类就不能使用父类的成员。

解决问题7的程序代码中，子类B的构造方法有没有语句“super()”的运行结果都一样。

解决问题7 子类的构造方法默认调用父类的无参构造方法。

```
class A {                                                   // 定义父类 A
    public A() {
        System.out.println("A、这是 A 的构造方法 ") ;
    }
}
class B extends A {                                         // 定义子类 B
    public B() {
        System.out.println("B、这是 B 的构造方法 ") ;
    }
}
public class More {
    public static void main(String[] args)       {
        B b = new B() ;                                     // 实例化子类 B 的对象
    }
}
```

解决问题7的程序运行结果如图4-10所示。

```
A、这是A的构造方法
B、这是B的构造方法
```

图 4-10 解决问题 7 的程序运行结果

从结果可以看出，在子类B的构造方法中没有任何执行父类A的构造方法的语句，但是执行结果显示执行了父类A的构造方法，说明子类的对象在进行实例化之前，会先去执行父类的构造方法，完成对父类成员变量的初始化。如果在子类B的构造方法当中，第一条语句写上“super();”，最后的执行结果也相同。说明子类在实例化对象的时候，父类的无参构造方法是默认执行的。

如果父类没有定义无参构造方法，在子类的构造方法中必须使用“super(参数列表)”来指定需要调用的父类构造方法。

super关键字和this关键字，它们如果存在，都必须放在程序的第一行，如果子类的构造方法中存在this语句，则super不存在。

要特别注意的是，this代表对象，因为它有地址值；而super并不代表对象，没有值，也不能输出。在程序中可以输出this的值，如果输出super的值，就会产生编译错误。

二、什么是重写技术

子类也可以定义与父类同名的方法，这种技术称为重写技术，它是Java中最重要的技术之一，实现多态的基本条件之一。

1. 方法的重写

方法重写指的是在子类中定义一个与父类（或者其祖先类）的某一个方法完全相同的方法，包括返回值、名称、参数列表（参数的类型、个数）都相同，也称为方法覆盖、复写（override）。解决问题8就是方法重写技术。

解决问题8 方法重写技术。

```
class Train {
    public void run() {
        System.out.println("火车在跑...") ;
    }
}
class CRH extends Train {      // CRH继承父类Train
    public void run() {        //重写父类的方法run(),名称、返回值、参数与父类完全相同
        System.out.println("复兴号动车在跑...") ;
    }
}
public class TrainSuper {
    public static void main(String[] args) {
        System.out.println("----------------------------") ;
        CRH train1 = new CRH() ;
        train1.run() ;          //子类调用自己的run()方法
        System.out.println("----------------------------") ;
        Train train2 = new Train() ;
        train2.run() ;          //父类调用自己的run()方法
    }
}
```

在父类Train中定义了一个没有返回值、没有参数、名称为run()的方法，在子类中同样定义了一个没有返回值、没有参数、名称为run()的方法，这就是方法的重写。当子类重写了父类的方法以后，在实例化子类的对象时，子类对象调用show()方法，实际上执行的是子类自己的show()方法。解决问题8的程序运行结果如图4-11所示。

```
----------------------------
复兴号动车在跑...
----------------------------
火车在跑...
```

图4-11 解决问题8的程序运行结果

如果子类想要使用父类的run()方法，需要在方法的前面加上super关键字来引用父类的同名方法，如解决问题9的程序所示。

解决问题9 子类调用与父类同名的方法。

```
class Train {
    public void run() {
        System.out.println("火车在跑...") ;
```

```
        }
    }
    class CRH extends Train {        //CRH 继承父类 Train
        public void run() {          // 重写父类的方法 run()，名称、返回值、参数与父类完全相同
            System.out.println("复兴号动车在跑 ...") ;
        }
        public void runAll() {       // 重写父类的方法 run()，名称、返回值、参数与父类完全相同
            System.out.println("子类 runAll() 调用父类的 run()") ;
                super.run() ;
                System.out.println("子类 runAll() 调用自己的 run()") ;
                run() ;
                System.out.println("-------------------------------") ;
        }
    }
    public class TrainSuper {
        public static void main(String[] args) {
            System.out.println("子类对象引用自己的方法 run()") ;
            System.out.println("-------------------------------") ;
            CRH train1 = new CRH() ;
            train1.run() ;           // 子类调用自己的 run() 方法
            System.out.println("-------------------------------") ;
            System.out.println("子类对象引用自己的方法 runAll()");
            System.out.println("-------------------------------") ;
            train1.runAll() ;
            System.out.println("父类对象引用自己的方法 run()");
            System.out.println("-------------------------------") ;
            Train train2 = new Train() ;
            train2.run() ;           // 父类调用自己的 run() 方法
        }
    }
```

解决问题9的程序运行结果如图4-12所示。

```
子类对象引用自己的方法run()
-------------------------------
复兴号动车在跑...
-------------------------------
子类对象引用自己的方法runAll()
-------------------------------
子类runAll()调用父类的run()
火车在跑...
子类runAll()调用自己的run()
复兴号动车在跑...
-------------------------------
父类对象引用自己的方法run()
-------------------------------
火车在跑...
```

图 4-12　解决问题 9 的程序运行结果

在进行程序开发过程中，如果已经存在的类有部分功能不符合开发者的要求，开发者可以通过继承和方法重写实现扩充功能。因为去修改原有代码会付出很高的时间成本，而且容易对其他程序带来安全隐患。例如，有一个手机类，它有来电显示功能，能够显示对方的电话号码；现在需要对来电显示功能进行升级，它不但能够显示电话号码，还可以显示姓名和头像，如解决问题10的程序所示。

解决问题10　利用方法重写技术实现程序功能扩展。

```
class Phone {
    public void show() {
```

```
        System.out.println("您有来电....");
    }
}
class PhonePro extends Phone {                    //扩充已有类的功能可以用继承实现
    public void show() {                          //重写父类的show()方法
        System.out.println("您有来电...");
        System.out.println("来电姓名...");
        System.out.println("来电者的头像...");
    }
}
```

当父类已经定义有了某一个方法（功能），但是父类中定义的方法内容不符合子类的要求，子类可以使用父类已经定义的功能，只需要重写这个功能中的内容即可，这就是重写的应用。通过继承和重写技，就可以很容易扩充程序的功能，提高了代码的可维护性。

在进行重写时，需要注意：

（1）子类重写父类的方法，必须保证重写之后的方法权限不能低于父类的访问权限；访问权限按照从高到低分别是public、protected、默认、private。解决问题11会出现编译错误。

解决问题 11　使用更低的权限重写父类的方法。

```
class Phone {
    public void show() {
        System.out.println("您有来电....");
    }
}
class PhonePro extends Phone {
    void show() {            //重写父类的show()方法，但是权限低于父类的show()
        System.out.println("您有来电...");
        System.out.println("来电姓名...");
        System.out.println("来电者的头像...");
    }
}
public class OverrideError {
    public static void main(String[] args) {
        PhonePro p = new PhonePro();
        p.show();
    }
}
```

子类PhonePro重写父类的show()方法，父类的权限为public，子类的权限为默认权限，比父类的权限更低，所以程序编译后，产生的错误信息如图4-13所示。

```
OverrideError.java:7: 错误: PhonePro中的show()无法覆盖Phone中的show()
        void show() {               //重写父类的show()方法，但是权限低于父类的show()
             ^
  正在尝试分配更低的访问权限; 以前为public
1 个错误
```

图 4-13　解决问题 11 的程序编译产生错误信息

（2）如果要重写父类的静态方法，子类重写之后也必须是静态方法。

（3）子类在进行重写的时候，格式上必须完全相同，即方法的返回值、名称、参数列表完全相同。

2. final 关键字

当一个类不允许被继承，或者当一个类中的方法不能够被重写的时候，可以使用关键字final进行修饰。

（1）使用final修饰类中的方法不能够被子类重写。

```
class Phone {
    public final void show() {
        System.out.println("Hello world !") ;
    }
}
class PhonePro extends Phone {
    public void show() {                    //子类重写了父类的 final 方法
        System.out.println(" 您好 ") ;
    }
}

public class OverrideError {
    public static void main(String[] args) {
        PhonePro p = new PhonePro() ;
    }
}
```

程序编译后，产生的错误信息如图4-14所示。表示子类重写了父类中用final修饰的方法。

```
OverrideError.java:7: 错误: PhonePro中的show()无法覆盖Phone中的show()
        public void show() {                //子类重写了父类的final方法
                    ^
  被覆盖的方法为final
1 个错误
```

图 4-14　重写父类的 final 方法产生的编译报错信息

（2）使用final修饰的类不能够被继承，一旦被继承，就会产生编译错误信息。如下列代码段，编译时就会报错。

```
final class Father { }                    //使用 final 修饰父类
class Son extends Father { }
public class OverrideError {
    public static void main(String[] args) {
        Son s = new Son() ;
    }
}
```

程序编译后，产生的错误信息如图4-15所示。错误信息提示不能继承Father。

```
OverrideError.java:2: 错误: 无法从最终Father进行继承
class Son extends Father { }
                  ^
1 个错误
```

图 4-15　继承 final 类产生的编译报错信息

（3）使用final修饰成员变量，这样的成员是常量标识符，代码如下：

```
final String MSG = "Hello world !" ;
```

说明标识符“MSG”是字符串常量，它的值是“Hello world !”，在进行程序开发时，MSG的值不能够被修改。一般情况下，常量标识符使用大写进行描述。

三、认识抽象类

一个类经过定义以后，它可以实例化对象。对于有些类来说，如果使用它们去实例化对象并没有什么实际的意义。比如动物类，动物类是泛指，而不指向某一个具体的类型，它既可以是狗，也可以是老虎，还可以是马，因此，用动物类去实例化一个对象，没有意义，这样的类可以使用抽象类来定义。

1. 为什么要有抽象类

举个简单的例子，比如在图形领域中“形状”的概念，“形状”既可以指三角形，也可以指四边形，还可以指五边形等等。“形状”这个概念在问题领域是不存在的，它是一个抽象的概念。因此，“形状”这个抽象的概念不能用来表示具体的对象，也就是说，形状这样的抽象类不能实例化对象。

通过定义狗和狼两个类来更加形象地说明抽象类的产生原因。为了简化问题，假设这两个对象都只定义一个“吼叫”的功能，代码段如下：

```
class Dog {
    public void call() {                          // 狗吼叫
        System.out.println(" 汪汪汪 ...") ;
    }
}
class Wolf {
    public void call() {                          // 狼吼叫
         System.out.println(" 嗷嗷嗷 ...") ;
    }
}
```

这两个对象都有“吼叫”的功能，按照代码复用的思路来思考问题，这两个对象有相同的功能，可以利用继承的关系来实现代码重用。也就是说，让一个类当作父类，另一个类当作子类。假设“狼”作父类，让“狗”当作子类，这样虽然可以实现代码的重用，但不符合继承的前提条件，即“狗”不是“狼”，它们不是属于的关系，这样做从功能上可以实现，但不符合现实的逻辑关系，反过来亦然。但是这两个类之间的确又存在一种关系，把这样的关系称为兄弟关系。既然是兄弟关系，那就把这两个类中共同的成员进行抽取，定义一个共同的父类。代码段如下：

```
class Animal {
    public void call() {   }                      // 父类吼叫
}
class Dog extends Animal{
    public void call() {                          // 狗吼叫
        System.out.println(" 汪汪汪 ...") ;
    }
```

```
}
class Wolf extends Animal {
    public void call() {                        // 狼吼叫
        System.out.println("嗷嗷嗷 ...") ;
    }
}
```

上述程序当中，抽取了Dog类和Wolf类共同的共同成员call()方法，定义了Animal类，call()是属于狼和狗共有的成员，在这个方法中既不是只有狼的叫声，也不能只有狗的叫声，所以这个方法虽然定义，但没有具体的内容，这样的方法称为抽象方法。

2. 定义一个抽象类

在一个类中，如果某个方法没有具体的内容，就可以使用关键字abstract来修饰，称为抽象方法。一个包含抽象方法的类，必定是抽象类，抽象类也使用关键字abstract来进行修饰。抽象类的定义格式如下：

```
[权限修饰符] abstract class <类名>
{
    //抽象方法
    [权限修饰符] abstract <返回值类型>  <方法名>(参数列表) ;
    //其他成员
}
```

抽象类中除了定义抽象方法外，还可以定义普通方法，当然，抽象类中也可以没有抽象方法。反之，如果一个类中包含有抽象方法，则这个类一定是抽象类。解决问题12的程序定义了Dog类和Wolf类的共同父类Animal类，Animal是一个抽象类。

解决问题12 抽象类和抽象方法的定义。

```
abstract class Animal {
    public abstract void call() ;                // 定义抽象类
}
class Dog extends Animal {
    public void call() {                         // 狗吼叫
        System.out.println("汪汪汪 ...") ;
    }
}
class Wolf extends Animal {
    public void call() {                         // 狼吼叫
        System.out.println("嗷嗷嗷 ...") ;
    }
}
```

抽象类包含如下的特点：

（1）抽象方法和抽象类都是被关键字abstract修饰；

（2）抽象类不能创建实例，因为调用抽象方法没有意义。例如，描述动物类Animal中的吼叫方法call()，不单指狼的吼叫，也不单是狗的吼叫，所以调用它没有实际意义。但是可以定义抽象类的引用，例如，“Animal an ;”；

（3）抽象类的主要作用是继承，它一定是父类。继承抽象类的子类，必须重写抽象类中的所有抽象方法，否则子类也一定是抽象类。解决问题12的Animal类是Dog类和Wolf类的父类，在子类中重写了父类的抽象方法call()。

定义抽象类，更多的是基于思想，因为有了抽象类以后，面对共性类型操作会变得更加简单，可以通过调用子类重写的方法来实现多态。

要特别注意的是，抽象类也有默认构造方法或者自定义的构造方法，虽然这些构造方法不能实例化自己的对象，但可以给子类的对象进行初始化。同时，abstract关键字不能和final、private、static关键字共存。

3. 抽象类的应用

抽象类是抽取同一类事物共同的成员定义的新类，是这一类事物共同的父类。下面通过一个具体的例子介绍抽象类的定义及使用。

解决问题13 用面向对象的思想表示现实生活中的技师、技能大师。

需求：某企业包含技师和技能大师两类员工，其中，技师有姓名、专业、部门；技能大师也包含有姓名、专业、部门，还有研究成果。

要求：利用面向对象程序设计的思路对问题进行建模。

（1）需求分析

①企业有两类对象，一个是技师、一个是技能大师。这两个对象是同一类事物，他们有共同的成员：姓名、专业、部门。把这些共同的内容进行抽取，形成一个新的类，这个类是技师和技能大师的父类Worker。图4-16为了简化问题，只对必要的成员进行了描述。

②不管是技师还是技能大师，都有自己的工作要做，但他们的工作内容不一样，因此，对于父类的work()方法，没有具体的工作内容，只有在子类当中才能够明确工作内容，这样的方法为抽象方法。包含抽象方法的类是抽象类。

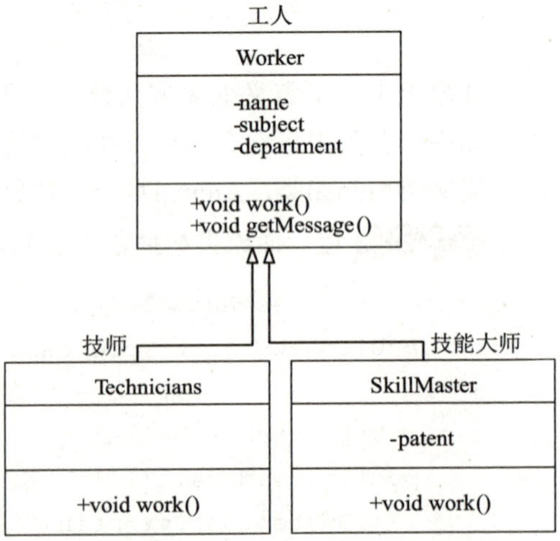

图 4-16　公司员工需求模型

（2）代码设计

根据UML图中所列出的关系，设计出代码如下：

```
abstract class Worker {                  // 定义抽象类
    private String name ;
    private String subject ;
    private String department ;
    public Worker(String name, String subject, String department) {
        this.name = name ;
        this.subject = subject ;
        this.department = department ;
    }
```

```
    public abstract void work() ;          // 定义抽象工作方法 work()
    public String getMessage() {
        return "姓名：" + name + "，专业：" + subject + "，部门：" + department ;
    }
}
class Technician extends Worker {
    public Technician(String name, String subject, String department) {
        super(name,subject,department) ;
    }
    public void work() {                   // 重写父类的 work() 抽象方法
        System.out.println("我爱我的岗位，正在努力工作，为中国式现代化而努力奋斗...") ;
    }
}
class SkillMaster extends Worker {
    private String patent ;
    public SkillMaster(String name, String subject, String department, String patent) {
        super(name,subject,department) ;
        this.patent = patent ;
    }
    public void work() {                   // 重写父类的 work() 抽象方法
        System.out.println("我是技能大师，我正在攻关一项技术，为中华民族伟大复兴而努力奋斗...") ;
    }
    public String getMessage() {           // 重写了父类的非抽象方法 getMessage()
        return super.getMessage() + "，技术课题：" + this.patent ;
    }
}
public class WorkerDemo {
    public static void main(String[] args) {
        Technician p1 = new Technician("杨瑶" , "铁路大型养路机械","中国铁路南宁局
工务机械段") ;
        Technician p2 = new Technician("韦周雯","高铁乘务","中国铁路南宁局客运段") ;
        SkillMaster m = new SkillMaster ("李桂平","机械师","机务段","电机车通用
型防逆电装置") ;
        System.out.println("技术能手") ;
        System.out.println("-------------------------------------------------") ;
        System.out.println(p1.getMessage()) ;
        p1.work() ;
        System.out.println("-------------------------------------------------") ;
        System.out.println("技术能手") ;
        System.out.println("-------------------------------------------------") ;
        System.out.println(p2.getMessage()) ;
        p2.work() ;
```

```
            System.out.println("-----------------------------------------------") ;
            System.out.println(" 技能大师 ") ;
            System.out.println("-----------------------------------------------") ;
            System.out.println(m.getMessage()) ;
            m.work() ;
        }
    }
```

解决问题13的程序运行结果如图4-17所示。

```
技术能手
--------------------------------------------------
姓名：杨瑶，专业：铁路大型养路机械，部门：工务机械段
我爱我的岗位，正在努力工作，为中国式现代化而努力奋斗...
--------------------------------------------------
技术能手
--------------------------------------------------
姓名：韦周雯，专业：高铁乘务，部门：客运段
我爱我的岗位，正在努力工作，为中国式现代化而努力奋斗...
--------------------------------------------------
技能大师
--------------------------------------------------
姓名：李桂平，专业：机械师，部门：机务段，技术课题：电机车通用型防逆电装置
我是技能大师，我正在攻关一项技术，为中华民族伟大复兴而努力奋斗...
```

图 4-17　解决问题 13 的程序运行结果

抽象类Worker是Technician类、SkillMaster类的父类，在抽象类中定义了成员变量、构造方法、抽象方法和非抽象方法；子类重写了父类的抽象方法work()。如果子类不重写抽象方法，也不定义成抽象类，就会出现编译错误，代码段如下：

```
abstract class Fruit {
    public abstract void eat() ;
}
class Apple extends Fruit {// 继承了抽象类 Fruit，需要重写父类的抽象方法 eat()，否则编译出错
    public void look() {
        System.out.println("Apple is red ...") ;
    }
}
public class AbstractDemo {
    public static void main(String[] args) {
        Apple a = new Apple() ;
    }
}
```

程序编译后，产生的错误信息如图4-18所示。子类Apple不是抽象类，也未重写（覆盖）父类Fruit中的抽象方法。在对程序进行修改时，要么把子类也定义成为抽象类，要么重写父类的抽象方法。

```
AbstractDemo.java:4: 错误: Apple不是抽象的, 并且未覆盖Fruit中的抽象方法eat()
class Apple extends Fruit {
^
1 个错误
```

图 4-18　子类没有重写父类的抽象方法产生编译报错信息

4. 认识 Java 的多态性

多态（polymorphism）一词来源于希腊语，原意指的是多种形式。在面向对象程序设计中引入了这样的概念，指的是一个程序多个同名的方法共存的情况。多态分为编译时多态和运行时多态。编译时多态通过方法重载（overload）实现，运行时多态通过方法重写（override）实现。在这里主要讲的是运行时多态。

在继承关系中，有一个特殊的现象，父类的引用可以指向子类的对象，或者说，可以实例化一个子类的对象，把这个对象赋值给父类引用。假设Son类是Father类的子类，可以通过下列语句实现子类的对象给父类的引用赋值。

```
Father f ;
Son s = new Son() ;
f = s ;
```

上面的代码段中，定义了父类引用f，但是f的初始值默认为null，也就是没有指向任何对象，之后定义了子类的引用s并实例化了Son类对象，让s指向这个实例化对象。通过赋值语句，把s的引用赋值给父类的引用f，让父类引用f指向了子类的对象，这就是多态。下面通过一段简单的程序来说明这样做的可行性，如解决问题14所示。

解决问题 14　多态性的实现途径。

```
class Father {
    public void show() {
        System.out.println("这是【父类】的成员方法...") ;
    }
}
class Son extends Father {
    public void show() {                // 子类重写父类的 show() 方法
        System.out.println("这是【子类】的成员方法...") ;
    }
}
public class PolymoDemo {
    public static void main(String[] args) {
        Father f ;
        Son s = new Son() ;
        f = s ;                         // 子类对象赋值给父类的引用
        f.show() ;
    }
}
```

解决问题14的程序运行结果如图4-19所示，从结果来看，程序的中父类引用指向了子类实例化对象，因为它调用的方法show()运行结果是子类的输出。

```
这是【子类】的成员方法...
```

图 4-19　解决问题 14 的程序运行结果

多态性的实现有两个前提：

（1）必须是有继承关系；

（2）必须有重写。

多态的实质是数据类型的上转型。子类和它的父类属于同一种数据类型，子类的类型低于父类的类型，所以在进行赋值的过程中，实际上实现了数据类型的自动上转型。

多态性最大的好处是提高了程序的扩展性，对方法的形参来说，统一了参数，如解决问题15就是利用多态性来统一参数的类型。

解决问题15　利用多态性统一参数的类型。

```
abstract class Train {
    public abstract void run() ;
    public abstract void service() ;
}
class CR extends Train {        // CR 继承抽象类 Train，与 CRH 拥有共同的父类 Train
    public void run() {         //重写父类的方法 run()，名称、返回值、参数与父类完全相同
        System.out.println("复兴号动车在跑，速度 350...") ;
    }
    public void service() {  //重写父类的方法 service()，名称、返回值、参数与父类完全相同
        System.out.println("可以提供充电和 Wi-Fi 服务 ...") ;
    }
    public void say() {         //子类定义自己特有的方法 say()
        System.out.println("复兴号：我使用的是中国标准，有 CR400AF 和 CR400BF 两种型号 ...") ;
    }
}
class CRH extends Train {       // CRH 继承抽象类 Train，与 CR 拥有共同的父类 Train
    public void run() {         //重写父类的方法 run()，名称、返回值、参数与父类完全相同
        System.out.println("和谐号动车在跑，速度 250...") ;
    }
    public void service() {  //重写父类的方法 service()，名称、返回值、参数与父类完全相同
        System.out.println("可以提供充电 ...") ;
    }
    public void getMessage() {          //子类定义自己特有的方法 getMessage()
        System.out.println("和谐号：有 CRH1、CRH2、CRH5、CRH3、CRH380 和 CRH6 等多个系列 ...") ;
    }
}
public class TrainAbstract {
    public static void main(String[] args) {
        System.out.println("----------------------------------------------") ;
        CR train1 = new CR() ;
        whoIsCall(train1) ;            //调用方法 whoIs()，传递的参数是 CR 类的类型
        System.out.println("----------------------------------------------") ;
        CRH train2 = new CRH() ;
        whoIsCall(train2) ;            //调用 whoIs() 方法，传递的参数是 CRH 类的类型
    }
```

```
    //传递的参数不管是 Train 类的哪一个子类对象，形参都是 Train 类对象，实质是数据类型自动上转型为父类
    public static void whoIsCall(Train train) {
        train.run() ;                      //上转型为父类对象以后，只能使用父类中定义的成员
        train.service() ;
        if(train instanceof CRH) {    //如果需要使用子类特有的方法，必须强制下转型
            CRH tmp = (CRH) train ;
            tmp.getMessage() ;            //下转型后，使用 CRH 子类特有的方法 getMessage()
        } else if(train instanceof CR) {    //如果需要使用子类特有的方法，必须强制下转型
            CR tmp = (CR) train ;
            tmp.say() ;                    //下转型后，使用 CRH 子类特有的方法 say()
        }
    }
}
```

从程序的源代码来看，在TrainAbstract类中定义了一个whoIsCall()方法，这个方法的形参类型为Train类型，并且在该方法的内部通过形参对象train调用了run()方法和service()方法。在main()方法中调用了whoIsCall()方法，实参的类型分别为CRH类型和CR类型。解决问题15的程序运行结果如图4-20所示。

不管实参的类型是什么类型，在形参中都可以使用这些类型的父类来统一参数类型，提高了程序的扩展性，否则需要根据不同的形参分别设计不同的方法。

```
复兴号动车在跑，速度350...
可以提供充电和WiFi服务...
复兴号：我使用的是中国标准，有CR400AF和CR400BF两种型号...
------------------------------------
和谐号动车在跑，速度250...
可以提供充电...
和谐号：有CRH1、CRH2、CRH5、CRH3、CRH380和CRH6等多个系列...
```

图 4-20　解决问题 15 的程序运行结果

从程序的运行结果来看，虽然实参上转型为它的父类型，但是在调用被重写的方法时，运行的是子类重写过的方法。

在实现多态的技术应用中，还需要特别强调几点：

①在实现多态的时候，通过父类引用操作子类的对象时，只能使用父类自己的方法，不能操作子类特有的方法，这是多态的弊端。

②如果父类的引用要操作子类特有的方法，需要进行下转型。

③将父类强制转换成子类型之前，必须要先使用instanceof关键字判断父类型所持有的引用是否与子类型一致，如果不进行判断，在运行时会产生异常信息。

图4-21是将解决问题15中的whoIsCall()方法内的if语句删除以后，在运行时产生的异常信息。

```
------------------------------------------------
复兴号动车在跑，速度350...
可以提供充电和WiFi服务...
Exception in thread "main" java.lang.ClassCastException: class CR cannot be cast to class CRH (CR and CRH are in unnamed
 module of loader 'app')
        at TrainAbstract.whoIsCall(TrainAbstract.java:41)
        at TrainAbstract.main(TrainAbstract.java:31)
```

图 4-21　没有判断类型的一致性产生的运行异常

产生了ClassCastException异常，原因是“class CR cannot be cast to CRH”，这种异常称为类型转换异常。

四、认识接口

如果一个抽象类中的方法，全是抽象方法，这样的抽象类可以使用Java中的接口技术来表示。Java接口类似于纯抽象类，只包含常量和抽象方法，而没有成员变量和具体方法。

1. 接口的定义

接口可以使用关键字interface来定义，它的格式如下：

```
[public] interface <接口名称> [extends 父类接口列表]
{
    //接口体
}
```

接口体中的内容包含两部分：常量定义和抽象方法声明。

（1）常量定义：它固定具有public、static、final修饰符，这些修饰符可以省略，但系统在编译时会自动加上。所以接口中定义的属性是常量。

（2）方法声明：它默认具有public、abstract修饰符，这些修饰符可以省略。

两种等价的接口定义见表4-2。

表 4-2　两种等价的接口定义

<table>
<tr>
<td><pre>public interface Shape {
    public static final double PI =3.1415 ;
    public abstract double Area() ;
}</pre></td>
<td><pre>public interface Shape {
    double PI = 3.1415 ;
    double area() ;
}</pre></td>
</tr>
</table>

接口也可以有继承关系，接口的继承关系与类的继承关系具有相同的特点，需要特别强调的是，接口之间的继承可以是多重继承，下列的代码段表示接口的多继承关系：

```
public interface A { }
public interface B { }
public interface C extends A,B { }
```

在代码段中定义的接口C有A、B两个父接口。

接口的特点主要有：

（1）接口不可以创建对象，但可以定义接口的引用。例如，使用上面代码段中定义的接口来定义对象：

```
A a = new A()            //语句错误
A a ;                    //语句正确
```

（2）接口的作用是用来实现的，实现接口的类必须重写接口中的所有方法，否则这个类只能是抽象类。实现接口的子类可以实例化对象。一个类可以实现多个接口，但实现多个接口的类必须重写所有接口中的抽象方法。

2. 接口的实现

类和类之间的关系是继承关系，接口与接口之间的关系是继承关系，类和接口之间的关系是实现关系，实现接口的关键字是implements。下列程序表示类和接口之间的实现关系：

```
interface USB {                          //定义接口
    void start() ;                       //start()方法默认为public抽象方法
    void stop() ;                        //stop()方法默认为public抽象方法
}
class Printer implements USB {          //Printer类实现接口USB
    public void start() {               //重写接口的抽象方法start()，权限为public
        System.out.println("打印机开始工作...") ;
    }
    public void stop() {                //重写接口的抽象方法start()，权限为public
        System.out.println("打印机断电停止工作...") ;
    }
}
```

程序中定义了接口USB，在接口中定义了抽象方法stop()和start()，分别代表启动和停止的功能；定义了子类Printer实现USB接口，在子类中重写了USB中的所有抽象方法。如果子类Printer只重写USB中的一个抽象方法，在编译时会产生图4-22所示的错误信息。解决的办法有两个，一是把Printer类定义为抽象类，二是重写USB的所有方法。

```
InterfaceDemo.java:5: 错误: Printer不是抽象的, 并且未覆盖USB中的抽象方法stop()
class Printer implements USB {      //Printer类实现接口USB
^
1 个错误
```

图 4-22　子类没有重写接口中的所有抽象方法时错误信息

抽象类中可以定义抽象方法，接口中也可以定义抽象方法。在进行程序开发时，选择抽象类还是选择接口的判断原则：类负责描述事物的基本功能（Is-A），接口描述事物的扩展功能（LIKE A）。如果是Is-A的关系，定义抽象方法，如果是LIKE A的关系，则定义接口。

接口的出现避免了单继承的局限性，将多继承的机制在Java中通过实现多个接口完成，更重要的是定义了接口之后，可以实现多态。下列代码段表示子类实现多个接口：

```
interface A { }
interfaceB { }
class C implements A,B { }
```

子类C实现了接口A和B，在子类C中要重写接口A和接口B中所有的抽象方法。

3. 接口与多态性

接口定义的是一组标准，它的灵活性在于“规定一个类必须做什么，而不管你如何做”。就像计算机的USB接口，只要设备是USB接口，就可以连接到计算机上，这些设备如何工作，USB接口不用管。

接口的多态性与类的多态性实现方式相同，即定义接口的引用指向子类的实例化对象。如下列代码段：

```
inerface A { }
class B implements A { }
A a = new B () ;                          //接口的多态实现
```

上述代码段中，接口的引用a指向了实现它的子类B的实例化对象，这就是接口的多态。接口的多态，实质也是数据的上转型，让接口类型的引用指向了实现它的子类。

解决问题16　利用接口实现多态功能。

（1）需求：假设有一台计算机，它只有USB接口，为了能够连接计算机，键盘和鼠标都采用USB接口，以保证键盘和鼠标都能够工作和断电。

（2）分析：

①需要定义三个对象，分别是计算机、键盘、鼠标；一个接口。

②计算机对象有两个行为：使用USB类型的设备、工作；

③USB接口：连上USB，设备就能够工作，也可以断电；至于如何工作，由连接的设备自己决定；

④键盘对象：为了能够连接到计算机上，必须实现USB接口，重写接口中的方法；

⑤鼠标对象：为了能够连接到计算机上，也必须实现USB接口，重写接口中的方法。

这些对象之间的关系如图4-23所示。

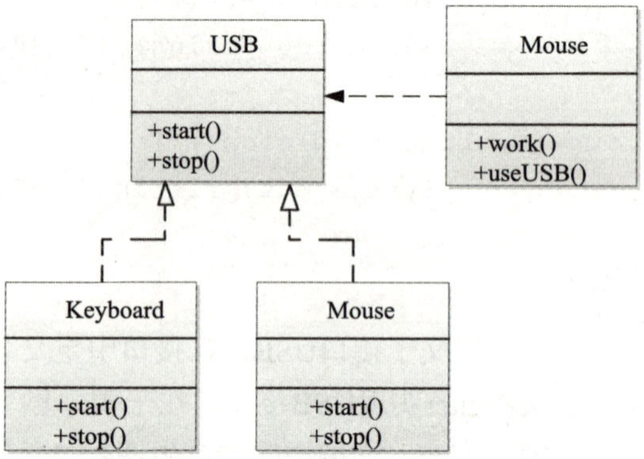

图 4-23　接口、类之间的实现 UML 模型

（3）代码的实现：

```
interface USB {                                    // 定义接口
    void start() ;
    void stop() ;
}
class Keyboard implements USB {                    // 键盘类实现接口 USB
    public void start() {                          // 重写接口的抽象方法 start()，权限为 public
        System.out.println("键盘开始工作...") ;
    }
    public void stop() {                           // 重写接口的抽象方法 start()，权限为 public
        System.out.println("键盘断电停止工作...") ;
    }
}
class Mouse implements USB {                       // 鼠标类实现接口 USB
    public void start() {
        System.out.println("鼠标开始工作...") ;
    }
    public void stop() {
        System.out.println("鼠标断电停止工作...") ;
    }
}
class Computer {
    public void work() {
```

```
            System.out.println("计算机开始工作...") ;
        }
        public void useUSB(USB usb) {       //接口的多态，接收USB类型数据，统一了参数的类型
            usb.start() ;                   //接口调用子类的方法start()
            usb.stop() ;                    //接口调用子类的方法stop()
        }
    }
    public class InterfaceDemo {
        public static void main(String[] args) {
            Computer c = new Computer() ;
            Keyboard key = new Keyboard() ;
            Mouse m = new Mouse() ;
            c.work() ;
            c.useUSB(key) ;                 //实参为Keyboar类型
            c.useUSB(m) ;                   //实参为Mouse类型
        }
    }
```

解决问题16的程序运行结果如图4-24所示。

```
计算机开始工作...
键盘开始工作...
键盘断电停止工作...
鼠标开始工作...
鼠标断电停止工作...
```

图 4-24 解决问题 16 的程序运行结果

从运行结果可以看出，虽然实参是Keyborad和Mouse类型，但形参是这两个类型的父接口类型，在进行参数传递的同时进行了数据的上转型。上转型之后的数据调用方法时，执行的是子类型当中重写过的方法。

接口的作用：

①接口的出现实现功能的扩展。例如，计算机有了USB接口以后，就可以连接很多的外设，让计算机的功能实现了扩展；

②接口定义的是规则（标准）。例如，一个设备想要连接到计算机上，只要这个设备是计算机的USB接口类型，就可以连接到计算机上；

③接口的出现，降低了耦合性，完成了解耦。耦合性指的是事物之间联系的紧密程度。例如，有一台计算机，它的外设连接线是焊接在计算机的主板上，如果外设坏了，可能连同主板一起需要进行维修。但是，如果在外设和主板之间有一个接口，让外设通过接口连接到计算机，即使外设损坏，也不需要去维护主板，这样就降低了计算机与外设之间的联系紧密度，完成这两个设备之间的解耦。

五、认识 Object 类

在Java中语言中，有一个特殊的类Object，这个类是所有类的祖先类，在层次关系的继承体系中，Object类是根。

1. 什么是 Object 类

如果定义一个类，即使没有使用关键字extends明确继承关系，这个新定义的类默认的父类是Object类。换句话说，Java中任何一个类都是Object类的子类或者孙子类。因为它是祖先类，所以，定义的Object引用可以指向任何实例化对象，这一特性在程序设计中有举足轻重的作用，在定义类的成员方法时，可以使用这种通用类型作为方法的形参，实现程序的扩展功能。

假如有下列代码段：

```
public class Person {    }                           //没有明确继承关系
```

上面的程序代码与下面的代码等价：

```
public class Person extends Object {    }  //明确继承Object类
```

下面通过示例说明Person是Object类的子类，如解决问题17所示。

解决问题 17　Object类初步使用。

```
class Person {  }
public class ObjectDemo {
    public static void main(String[] args) {
        Person p1 = new Person() ;
        Person p2 = new Person() ;
        System.out.println("p1 = = p2:" + p1.equals(p2)) ;
        System.out.println("p1 = " + p1) ;
        System.out.println("p2 = " + p2) ;
    }
}
```

在ObjectDemo类中实例化了两个Person对象p1和p2，且p1调用了equals()方法。在Person类中没有定义任何自己的成员，说明equals()方法是继承自Object类。解决问题17的程序运行结果如图4-25所示，因为实例化的是两个不同的对象，它们在内存中的地址不同，所以结果为false。

```
D:\java\couser\extends>java  ObjectDemo
p1 = = p2:false
p1 = Person@6d06d69c
p2 = Person@7852e922
```

图 4-25　解决问题 17 的程序运行结果

同时，从程序运行结果还可以看出，使用equals()方法比较两个对象时，参与比较的内容是对象的地址；输出对象引用时，输出的是对象的地址。

2. 重写 equals() 和 toString() 方法

（1）重写equals()方法

通常情况下，在进行对象比较时，需要比较这两个对象的值是否相同，而不是比较对象在内存中的地址。由解决问题17的程序代码可知，继承自Object类中的equals()方法并不实用，需要重写这个方法。

在重写这个方法之间需要考虑两个问题：

①如果需要比较的两个对象，它们指向内存的同一片存储空间，说明这两个对象相同，返回值必然为true；

②如果这两个对象有一个的值为null，则必须返回false。

（2）重写toString()方法

Object类中的toString()方法的功能是获取实例化对象在内存中的地址信息，通常情况下，需要重写toString()方法，以便获取实例化对象成员变量的值。

解决问题18是重写equals()方法和toString()方法后的演示。

解决问题18　重写Object类的成员方法toString()和equals()。

```
class Person {
    private String name ;
    private int age ;
    public Person(String name, int age) {
        this.name = name ;
        this.age = age ;
    }
    public boolean equals(Person p) {        //重写Object对象中的equals()方法
        if(this == p) {
            return true ;
        }
        if( p == null) {
            return false ;
        }
        if(this.name.equals(p.name) && this.age == p.age) {
            return true ;
        }
        return false ;
    }
    public String toString() {               //重写toString()方法
        return "【人的姓名：" + this.name + "，年龄：" + this.age + "】" ;
    }
}
public class ObjectDemo {
    public static void main(String[] args) {
        Person p1 = new Person("小明",19) ;
        Person p2 = new Person("小明",19) ;
        System.out.println("p1 = = p2:" + p1.equals(p2)) ;
        System.out.println("p1 = " + p1) ;
        System.out.println("p2 = " + p2) ;
        System.out.println("---------------------------------- ") ;
        System.out.println("p1 = " + p1.toString()) ;
        System.out.println("p2 = " + p2.toString()) ;
    }
}
```

解决问题18的程序运行结果如图4-26所示。

```
p1 = = p2:true
p1 = 【人的姓名：小明，年龄：19】
p2 = 【人的姓名：小明，年龄：19】
------------------------------------
p1 = 【人的姓名：小明，年龄：19】
p2 = 【人的姓名：小明，年龄：19】
```

图4-26　解决问题18的程序运行结果

toString()方法可以通过“对象名.toString()”的方式进行调用，也可以直接输出实例化对象名，让系统自动调用。这两种方式最后所得到的结果相同。

一般情况，在实际开发过程中，自定义类都要重写equals()

方法和toString()方法。在Object类中还有其他的一些方法，在今后的使用过程中再进行介绍。

3. 利用 instanceof 判断对象类型

多态的实质是对象进行了上转型的自动转换，上转型以后的对象不能够使用子类所特有的功能，如果需要使用子类所特有的功能，必须要进行强制下转型，但是在下转型过程中，如果类型不一致，就会产生异常。例如，“猫”上转型成为“动物”以后，如果下转型，有可能会转型成为“狗”，这种逻辑关系不应该成立。所以，对象在进行下转型之前需要进行判断，使用的关键字是instanceof。

instanceof是一个二元运算符，用来在运行时指出对象是否是特定类的一个实例，运算的结果为布尔类型，格式如下：

```
<对象名> instanceof <类名>
```

例如，之前定义有Train类及其他的子类CRH和CR，如果对象上转型为Train类，因为某种需要，要把它下转型为CRH类，在进行转型之前，应当进行判断。

```
...
if( train instanceof CRH) {              //判断对象 dog 是否是 Dog 类型
    CRH tmp = (CRH) train ;              //强制转换
    ...
}
```

在开发过程中，下转型不常见，而上转型（多态）是Java中最重要的内容之一。

六、认识基本类型类

在Java当中，所有的事物都是对象，但是基本数据类型不是对象，在实际开发过程中会有诸多不便，比如将字符串“123”转换成整型数据，基本数据类型无法单独完成，而且在方法调用过程中进行参数传递时，基本数据类型会有诸多不便。

1. 基本类型类的包装类

为了解决类似的问题，在Java中，设计了与8种基本数据类型相对应的包装类，它们的对应关系见表4-3。

表 4-3　基本数据类型与包装类型的对应关系

序　号	基本数据类型	包 装 类 型	序　号	基本数据类型	包 装 类 型
1	byte	Byte	5	long	Long
2	char	Character	6	float	Float
3	short	Short	7	double	Double
4	int	Integer	8	boolean	Boolean

从表4-3中可以看出，这8种对应关系中，除了char和int基本类型外，其他的基本类型只要把首字母大写，就是它们对应的包装类型。包装类型的主要作用：

（1）作为和基本数据类型对应的类的类型存在，为涉及对象的操作提供了方便；

（2）包含有每种基本数据类型的相关属性，比如对于数值型基本数据类型，在它们的包装类型中保存有最大值、最小值等，还包含有数据类型之间相互转换的方法。例如，下列代码段是通过包装类Integer获取int基本类型的最大值和最小值。

```
System.out.println("int 的最大值: " + Integer.MAX_VALUE) ;
System.out.println("int 的最小值: " + Integer.MIN_VALUE) ;
```

可以通过像普通类实例对象的方式来实例化包装类的对象，如解决问题19所示。

解决问题19 基本包装类的使用。

```
public class TypeDemo {
    public static void main(String[] args) {
        Integer itg = new Integer(123) ;                 // 实例化整型包装类对象
        Double db = new Double(3.1415) ;                 // 实例化双精度包装类对象
        Boolean boo = new Boolean(true) ;                // 实例化布尔包装类对象
        System.out.println("整型包装对象的值: " + itg) ;
        System.out.println("双精度包装对象的值: " + db) ;
        System.out.println("双精度包装对象的值: " + boo) ;
    }
}
```

解决问题19的程序运行结果如图4-27所示。

```
整型包装对象的值: 123
双精度包装对象的值: 3.1415
布尔型包装对象的值: true
```

图 4-27 解决问题 19 的程序运行结果

从运行结果可以看出，虽然输出实例化对象的名称，但实际得到的结果是对象的值（内容），说明在这些包装类中已经重写了toString()方法。

2. 装箱与拆箱

装箱，指的是把基本数据类型变成引用类型，使它们具备有对象的特质。每个包装类都有相应的构造方法来接收各自的基本数据类型；拆箱，指的是从包装类中取出被包装的数据，变成基本数据类型的数据。

在JDK1.5之后，提供有自动装箱和拆箱的功能，简化包装类型数据的实例化过程。自动拆装箱和拆箱的实质是基本数据类型和它对应的包装类型可以直接使用赋值运算符完成，而不需要调用构造方法和拆箱的方法。下列代码段就是数据的自动装箱与自动拆箱。

```
// 数据的自动装箱
Integer itg = 100 ;
Double db = 3.1415 ;
Boolean boo = true ;
// 数据的自动拆箱
int i = itg ;
double d = db ;
boolean b = boo ;
```

解决问题20能够更好地说明自动装箱和拆箱可以扩展程序的功能。

解决问题20　数据的装箱与拆箱。

```
class Addition {
    public int add(Object obj1, Object obj2) {    //形参是对象类型
        int i = 0 ,j = 0 ;
        if(obj1 instanceof Integer) {
            i = (Integer) obj1 ;                  //Object 对象下转型，并自动拆箱
        }
        if(obj2 instanceof Integer) {
            j = (Integer) obj2 ;                  //Object 对象下转型，并自动拆箱
        }
        return i + j ;
    }
}
public class TypeDemo {
    public static void main(String[] args) {
        Addition t = new Addition() ;
        int num = t.add(3,4) ;                    // 实参是基本数据类型
        System.out.println("num = " + num ) ;
    }
}
```

程序的输出结果为“num = 7”。在TypeDemo类中实例化了Addition类的对象t，并通过t调用了add()方法。在调用时给定的实参是基本数据类型，而形参是Object类型，在进行参数传递时，实际上完成了两步工作：

（1）基本数据类型自动装箱为它的包装类型；

（2）包装类型上转型为Object类。

在类Addition中，add()方法内将Object类型强制下转型为Integer类，之后完成数据的自动拆箱。

3. 不同数据类型之间的转换

使用包装类最多的情况是它的数据类型转换功能，特别是提供了将字符串String类型转换成基本数据类型的功能。下列介绍几个常用方法能够实现字符串与基本数据类型之间的转换：

- Byte类：public static byte parseByte(String s)；
- Short类：public static short parseShort(String s)；
- Integer类：public static int parseInt(String s)；
- Double类public static double parseDouble(String s)；
- Float类：public static float parseFloat(String s)；
- Boolean类：public static boolean parseBoolean(String s)。

这些方法当都是类方法，可以直接通过类名引用。使用最频繁的是Integer类、Double类、Boolean类中的方法。对于Character类，因为在String类中已经提供有charAt()方法从字符串中取字符的功能，所以在这个包装类中不提供重复的功能。通过解决问题21说明这些方法的使用。

解决问题21　字符串转换成基本数据类型。

```
public class TypeDemo {
    public static void main(String[] args) {
        int num = Integer.parseInt("10") ;
        double count = Double.parseDouble("2.0") ;
        System.out.println("两个数的积 = " + (num * count) ) ;
        System.out.println("---------------------- " ) ;
        boolean flag = Boolean.parseBoolean("true") ;
        if(flag) {
            System.out.println("布尔类型数据转换成功...") ;
        }
    }
}
```

解决问题21的程序运行结果如图4-28所示。

```
两个数的积 = 20.0
----------------------
布尔类型数据转换成功...
```

图 4-28　解决问题 21 的程序运行结果

在进行数据类型转换时，要注意字符串中不能有非数值型的字符，解决问题22的程序代码在运行时会产生异常。

解决问题22　数据类型转型产生异常。

```
public class TypeDemo {
    public static void main(String[] args) {
        int num = Integer.parseInt("10abc") ;          //包含有非数值型的字符abc
        double count = Double.parseDouble("2.0") ;
        System.out.println("两个数的积 = " + (num * count) ) ;
        System.out.println("---------------------- " ) ;
        boolean flag = Boolean.parseBoolean("true") ;
        if(flag) {
            System.out.println("布尔类型数据转换成功...") ;
        }
    }
}
```

解决问题22的程序运行结果如图4-29所示。

```
Exception in thread "main" java.lang.NumberFormatException: For input string: "10abc"
        at java.lang.NumberFormatException.forInputString(Unknown Source)
        at java.lang.Integer.parseInt(Unknown Source)
        at java.lang.Integer.parseInt(Unknown Source)
        at TypeDemo.main(TypeDemo.java:3)
```

图 4-29　解决问题 22 的程序编译产生报错信息

图4-29中的信息表示产生了数据格式异常NumberFormatException，说明在要进行转换的字符串中包含有不能被转换的字符。

每一个包装类型都还提供有一个toString()方法，将该类型的数据转换成字符串，例如，下列代码段表示将数据转换成字符串：

```
String s1 = Integer.toString(10) ;
```

```
String s2 = Double.toString(3.14) ;
```

也可以使用String类提供的类方法valueOf()将不同类型的基本数据类型转换成字符串，例如，下列代码段的功能与上面代码段的功能相同：

```
String s1 = String.valueOf(10) ;
String s2 = String.valueOf(3.14) ;
```

数据类型之间的相互转换在实际开发过程中比较常见，需要熟练掌握。

七、内部类

在进行程序开发过程中，可能会遇到这样的情况，有一个类A和一个类B，类A需要使用类B的成员，类B也需要使用类A的成员，如果通过实例化对象的方式完成，程序会显得繁琐。解决的办法是通过定义内部类来实现。

1. 成员内部类

内部类的定义格式与普通类的定义格式一样，只不过在位置上有区别。内部类是定义在另一个类的内部，当作这个类的一个成员。例如，下列代码段就是定义一个内部类：

```
class Outer {
    private String name ;
    ...
    class Inner {
        //定义成员
        ...
        //可以直接使用外部类的成员
    }
    ...
}
```

针对内部类，有几个共性的特点：

（1）内部类是外部类的一个成员，可以使用public、protected、private和默认等权限修饰符修饰，也可以使用static、final关键字；

（2）内部类是一个独立的类，在编译之后，内部类会被编译成为一个独立的字节码文件，这个文件名由外部类名、“$”和内部类名构成：Outer$Inner.class；

（3）内部类不能用普通方式访问。内部类是外部类的一个成员，它可以直接使用外部类中定义的成员，包括private修饰的成员。外部类要想访问内部类的成员，必须通过实例化内部类的对象；

（4）使用static修饰的内部类，在使用上可以当作一个独立的类进行使用。

解决问题23说明了内部类的定义与使用。

解决问题23 内部类的定义与使用。

```
class Outer {                                    //定义外部类
    private String name ;
    public Outer(String name) {
        this.name = name ;
```

```
    }
    public class Inner {                                          // 定义内部类
        public void show() {
            System.out.println("At in :Outer.name = " + name) ; // 使用外部类的成员 name
        }
    }
    public void message() {
        // 外部类实例化内部类对象，并调用内部类的成员
        new Inner().show() ;
        System.out.println("At out :Outer.name = " + name) ;
    }
}
public class InnerDemo {
    public static void main(String[] args) {
        Outer out = new Outer(" 小明 ") ;                          // 实例化外部类对象
        out.message() ;
        System.out.println("----------------------------------") ;
        Outer.Inner in = new Outer(" 旺财 ").new Inner() ;  // 其他类实例化内部类的对象
        in.show() ;
    }
}
```

解决问题23的程序运行结果如图4-30所示。

```
At in :Outer.name = 小明
At out :Outer.name = 小明
--------------------------------
At in :Outer.name = 旺财
```

图 4-30　解决问题 23 的程序运行结果

解决问题23的程序代码中，内部类直接使用了外部类中定义的成员name，而外部类使用内部类的成员时，需要先实例化内部类的对象。在其他的类中也可以实例化内部类的对象，但因为内部类是依赖于外部类，在实例化内部类的对象之前，先要实例化外部类的对象，它的格式如下：

```
Outer.Inner in = new Outer( 参数列表 ).Inner( 参数列表 ) ;
```

如果内部类使用static修饰，这个内部类会等价于一个外部类，在其他的类中实例化内部类的对象时，不需要实例化外部类的对象：

```
Outer.Inner in = new Outer.Inner( 参数例表 ) ;
```

使用了static修饰内部类以后，内部类只能直接使用外部类的static成员。

在实际开发过程中，如果要描述一个事物，这个事物的内部还有事物，而且这个内部事物还要访问外部事物中的成员，就可以将这个内部事物定义为一个内部类。

2. 匿名内部类的使用

内部类还可以像普通类一样，继承其他的类或实现接口。有一种特殊情况，如果内部类的功能只需要使用一次，仍然按照内部类的定义格式进行开发，程序不够简洁。Java中提供有一种方式来简化程序的格式，匿名内部类。匿名内部类，指的是定义的内部类没有名字。

在解决问题24的程序代码中，外部类Outer定义了一个方法message()，方法体中通过实例化了内部

类的对象调用方法show()。这个内部类虽然没有名字（匿名内部类），但它是Father类的子类。

解决问题24 匿名内部类的使用。

```
abstract class Father {                                    // 定义抽象类
    public abstract void show() ;
}
class Outer {                                              // 定义外部类
    private String name ;
    public Outer(String name) {
        this.name = name ;
    }
    public void message() {
        new Father() {                                     // 定义匿名内部类
            public void show() {                           // 重写父类中抽象方法 show()
                System.out.println("这是匿名内部类 ..." + name) ;
            }
        }.show() ;                                         // 调用匿名内部类重写的方法 show()
        System.out.println("这是外部类, name = " + name) ;
    }
}
public class InnerDemo {
    public static void main(String[] args) {
        Outer out = new Outer("小明") ;
        out.message() ;
    }
}
```

解决问题24的程序运行结果如图4-31所示。

```
这是匿名内部类...小明
这是外部类, name = 小明
```

图 4-31　解决问题 24 的程序运行结果

外部类Outer的message()方法中，利用new Father()实例化对象，Father类是抽象类，不能实例化对象，因此，要重写抽象类中的抽象方法。但是，重写抽象方法只能是在子类中，因而“new Father() { } ;”语句中花括弧“{}”内的内容实际上是子类的内容。只不过这个子类它没有名称，所以称之为匿名内部类。new Father(){ }是实例化子类的对象，语句“new Father{ }.show() ;”是实例化子类对象并调用子类的方法，这也是多态的应用。

在定义匿名内部类的时候，有一个前提条件是有继承关系（实现关系）并且重写父类中的方法。匿名内部类实现接口，就不一一举例说明。另外，还有一点需要说明，定义匿名内部类的时候，如果父类中的抽象方法太多，也不适合，因为要重写所有抽象方法，造成语句太胖，可读性反而变得更差。匿名内部类的使用情况在Java中比较常见，需要熟练掌握。

八、包的定义与应用

当编译一个Java源文件时，系统会给源文件中的每一个类生成一个字节码文件，不同的源文件中可能存在同名的类，给运行程序带来意想不到的后果，为了解决这个问题，Java中引入了“包”机制。

1. 包的定义

Java源文件编译以后生成的字节码文件，默认存放在与源文件相同位置的目录中，且字节码文件名与类名相同，引入包之后，字节码文件可以存放到包中。包在操作系统中的体现就是文件夹，所以包的作用有：

（1）解决字节码文件命名冲突，允许不同的包存在相同的字节码文件；

（2）对字节码文件进行归类管理，方便维护，同一个开发项目中的文件可以存放在同一个包中。

包的命名规范符合Java中标识符的命名规范，一般情况下包名全部使用小写字母，它的格式与网络域名格式相仿，比如“lztd.info”，这个包在系统中表现为lztd文件夹下有一个子文件夹info。包的定义使用关键字package，定义的格式：

```
package <包的名称> ;
```

包的定义语句必须是程序的第一条语句，它的前面只能有注释。一个源文件只能定义一个包。下列代码段表示定义一个包：

```
package lztd.info ;
class A {   }
class B {   }
```

代码段中定义了名为lztd.info的包，也就是说在某个文件夹下存在lztd的子文件夹，在lztd子文件夹中还有info子文件夹。编译以后的类A、B的字节码文件存放在info子文件夹中。在编译源文件时，要指定字节码文件存放的位置，使用命令：

```
javac -d <指定存放目录> <源文件>
```

这个目录与包名所代表的含义要相同，且必须先创建好文件夹，否则编译无法通过。

下面通过一个简单的例子来说明包的创建过程，如解决问题25程序代码所示，输出“Hello world”。

视频

包的定义与使用

解决问题25 包的定义。

```
package lztd.info ;                    // 定义包，源文件编译以后有所属空间
class A {                              // 定义类A
    public void show() {
        System.out.println("Hello world !") ;
    }
}
public class PackageDemo               // 定义类Package
{
    public static void main(String[] args)
    {
        A a = new A() ;
        a.show() ;
    }
}                                       // 编译以后的字节码文件有两个A.class、PackageDemo.class
```

在解决问题25的程序中编写了Java源文件，这个源文件的第一条语句是定义包，包名为“lztd.info”。源文件可以存放在任意位置，编译时的当前位置也可以是任意位置，假设源文件存放在“d:\java\couser\package”目录中，包存放的目录为Example，按照下列步骤完成源文件的编译：

（1）创建包存放的目录d:\example，如图4-32所示。

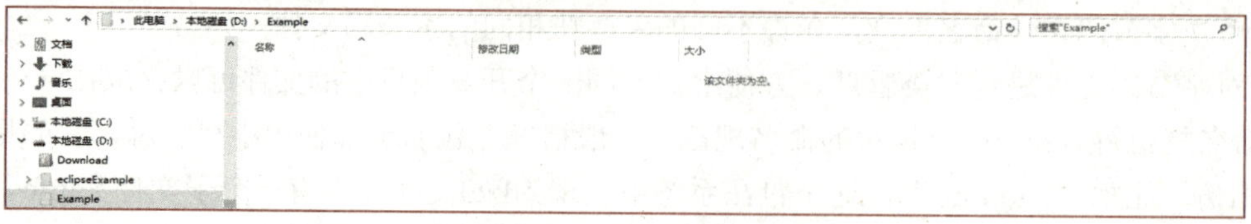

图 4-32　解决问题 25 程序源文件存放的位置

（2）包名为“lztd.info”，需要在Example中创建子目录lztd，在lztd子目录中创建info子目录，如图4-33所示。

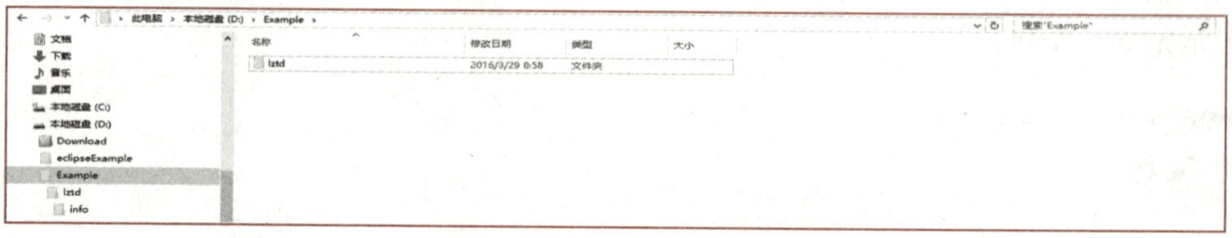

图 4-33　包在操作系统中的体现

（3）字节码文件需要存放在自己的空间，也就是由包名称规定的文件夹中，解决问题25的包名为“lztd.info”，所以，这个Java源程序文件的字节码文件要存放在info子文件夹中。把字节码文件存放在指定位置，需要使用命令：

```
D:\>javac -d d:\Example d:\java\couser\Package\PackageDemo.java
```

表示将存放在“d:\java\couser\package”中的源文件编译成字节码文件，字节码文件存放在包所在的目录“d：\Example”中。编译以后，可以看到在文件夹info中有两个字节码文件，如图4-34所示。

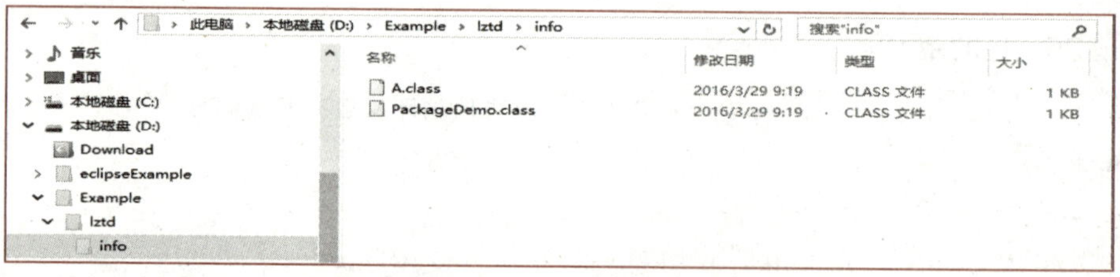

图 4-34　字节码文件存放的目录结构

如果当前位置与包存放的位置相同，可以使用“.”表示当前目录，编译的命令格式如下：

```
D:\Example>javac -d. d:\java\couser\Package\PackageDemo.java
```

至此，字节码文件编译完成。要运行文件，需要在字节码文件之前加上包的名称。要注意的是，此时的当前目录必须是在包存放的位置。

```
D:\Example>java lztd. info.PackageDemo
Hello world!
```

如果当前位置不在包的位置，可能会产生运行错误信息，如图4-35所示。

```
D:\>java lztd.info.PackageDemo
错误: 找不到或无法加载主类 lztd.info.PackageDemo
```

图 4-35　当前位置不是运行程序所在的包的位置

解决的办法有两种：

（1）在命令模式下使用set命令，设置classpath的路径，如图4-36所示。

```
D:\>set classpath=d:\example

D:\>java lztd.info.PackageDemo
Hello world !
```

图 4-36　在命令模式下设置包的运行路径

使用这种方式，在当前命令窗口关闭以后，需要重新设置。

（2）在桌面上右击“此电脑”，选择“属性”→“高级系统设置”→“高级”→“环境变量”，进入“环境变量”对话框，如图4-37所示。

在用户变量栏中新建一个classpath的变量，变量的值为包所在的目录，如果有多个包分别存放在不同的目录，需要使用“；”分隔，列出所有的目录，另外再加上“.”表示当前目录，如图4-38所示。

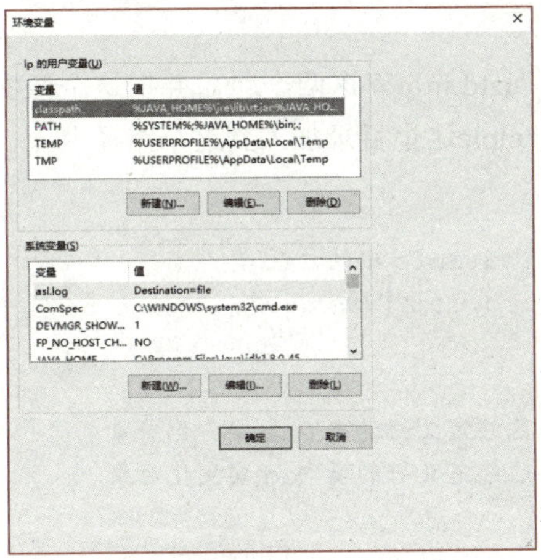

图 4-37　“环境变量”对话框

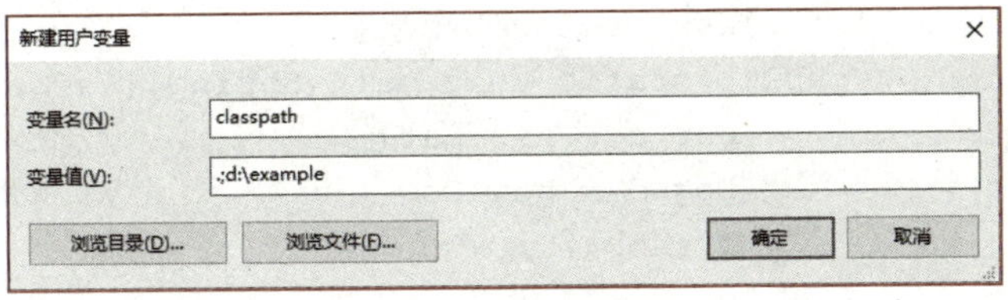

图 4-38　设置运行路径

第二种和第一种方式相比，这种方式可以一劳永逸。

2. 包的使用

在Java开发过程中，编写新的源文件时，可以使用已经存在的类来实例化对象，提高代码的复用率，缩短开发周期。这些已经存在的类可以与新的源文件在同一个包中，也可以在不同的包中。如果新编写的源文件使用了与自己不在同一个包中的其他类，需要使用关键字import把包引入到新的源文件中来，格式如下：

```
import <包名.类名>;            或者            import <包名.*>;
```

在引入包之前，必须先设置好classpath路径，用以指定包所在的位置。它的方式与前述的方式相同，建议采用第二种方式设置classpath。

将解决问题26和解决问题27的程序代码分别创建两个不同的包，假设把这两个包都放在d:\Example目录下，源文件都存放在d:\Example\src目录下。

解决问题26　定义包lztd.com。

```
package lztd.com;
```

```
public class Dog
{
    public void call()
    {
        System.out.println("汪汪汪...");
    }
}
```

解决问题 27 定义包lztd.info。

```
package lztd.info ;
public class Car {
    public void show() {
        System.out.println("这是一辆红色宝马车...") ;
    }
}
```

编译好源文件之后，在解决问题28中使用“lztd.com”“lztd.info”这两个包，并把这个源文件存放在d:\Example目录下。在系统属性中设置classpath，将d:\example这个目录加入到这个路径中。

解决问题 28 使用包。

```
import lztd.info.Car ;                    //引入包 lztd.info 中的 Car 类
import lztd.com.Dog ;                     //引入包 lztd.com 中的 Dog 类
public class PackageDemo {
    public static void main(String[] args) {
        Car c = new Car() ;               //使用包中已经定义好的类 Car 实例化对象
        Dog d = new Dog() ;               //使用包中已经定义好的类 Dog 实例化对象
        c.show() ;
        d.call() ;
    }
}
```

解决问题28的程序运行结果如图4-39所示。

```
D:\Example>java PackageDemo
这是一辆红色宝马车...
汪汪汪...
```

图 4-39 解决问题 28 的程序运行结果

阐述了继承和包之后，对之前的访问控制修饰符进行补充说明：

（1）public：可以被不同的包或者同一个包中的其他类使用；

（2）protected：可以被同一个包中的其他类或者不同包中该类的子类使用；

（3）默认：只能在同一个包中被其他类使用；

（4）private：只能在同一个类中使用。

引入包之后，在不同的包中可能会存在同名的类，如果这些类都在同一个源程序中使用，需要在类名之前加上包的名字以示区别，代码如下：

```
java.util.Date d = new java.util.Date() ;
```

3. 认识常用系统包

在Java语言中，系统提供了功能非常丰富的系统类，这些类存放在不同的包中，之前所有程序在运行过程中，默认加载了系统包java.lang，由于这个包是Java语言的核心包，所以不需要用户显式加载。在JDK中还有以下几个常用包：

（1）java.lang包：这是Java语言的核心包，它包含有Object、String、System、Thread、Throwable、Integer等常用包；这个包中还有一个子包java.lang.reflect，这个包是反射开发包，这是Java语言的一大特色。

（2）java.util包：Java语言开发的工具包，提供有大量的工具类，如和链表有关的Collection集合、日期类Date等，都在这个包中。这个包中有一个子包java.util.regex，是正则工具包。

（3）java.io包：Java语言对文件和其他输入输出设备进行操作时的包，如File、InputStream、OutputStream等都在这个包中。

（4）javax.swing包：这是Java语言进行可视化界面开发时使用的包。与它相对应的还有一个重量级的GUI界面设计包java.awt。

（5）java.net包：网络应用程序开发包。

（6）java.sql包：进行数据库开发时，需要使用的包。

在开发过程中，除了java.lang包之外，其他的包都需要使用import关键字进行显示导入。

4. 创建 JAR 包

通过包可以实现对类进行管理和维护，如果程序中的包比较多，还可以使用jar包进行管理。在Java中提供有一个命令jar，用来创建jar包，它的格式如下：

```
jar [-option] jarname packagename
```

把lztd文件夹中的所有包添加到一个名为lztd.jar包中，如图4-40所示。

```
D:\Example>jar -cvf lztd.jar lztd
已添加清单
正在添加: lztd/(输入 = 0) (输出 = 0)(存储了 0%)
正在添加: lztd/com/(输入 = 0) (输出 = 0)(存储了 0%)
正在添加: lztd/com/Dog.class(输入 = 396) (输出 = 286)(压缩了 27%)
正在添加: lztd/info/(输入 = 0) (输出 = 0)(存储了 0%)
正在添加: lztd/info/A.class(输入 = 404) (输出 = 297)(压缩了 26%)
正在添加: lztd/info/Car.class(输入 = 415) (输出 = 324)(压缩了 21%)
正在添加: lztd/info/PackageDemo.class(输入 = 336) (输出 = 252)(压缩了 25%)
```

图 4-40　使用 jar 命令生成 jar 包

其中c表示创建新的包，v表示显示包中的内容，f表示要指定文件名，如果还需要查看其他选项的值，可以使用jar命令查看。图4-40中的命令运行完成以后，会在当前目录Example中生成一个lztd.jar的文件，这个文件可以使用解压软件打开，如图4-41所示。

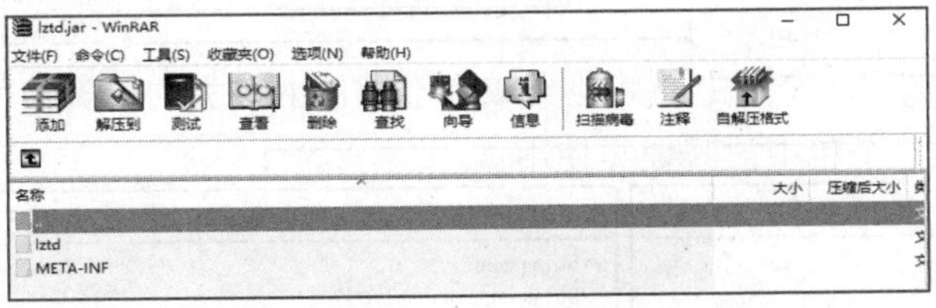

图 4-41　lztd.jar 包中的文件

展开lztd文件夹后，可以看到info和com目录都包含在这个压缩文件中，说明利用包创建jar压缩包成功。

jar包的最大好处是可以直接使用classpath进行设置，设置的方式“路径名\jar包名”。

任务实施

应用实例——网络商城商品管理程序

通过实例来进一步理解抽象类以及多态的应用场景。定义一个网络商城，能够实现对商品的上架、下架、查询、销售功能。商城中所的货物都是商品，具有共同的商品名称、单价、数量等共同属性。

1. 需求分析

（1）有一个网络商城，它可以销售的货物很多，例如，书本、运动服装、电影票等。不管这些商品是什么类型，他们都统称为商品。因此，有一个所有货物的共同父类商品，其他具体的货物都是商品类的子类。

（2）这些货物都是存储在商城当中，因此有一个商城类，它可以对货物进行上架、下架、查找、销售，这些都是商城的行为。

（3）这些商品的存储是通过一个链表来实现的，链表的每一个结点都保存一种类型的商品，不管是什么类型的商品，都统一为商品，属于多态的应用。

（4）通过分析发现，程序中需要定义的对象：商店、商品（本例题中的商品包含三种类型，分别是图书、电影、运动服装）；需要定义一个链表类、一个结点类。

（5）它们之间的关系如图4-42所示。

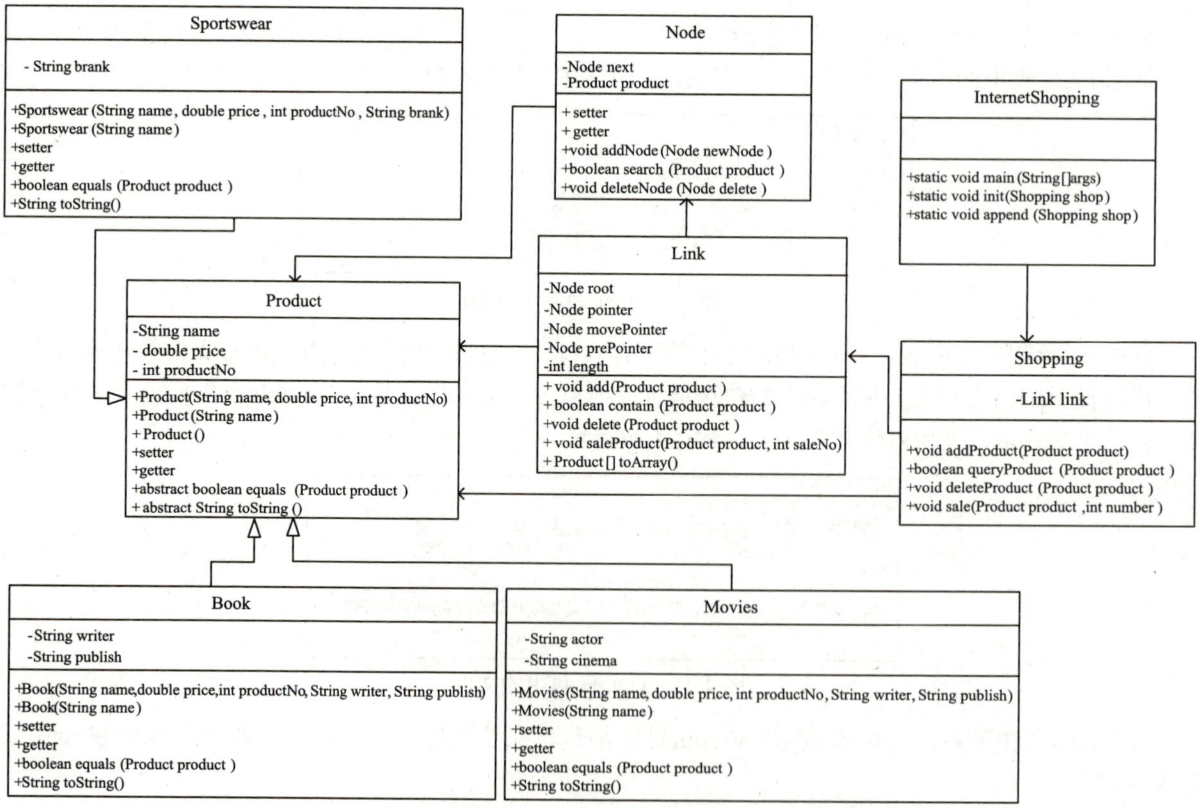

图 4-42　网络商城对象之间的关系图

链表是模块一的任务3中已经实现了的实例，将该程序中Link类和Node类的源代码复制到当前程序中，稍作修改。

2. 代码实现

```
class Shopping {                                        //定义商店类
    Link link = new Link() ;
    public void addProduct(Product product) {           //商品上架
        link.add(product) ;
    }
    public boolean queryProduct(Product product) {      //查询商品
        if(link.contain(product)) {
            return true ;
        } else {
            return false ;
        }
    }
    public void deleteProduct(Product product) {        //商品下架
        link.delete(product) ;
    }
    public void sale(Product product,int number) {      //销售商品
        link.saleProduct(product,number) ;
    }
}
abstract class Product {                  //商品类，是抽象类，所有商品的父类，商城可以销售商品
    private String name ;
    private double price ;
    private int productNo ;
    public Product(String name, double price, int productNo) {  //定义三个构造方法
        this.name = name ;
        this.price = price ;
        this.productNo = productNo ;
    }
    public Product(String name) {
        this.name = name ;
    }
    public Product() { }                        //定义无参构造方法，解决子类的super问题
    public void setName(String name) {          //定义setter
        this.name = name ;
    }
    public void setPrice(double price) {
        this.price = price ;
    }
    public void setProductNo(int number) {
```

```
        this.productNo = number ;
    }
    public String getName() {                                  // 定义 getter
        return this.name ;
    }
    public double getPrice() {
        return this.price ;
    }
    public int getProductNo() {
        return this.productNo ;
    }
    public abstract boolean equals(Product product) ;          // 在父类中定义抽象方法
    public abstract String toString() ;                        // 在父类中定义抽象方法
}
class Book extends Product {                                   // 商品 ---- 书
    private String writer ;                                    // 子类拥有自己的属性
    private String publish ;
    public Book(String name, double price, int productNo,String writer, String publish) {
        super(name, price, productNo) ;                        // 子类构造方法调用父类构造方法
        this.writer = writer ;
        this.publish = publish ;
    }
    public Book(String name) {
        super(name) ;
    }
    public void setWriter(String writer) {                     // 定义子类的 setter
        this.writer = writer ;
    }
    public void setPublish(String publish) {
        this.publish = publish ;
    }
    public String getWriter() {                                // 定义子类的 getter
        return this.writer ;
    }
    public String getPublish() {
        return this.publish ;
    }
    public boolean equals(Product product) {                   // 重写父类的抽象方法
        if(product == null) {
            return false ;
        }
        if(this == product) {
            return true ;
```

```
        }
        if(product instanceof Book) {
            Book book = (Book)product ;
            if(getName().equals(book.getName())) {
                return true ;
            }
        }
        return false ;
    }
    public String toString() {                                    //重写父类的抽象方法
        return "书名：" +  getName() + "，单价：" + getPrice() + "，数量：" 
            + getProductNo() + "，作者：" + this.writer + "，出版社：" + this.publish ;
    }
}
class Movies extends Product {                                    //商品----电影
    private String actor ;
    private String cinema ;
    public Movies(String name, double price, int productNo, String actor, String cinema) {
        super(name,price,productNo) ;
        this.actor = actor ;
        this.cinema = cinema ;
    }
    public Movies(String name) {
        super(name) ;
    }
    public void setActor(String actor) {
        this.actor = actor ;
    }
    public void setCinema(String cinema) {
        this.cinema = cinema ;
    }
    public String getActor() {
        return this.actor ;
    }
    public String getCinema() {
        return this.cinema ;
    }
    public boolean equals(Product product) {
        if(product == null) {
            return false ;
        }
        if(this == product) {
            return true ;
```

```
        }
        if(product instanceof Movies) {
            Movies movies = (Movies)product ;
            if(getName().equals(movies.getName())) {
                return true ;
            }
        }
        return false ;
    }
    public String toString() {
        return "片名: " + getName() + ", 单价: " + getPrice() + ", 数量: "
            + getProductNo()  + ", 主演: " + this.actor + ", 电影院: " + this.cinema ;
    }
}
class Sportswear extends Product {                        //商品----运动服装
    private String brank ;
    public Sportswear(String name, double price, int productNo, String brank) {
        super(name, price, productNo) ;
        this.brank = brank ;
    }
    public Sportswear(String name) {
        super(name) ;
    }
    public void setBrank(String brank) {
        this.brank = brank ;
    }
    public String getBrank() {
        return this.brank ;
    }
    public boolean equals(Product product) {
        if(product == null) {
            return false ;
        }
        if(this == product) {
            return true ;
        }
        if(product instanceof Sportswear) {
            Sportswear sport = (Sportswear)product ;
            if(getName().equals(sport.getName())) {
                return true ;
            }
        }
        return false ;
    }
    public String toString() {
```

```
        return "名称：" + getName() + "，单价：" + getPrice() + "，数量："
            + getProductNo()  + "，品牌：" + this.brank ;
    }
}
class Link {                                    //定义一个链表，用来保存商店的商品
    private Node root ;                         //用来记录商品的起点位置
    private Node pointer = null ;               //用于记录定位到的商品
    private Node movePointer = null ;           //动态指针
    private Node prePointer = null ;            //用来列表中当前商品的前一个商品位置
    private int length = 0 ;                    //用来记录当前商店中所有商品的数量
    public void add(Product product) {          //将该商品添加到商店中，用链表保存
        Node newNode = new Node() ;
        newNode.setProduct(product) ;
        newNode.setNext(null) ;
        if(this.root == null) {
            this.root = newNode ;
            this.movePointer = root ;
        } else {
            this.movePointer.addNode(newNode) ;
        }
        length ++ ;
    }
    public boolean contain(Product product) {       //查找是否有该商品
        Node tempNode = root ;
        if(this.root == null) {                     //如果商店中没有商品
            System.out.println("商店没有商品 ...") ;
            return false ;
        }
        if(root.search(product)) {                  //如果要找的商品在商品的起始位置
            System.out.println("找到商品，商品信息 ...") ;
            prePointer = root ;
            pointer = root ;
            System.out.println(pointer.getProduct().toString()) ;
            return true ;
        }
        while(tempNode.getNext() !=null) {          //在当前商品列表中查找指定的商品
            prePointer = tempNode ;                 //记录指定商品名称的前一个商品的位置
            if((tempNode = tempNode.getNext()).search(product)) {
                pointer = tempNode ;                //记录指定商品在列表中的位置
                return true ;
            }
        }
        return false ;
    }
    public void delete(Product product) {           //将该商品下架，执行下架功能
```

```
        if(this.root == null) {
            System.out.println(" 商店中没有商品 ...") ;
            length = 0 ;
            return ;
        }
        if(this.contain(product)) {                    // 如果找到商品
            System.out.println(" 商品成功下架 ...") ;
            prePointer.deleteNode(pointer) ;            // 将指定的商品从列表中删除
            length -- ;
            System.out.println(" 商品信息: ") ;
            System.out.println(pointer.getProduct().toString()) ;
        } else  {
            System.out.println(" 没有这样的商品 ...") ;
        }
    }
    public void saleProduct(Product product,int saleNo) {     // 按照指定的数量进行销售
        if(this.root == null) {
            return ;
        }
        if(this.contain(product)) {          // 如果找到商品，将商品的数量减去购买的数量
                int index =this.pointer.getProduct().getProductNo() ;
                if(index != 0 && index >= saleNo) {
                    this.pointer.getProduct().setProductNo(index-saleNo) ;
                    System.out.println(" 成功购买商品: " + saleNo) ;
                    System.out.println(" 名称: " + product.getName()) ;
                } else {
                    System.out.println(" 该商品已经售空或者数量不足 ...") ;
                    if(this.pointer.getProduct().getProductNo() == 0) {
                        delete(product) ;
                    }
                }
        } else {
                System.out.println(" 没有该商品 ...") ;
                System.out.println("----------------------------------------") ;
        }
    }
    public Product[] toArray() {                    // 将商品的链表转换成数组，并输出
        Node temp ;
        Product arrProduct[] = new Product[this.length] ;
        temp = this.root ;
        int index = 0 ;
        if(this.root == null) {
            return null ;
        } else {
            while(temp != null) {
```

```
                arrProduct[index ++ ] = temp.getProduct() ;
                temp = temp.getNext() ;
            }
        }
        return arrProduct ;
    }
}
class Node {                                          // 定义结点，保存商品信息
    private Product product ;
    private Node next ;
    public void setProduct(Product product) {         //Node 的 setter
        this.product = product ;
    }
    public void setNext(Node next) {
        this.next = next ;
    }
    public Product getProduct() {                     //Node 的 getter
        return this.product ;
    }
    public Node getNext() {
        return this.next ;
    }
    public void addNode(Node newNode) {               // 在当前位置添加商品
        if(this.next == null) {
            this.next = newNode ;
        } else {
            this.next.addNode(newNode) ;
        }
    }
    public boolean search(Product product) {          // 查找当前列表中是否有指定的商品
        if(this.product.equals(product)) {
            return true ;
        }
        return false ;
    }
    public void deleteNode(Node delete) {             // 删除当前位置的商品
        if(delete.next != null) {
            this.next =delete.next ;
        } else {
            this.next = null ;
        }
    }
}
class  InternetShopping {
    public static void main(String[] args) {
```

```
        Shopping shop = new Shopping() ;
        System.out.println(" 商品上架 ...") ;
        init(shop) ;                                     // 商品上架
        Product [] product = shop.link.toArray() ;// 转换成商品数组，并输出
        print(product) ;
        System.out.println(" 搜索商品 ...") ;          // 搜索指定的商品
        System.out.println(" 电影：建军大业 " + shop.queryProduct(new Movies(" 建军大业 "))) ;
        System.out.println(" 增加商品后 ...") ;        // 添加商品并输出
        append(shop) ;
        product = shop.link.toArray() ;
        print(product) ;
        System.out.println(" 购买商品 ...") ;          // 购买指定的商品
        shop.sale(new Movies(" 建党伟业 "), 10) ;
        System.out.println(" 购买商品以后 ...") ;
        product = shop.link.toArray() ;               // 购买以后，指定商品的库存会减少
        print(product) ;
        shop.deleteProduct(new Sportswear(" 羽毛球运动衣 ")) ;     // 指定的商品下架
        product = shop.link.toArray() ;
        print(product) ;
    }
    public static void print(Product[] product) {                 // 打印商品列表
        if(product != null) {
            for(Product temp:product) {
                if(temp != null) {
                    System.out.println("-----------------------------------") ;
                }
                System.out.println(temp) ;
            }
        }
        System.out.println("------------------------------------------") ;
    }
    public static void init(Shopping shop) {                  // 初始化商店的商品
        shop.addProduct(new Book(" 百年大党与中国道路 ",48.00,80," 邱巍 "," 中央党校出版社 ")) ;
        shop.addProduct(new Movies(" 建党伟业 ",50,10," 刘烨、李沁 "," 井冈山电影院 ")) ;
        shop.addProduct(new Sportswear(" 羽毛球运动衣 ",150,10,"LI-NING")) ;
    }
    public static void append(Shopping shop) {                // 向商店添加商品
        shop.addProduct(new Movies(" 长征 ",50,20," 唐国强、李琳、王伍福 "," 井冈山电影院 ")) ;
        shop.addProduct(new Book(" 铁道游击队 ",33.8,30," 刘知侠 "," 南方出版社 ")) ;
        shop.addProduct(new Sportswear(" 羽毛球鞋 ",350,15,"LI-NING")) ;
    }
}
```

宠物商店的程序运行结果如图4-43所示。

```
商品上架...
--------------------------------------------------------------------------------
书名：百年大党与中国道路，单价：48.0，数量：80，作者：邱巍，出版社：中央党校出版社
--------------------------------------------------------------------------------
片名：建党伟业，单价：50.0，数量：10，主演：刘烨、李沁 ，电影院：井冈山电影院
--------------------------------------------------------------------------------
名称：羽毛球运动衣，单价：150.0，数量：10，品牌：LI-NING
--------------------------------------------------------------------------------
搜索商品...
电影：建军大业false
增加商品后...
--------------------------------------------------------------------------------
书名：百年大党与中国道路，单价：48.0，数量：80，作者：邱巍，出版社：中央党校出版社
--------------------------------------------------------------------------------
片名：建党伟业，单价：50.0，数量：10，主演：刘烨、李沁 ，电影院：井冈山电影院
--------------------------------------------------------------------------------
名称：羽毛球运动衣，单价：150.0，数量：10，品牌：LI-NING
--------------------------------------------------------------------------------
片名：长征，单价：50.0，数量：20，主演：唐国强、李琳、王伍福 ，电影院：井冈山电影院
--------------------------------------------------------------------------------
书名：铁道游击队，单价：33.8，数量：30，作者：刘知侠，出版社：南方出版社
--------------------------------------------------------------------------------
名称：羽毛球鞋，单价：350.0，数量：15，品牌：LI-NING
--------------------------------------------------------------------------------
购买商品...
成功购买商品：10
名称：建党伟业
购买商品以后...
--------------------------------------------------------------------------------
书名：百年大党与中国道路，单价：48.0，数量：80，作者：邱巍，出版社：中央党校出版社
--------------------------------------------------------------------------------
片名：建党伟业，单价：50.0，数量：0，主演：刘烨、李沁 ，电影院：井冈山电影院
--------------------------------------------------------------------------------
名称：羽毛球运动衣，单价：150.0，数量：10，品牌：LI-NING
--------------------------------------------------------------------------------
片名：长征，单价：50.0，数量：20，主演：唐国强、李琳、王伍福 ，电影院：井冈山电影院
--------------------------------------------------------------------------------
书名：铁道游击队，单价：33.8，数量：30，作者：刘知侠，出版社：南方出版社
--------------------------------------------------------------------------------
名称：羽毛球鞋，单价：350.0，数量：15，品牌：LI-NING
--------------------------------------------------------------------------------
商品成功下架...
商品信息：
名称：羽毛球运动衣，单价：150.0，数量：10，品牌：LI-NING
--------------------------------------------------------------------------------
书名：百年大党与中国道路，单价：48.0，数量：80，作者：邱巍，出版社：中央党校出版社
--------------------------------------------------------------------------------
片名：建党伟业，单价：50.0，数量：0，主演：刘烨、李沁 ，电影院：井冈山电影院
--------------------------------------------------------------------------------
片名：长征，单价：50.0，数量：20，主演：唐国强、李琳、王伍福 ，电影院：井冈山电影院
--------------------------------------------------------------------------------
书名：铁道游击队，单价：33.8，数量：30，作者：刘知侠，出版社：南方出版社
--------------------------------------------------------------------------------
名称：羽毛球鞋，单价：350.0，数量：15，品牌：LI-NING
--------------------------------------------------------------------------------
```

图 4-43　宠物商店的程序运行结果

课后实践

1. 定义带默认构造方法的两个类Teacher和Student，分别输出“this is teacher…”和“this is student…”。定义一个UniversityStudent类，继承自Student类，在这个类中实例化一个Teacher类的对象，定义一个默认构造方法，输出“this is university student…”。定义一个测试类，包含main()方法，在main()方法中实例化一个UniverStudent对象，观察输出结果，并说明原因。

2. 编写一个抽象类Calculate，这个类包含一个抽象方法count()。定义一个CommonDivser类和CommonMultiple类，都继承自Calculate类，并重写count()方法，分别实现计算最大公约数和最小公倍数。定义一个测试类，包含有main()方法，在该方法中实例化CommonDivser对象和CommonMultiple对象，并通过多态性（对象上转型），实现对count()方法的引用。

3. 定义一个USB接口，在其中定义一个start()方法和stop()方法，分别表示设备开始工作和设备停止工作。定义一个Print类，实现USB接口；定义一个Mouse类实现USB接口。定义一个Computer类，包含有功能work(USB usb)，利用多态性，实现Print类的实例化对象和Mouse类的实例化对象在Computer类中进行工作，并利用测试类进行测试。

4. 编写一个ATM机的模拟功能，能够实现注册、登录、查询、取款、存款、转账的功能。其中取款、转账的数量受额度、余额的限制。

任务5 预防应用程序崩溃

任务描述

小龙发现，利用Java开发应用程序，在程序运行时经常会遇到因为某种未知的原因而导致程序不能够正常结束，容易造成数据丢失，在实际的应用系统中，有可能会因为不能够正常结束而导致应用系统崩溃。如何解决这个问题呢？

职业能力与目标

◎ 初步具备优秀程序员的品质；

◎ 理解编译时异常和运行时异常；

◎ 能够使用自定义的异常；

◎ 能够发现、处理程序编译和运行过程中产生的异常；

◎ 能够阅读他人编写的程序，并处理异常。

用户在编写程序时，有可能因为考虑不周，使程序在运行时遇到错误的条件，比如数组的下标越界，导致程序可能会意外中断，容易引发系统的不安全事件。严谨地处理这些问题，是保证程序效率和质量的关键。Java语言提供了异常处理机制，可以对程序产生的异常进行检测、报告和处理，能够有效避免因为程序运行时异常导致的不安全事件发生。本任务主要介绍异常产生的原因和异常的处理方法。

知识储备

一、认识 Java 程序的异常

在Java语言中，把程序运行中可能遇到的问题分为两类，一类是非致命的错误，在有针对性地进行处理后让程序继续运行，这种错误称为异常；另一类是致命的错误（error），此时程序还未运行，这种错误的发生往往是系统级别的问题，无法进行针对性处理，只能修改代码，例如，运行一个没有main()方法的HelloWorld类，会产生“错误: 找不到或无法加载主类HelloWorld”错误信息。

1. 为什么有异常

异常（exception）指的是Java在运行时期发生的问题，例如，访问一个不存在的文件对象。如果不对异常进行处理，会导致程序无法继续执行。具体地来说，异常机制提供了程序退出的安全通道，当出现问题后，程序执行的流程发生改变，程序的控制权转移到异常处理器。Java语言提供了一个异常类（Exception类），合理地使用Exception类，能够提高程序的健壮性。解决问题1的程序是数组下标越界引发的异常。

解决问题1 数组下标越界引发的异常。

```
public class IndexOfException {
    public static void main(String[] args) {
        int index[] = new int[3] ;
        for(int i = 0 ; i<3 ; i++)
        {
            index[i] = i ;
            System.out.println("index[" + i + "] = " + index[i]) ;
        }
        System.out.println("index[3] = " + index[3]) ;
        System.out.println(" over " ) ;
    }
}
```

程序编译后，产生的异常信息如图5-1所示。

```
index[0] = 0
index[1] = 1
index[2] = 2
Exception in thread "main" java.lang.ArrayIndexOutOfBoundsException: 3
        at IndexOfException.main(IndexOfException.java:11)
```

图 5-1　数组下标越界产生的异常信息

由图5-1可知：

（1）程序在运行时产生了异常，异常发生后，程序在产生异常的位置中止，并且输出异常信息；

（2）产生异常的语句是IndexOfExeption.java程序中的第11行；

（3）异常的名称是ArrayIndexOutOfBoundsException；

（4）产生异常的原因是使用了角标为3的数组元素。

这些信息最终是由Java虚拟机（JVM）抛出来，显示在屏幕上，同时让程序提前终止。程序员要做的事情就是捕获这些异常信息，进行有针对性的处理，确保程序遇到异常时，也能够正确地执行完毕。

2. 认识标准异常类

在Java语言中，提供了多种多样的标准异常类，它们都定义在各个系统包中，这些异常类按照层次结构进行组织。类Throwable是所有异常类的祖先类，任何异常类都是这个类的子类，异常类的层次关系如图5-2所示。其中Exception类和Error类是Throwable类的直接子类。

异常类又分为运行时（runtime）异常类和编译时异常类。运行时异常类是RuntimeException及其他的子类，它同时又是Exception类的子类。Exception类的其他子类都是编译时异常类，如果不对这类异常进行处理，编译器在编译程序时会产生编译错误。Java编译器将所有异常划分成为需要检查的异常和无须检查的异常。类Error和RuntimeException以及它们的子类都是无须检查的异常；编译时异常类以及它的子类都是需要检查的异常。

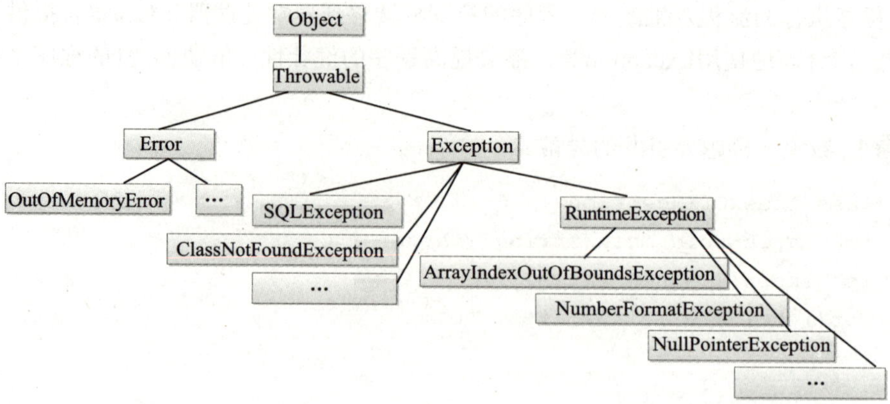

图 5-2　标准异常类层次图

无须检查的异常不需要显式地进行处理，编译器在编译时不会出错，但这类异常通常是程序运行期间发生的问题，比如在引用对象的方法时传递了非法的参数，程序员需要根据异常的类型对程序进行分析，通过修改代码来排除相应的问题，以避免JVM抛出异常后导致程序异常终止。

需要检查的异常必须要进行声明或者捕获。当一个方法体的语句抛出需要检查的异常类型的异常时，要么在这个方法中捕获并处理该异常，要么在方法体之前使用关键字throws声明要抛出的异常类型，否则会产生编译错误。需要特别强调的是，对于运行时异常类及其他的子类，虽然编译器允许不对程序进行检查，但是，如果程序中能够预见到，建议也进行捕获并进行处理，以提高程序的健壮性。

常见的异常类见表5-1。表中序号栏带“*”标记的表示是运行时异常，属于无须检测的异常。Java所提供的异常类，建议读者去翻阅Java帮助文档。

表 5-1　常见的异常类

序号	异常名称	说　明	所 在 包
1*	RuntimeException	运行时异常的基类	java.lang
2*	ArithmeticException	算术异常，如除数为 0	java.lang
3*	ArrayStoreException	数组存储异常，如类型不相符	java.lang
4*	ArrayIndexOutOfBoundsException	数组下标越界异常	java.lang
5	IllegalArgumentException	方法收到非法参数	java.lang
6*	NumberFormatException	字符串转换为数值型数据时格式不匹配	java.lang
7*	NullPointerException	访问 null 对象产生的异常	java.lang
8	ClassNotFoundException	不能加载请求的类	java.lang
9	AWTException	AWT 异常	java.lang
10	IOException	I/O 异常的根类	java.io
11	FileNotFoundException	不能找到文件	java.io
12	EOFException	访问文件结束标	java.io

续表

序号	异常名称	说　明	所 在 包
13*	IllegalAccessException	对类的访问被拒绝	java.lang
14	InterruptedException	线程中断	java.lang
15	ClassCastException	类型转换失败	java.lang
16*	EmptyStackException	空堆栈异常	java.util

二、处理程序中的异常

Java语言采用面向对象的方式来处理异常，将异常看作一种特殊的对象，可以像其他对象一样被创建。需要注意的是，创建异常对象本身不是产生异常，而是因为发生了某种异常而创建标识该异常的对象，以方便报告、捕获与处理。

1. 初探异常的捕获与处理

在Java程序的执行过程中，如果出现了异常事件，就会生成一个异常对象。生成的异常对象会传递给Java运行时系统，异常的产生和提交过程称为抛出（throw）异常。当Java运行时系统得到一个异常对象时，就会自动寻找处理这一异常的代码。找到能够处理对应类型的异常的方法后，运行时系统把当前异常对象交给这个方法进行处理，这一过程称为捕获（catch）异常。如果运行时系统找不到可以捕获异常的方法，运行时系统将终止，Java程序中止运行。

在编写Java程序时，要把可能产生异常的语句放在try语句块内，将处理异常的语句放在catch语句块内。在同一个try语句块中，有可能会产生多个类型的异常，使用catch进行捕获时，可以同时使用多个catch，每一个catch捕获一种类型的异常；也可以使用异常类型的共同父类作为异常捕获对象。在捕获多个异常对象时，必须把异常类型的父类放在后面，换句话说，异常类型的捕获必须先从子类开始。

2. 捕获与处理程序中的异常

捕获和处理异常是通过try...catch...finally语句来实现，它的结构如下：

```
try {
    // 可能会产生异常的语句;
} catch (异常类型 1  对象 1)  {
    // 对捕获的异常类型 1 进行处理;
} catch (异常类型 2  对象 2)  {
    // 对捕获的异常类型 2 进行处理;
} catch (异常类型 3  对象 3)  {
    // 对捕获的异常类型 3 进行处理;
} catch (异常类型 n  对象 n)  {
    // 对捕获的异常类型 n 进行处理;
} finally {
    // 执行异常处理后的收尾工作;
}
```

说 明：

（1）try语句块

捕获异常的第一步就是把可能会产生异常的语句放在try语句块中，在执行过程中，如果try语句块中的语句产生了异常，就会中断try语句块，并抛出异常，把程序的控制权交给catch语句块。

（2）catch语句块

一个try语句块可以匹配多个catch语句块，用来处理try语句块中抛出的异常。catch关键字后面必须使用一个参数来指明它所能够捕获的异常类型。程序将根据catch语句块书写的顺序逐个进行匹配，当发现某个catch后声明的异常类型是try语句块抛出的异常类或者它的祖先类，就表示找到了匹配的catch语句，程序就会执行该catch语句块内的语句。其他的catch语句块不再进行匹配。因此，在书写catch语句块时，异常类的子类应该写在前面，它的父类写在后面。所有的异常类都是Throwable类的子类，它提供了getMessage()方法来获取异常事件的相关信息，还提供了printStackTrace()方法来跟踪异常事件发生时堆栈的内容。

（3）finally语句块

finally语句块是可选项。finally语句块为异常处理提供统一的出口，不论在try语句块中是否发生了异常，finally语句块都会被执行，一般情况下，finally语句块用于释放对象占用的资源。当对象占用某些资源后，在执行程序时发生了异常事件，需要把这些对象占用的资源释放出来，提高资源的使用效率。

try、catch、finally可以组合的形式有：try...catch...finally、try...catch、try...finally。解决问题2的程序代码是利用try...catch语句块捕获、处理异常。

解决问题2 利用try...catch语句捕获并处理数组下标越界的异常。

```
public class IndexOfException
{
    public static void main(String[] args)
    {
        int index[] = new int[3] ;
        for(int i = 0;i<3;i++)
        {
            index[i] = i ;
            System.out.println("index[" +i +"] = "+index[i]) ;
        }
         try {
            System.out.println("index[3] = "+index[3]) ;
                                                  // 产生异常的语句，要放在 try 语句块中
         } catch (ArrayIndexOutOfBoundsException e ) {
             System.out.println(" ********* 处理异常 *********") ;
             e.printStackTrace() ;
         }
         System.out.println(" over ") ;           // 程序正常结束
    }
}
```

解决问题2的程序运行结果如图5-3所示。

```
index[0] = 0
index[1] = 1
index[2] = 2
 *********处理异常*********
java.lang.ArrayIndexOutOfBoundsException: 3
        at IndexOfException.main(IndexOfException.java:12)
 over
```

图 5-3　解决问题 2 的程序运行结果

由图5-3可知，加入异常处理以后，程序能够正常结束。就好像飞机出现故障以后，能够平安着陆，提高了程序的健壮性。

解决问题3 运行程序时使用main()方法的参数从键盘接收数据，输出它们的商，处理非数值型数据和下标越界的异常。

需求分析：从键盘输出两个参数，要对这两个参数进行数值运算。需要考虑两个问题：运算的数据类型只能是数值型数据，如果不是数值型数据，会产生NumberFormatException异常；在接收参数时，使用了args[]数组，如果程序中使用的数组下标越界，就会产生ArrayIndexOutOfBoundsException异常。

代码如下：

```
public class MuchException {
    public static void main(String[] args) {
        int x ,y ,z ;
        try {
            x = Integer.parseInt(args[0]) ;
            y = Integer.parseInt(args[1]) ;
            z = x/y ;
            System.out.println(" x / y = " + z) ;
        } catch (NumberFormatException e1) {
            System.out.println("处理异常! ") ;
            e1.printStackTrace() ;
        } catch (ArrayIndexOutOfBoundsException e2) {
            System.out.println("处理异常! ") ;
            e2.printStackTrace() ;
        } finally {
            System.out.println(" 捕获/处理结束! ") ;
        }
        System.out.println(" over ") ;
    }
}
```

在运行程序时，如果不输入参数，就会产生ArrayIndexOutOfBoundsException异常事件，如果输入两个参数“15 a”，就会产生NumberFormatException异常事件。但是，不管产生什么类型的异常，finally语句块都可以被执行，并且程序能够正常结束。解决问题3的程序运行结果如图5-4所示。

```
D:\java\couser\exception>java  MuchException
处理异常！
java.lang.ArrayIndexOutOfBoundsException: 0
        at MuchException.main(MuchException.java:8)
 捕获/处理结束！
 over

D:\java\couser\exception>java  MuchException 15 a
处理异常！
java.lang.NumberFormatException: For input string: "a"
        at java.lang.NumberFormatException.forInputString(Unknown Source)
        at java.lang.Integer.parseInt(Unknown Source)
        at java.lang.Integer.parseInt(Unknown Source)
        at MuchException.main(MuchException.java:9)
 捕获/处理结束！
 over
```

图 5-4　解决问题 3 的程序运行结果

程序在处理异常时，它的流程如图5-5所示。

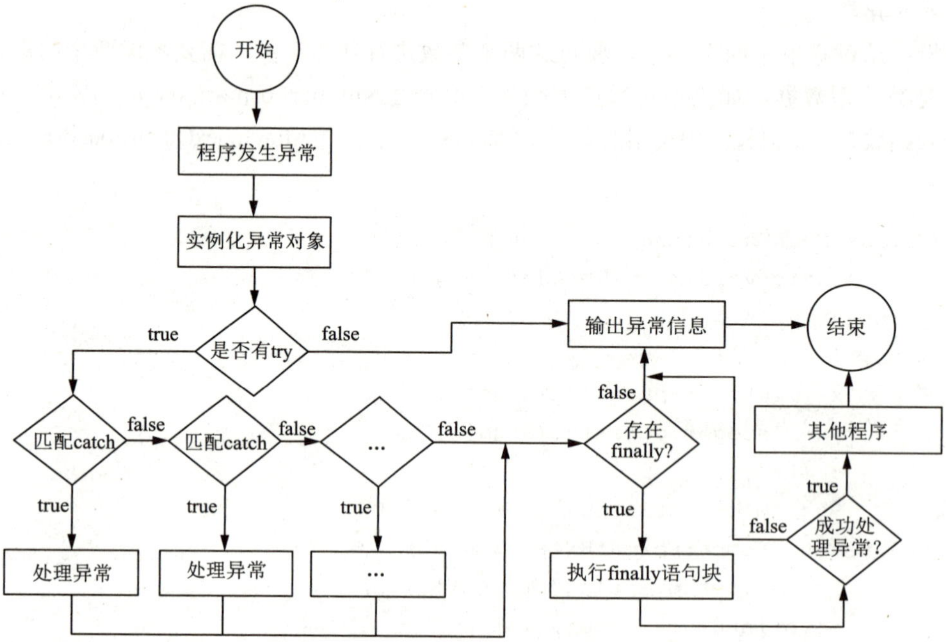

图 5-5　异常事件处理流程

由图5-5可知：

（1）当程序运行时出现了异常，JVM自动根据异常的类型实例化一个与之类型匹配的异常类对象；

（2）产生了异常对象之后，首先会判断当前语句上是否包含在try语句块中，如果没有包含在try语句块中，JVM进行默认异常处理，处理的方式：输出异常信息，终止程序运行；

（3）如果产生异常的语句包含在try语句块中，实例化的异常对象就会被try进行捕获，并且与try后面的catch进行匹配，如果捕获的类型与catch中所带异常类参数的类型相一致，就会进行异常处理，否则与其他的catch进行匹配，直至匹配完所有catch；

（4）不管异常处理最终是否能够匹配对应的catch，都会执行后面的finally语句块；

（5）finally语句块执行完以后，程序会根据之前与catch匹配的结果来决定如何执行，如果之前捕获的异常与catch匹配成功，程序会执行finally后面的语句，直至程序结束；如果捕获的异常与catch匹配不成功，JVM就会进行默认处理。

try语句块捕获的异常对象与catch进行匹配时，除了能够匹配相同类型的异常外，还能够匹配该异常类型的父类或者祖先类对象，因此，在编写程序时，如果将异常类型的超类放在最前面，捕获的子类类型的catch语句块永远不会被执行。

为了保证所有的异常都能够匹配成功，一般情况下，在最后一个catch语句用来捕获Excption异常，因为Exception异常是所有异常类的基类，发生异常时，一定能够匹配成功。使用Exception异常类对解决问题3进行改造，如解决问题4的程序代码所示。

解决问题4　使用Exception异常类处理多个异常

```
public class ExceptionDemo {
    public static void main(String[] args) {
        int x ,y ,z ;
        try {
            x = Integer.parseInt(args[0]) ;
            y = Integer.parseInt(args[1]) ;
            z = x/y ;
            System.out.println(" x / y = " + z) ;
        } catch (Exception e) {
            System.out.println("处理异常！ ") ;
            e.printStackTrace() ;
        } finally {
            System.out.println(" 捕获 / 处理结束！ ") ;
        }
        System.out.println(" over ") ;
    }
}
```

解决问题4的程序运行结果如图5-6所示。第一次运行时没有给定参数，造成下标越界，第二次运行给定的参数中有一个是非数值型数据a，造成数据转换格式异常。程序的运行效果与解决问题3完全相同。

```
D:\java\couser\exception>java ExceptionDemo
处理异常！
java.lang.ArrayIndexOutOfBoundsException: 0
        at ExceptionDemo.main(ExceptionDemo.java:8)
 捕获/处理结束！
 over

D:\java\couser\exception>java ExceptionDemo 15 a
处理异常！
java.lang.NumberFormatException: For input string: "a"
        at java.lang.NumberFormatException.forInputString(Unknown Source)
        at java.lang.Integer.parseInt(Unknown Source)
        at java.lang.Integer.parseInt(Unknown Source)
        at ExceptionDemo.main(ExceptionDemo.java:9)
 捕获/处理结束！
 over
```

图 5-6　解决问题 4 的程序运行结果

3. 正确区分 Exception 和 RuntimeException

异常类的基类是Exception，运行时异常类RuntimeException也是Exception类的子类，但是，这两个类在使用上存在区别。

Exception异常类：也称编译时异常，是方法（功能）本身出现的异常，如在读写文件时找不到源文件，如果在该方法中不对编译时异常进行处理，就必须使用关键字throw把异常抛出来，并且在定义方法的头部使用throws对异常进行声明。当程序通过实例化对象调用这样的方法时，要么使用try进行捕获，要么继续使用throw向上抛出，否则，程序在编译时会产生编译错误，如解决问题5的程序所示。

解决问题5 调用者不处理Exception异常类

```
public class ExceptionDemo {
    public static void main(String[] args) {
        int age = 110 ;
        if (age > 100) {
            throw new Exception() ;          // 产生了 Exception 异常，且没有进行处理
        }
        System.out.println("age = " + age) ;
    }
}
```

在解决问题5的程序中，如果变量age的值大于100，就会生成一个Exception异常，但是这个异常并没有被try...catch进行捕获处理，也没有向上声明，在程序编译后，产生的错误信息如图5-7所示。

```
D:\java\course\exception>javac ExceptionDemo.java
ExceptionDemo.java:7: 错误: 未报告的异常错误Exception; 必须对其进行捕获或声明以便抛出
                        throw new Exception() ;
                        ^
1 个错误
```

图 5-7 解决问题 5 的程序编译信息

RuntimeException异常：叫运行时异常，它是Exception异常类的子类，这类异常是程序正常运行期间抛出的异常，比如进行除法运算时除数为0。这类异常不需要进行捕获或者声明，目的就是为了让程序停止运行，让程序员修改行代码、排除问题。但是，程序员也可以选择进行捕获和处理。

所以编译时异常和运行时异常最大的区别在于：编译时异常需要强制进行捕获和处理，否则要向上抛出；运行时异常可以由程序员自行决定是否进行捕获处理。

4. 认识 throws 和 throw

1）throws关键字

如果在一个方法中生成了一个编译时异常，就必须在这个方法定义时使用关键字throws进行声明，目的是告诉调用者，让调用者在调用这个方法时，使用try...catch语句进行捕获处理，或者继续向上声明。声明异常的语法格式如下：

```
[public] 返回值类型 方法名称（方法参数列表） throws Exception
{
    // 方法体
}
```

说明：

（1）声明异常（throws exception）是方法定义的一部分，异常可以有多个，多个异常之间使用“,”分隔；

（2）当一个方法的方法体中产生编译时异常，如果自己没有进行捕获和处理这个异常，就必须在方法定义的头部声明该异常类型；

（3）声明异常不能作为方法重载的条件，只有不同的参数列表才是方法重载条件。

2）throw关键字

异常对象可以是由虚拟机生成，也可以由某些异常类的实例生成。实例化的异常类对象可以由throw关键字抛出。如果是编译时异常，在方法中没有进行处理，必须使用关键字throws在方法头部进行声明。抛出异常类的格式如下：

```
IOException e = new IOException() ;
throw e ;
```

能够被抛出的异常类必须是Throwable类的子类。

解决问题6　throws和throw的使用。

```
public class ExceptionDemo {
    public static int div(int x,int y) throws Exception {      //声明异常
        if(y == 0) {
            throw new Exception() ;                              //生成并抛出异常
        }
        return x/y ;
    }
    public static void main(String[] args) {
        int x ,y ;
        x = 19 ;
        y = 0 ;
        try {                                                    //调用者捕获并处理异常
            System.out.println("x/y = " + div(x,y)) ;
        } catch (Exception e ) {
            System.out.println("处理异常！ ") ;
            e.printStackTrace() ;
        }
    }
}
```

在解决问题6的程序中，方法div()在进行除法运算时，首先判断除数是否为0，如果为0就生成编译时Exception异常并抛出。由于方法div()并没有处理，所以必须在方法定义的头部使用关键字throws进行声明，由调用者进行捕获并处理。解决问题6的程序运行结果如图5-8所示。

```
处理异常！
java.lang.Exception
        at ExceptionDemo.div(ExceptionDemo.java:5)
        at ExceptionDemo.main(ExceptionDemo.java:16)
```

图 5-8　解决问题 6 的程序运行结果

throw和throws的区别：

（1）throw在方法内部使用，throws在定义方法的头部使用；

（2）throw抛出异常对象，throws用于异常的声明，在声明异常时，可以使用逗号分隔多个异常对象。

三、自己定义异常类

Java中提供了多种多样的异常类，程序员也可以根据实际问题来定义具有特定含义的异常类，这些自定义异常类必须是Throwable类及其他的子类。在自定义异常类时，如果它所对应的异常事件总是在运行时（runtime）产生，而且不容易预测它在何时、何处发生，可以把这样的类定义为RuntimeException类的子类，否则定义为编译时异常类。

自定义异常类的基本格式符合类的定义格式，一般包含以下几个步骤：

（1）定义一个类，继承自Throwable类或者它的子类，如果可以确定是运行时异常，则继承RuntimeException类；

（2）定义构造方法，并在构造方法通过super关键字完成对父类参数的初始化；

（3）在使用自定义的异常类时，如果是Exception的子类，必须在方法中抛出并在方法头部进行声明。

解决问题7 需求：定义一个人类，包含姓名和年龄两个属性。定义构造方法对这两个属性进行赋值。如果年龄值大于100或者小于0，抛出AgeIllegalException自定义异常类，这个异常类是Exception的子类。

```
class AgeIllegalException extends Exception {                  // 自定义异常类
    public AgeIllegalException() {                             // 定义构造方法
        super() ;
    }
    public AgeIllegalException(String msg) {
        super(msg) ;
    }
}
class Person {
    private String name ;
    private int age ;
    // 在方法头部声明 AgeIllegalException 异常
    public Person(String name , int age) throws AgeIllegalException {
        if(age > 100 || age < 0) {
            throw new AgeIllegalException("年龄值异常 ...") ;   // 生成并抛出异常
        }
        this.name = name ;
        this.age = age ;
    }
    public String toString() {
        return "姓名：" + this.name + "，年龄：" + this.age ;
```

```
    }
}
public class AgeExceptionDemo {
    public static void main(String[] args)          {
        Person p1,p2 ;
        try     {                                   // 捕获 AgeIllegalException 异常
            p1 = new Person(" 小明 ",20) ;          // 小明的年龄符合要求
            System.out.println(p1.toString()) ;
            p2 = new Person(" 小郑 ",110) ;         // 小强的年龄不符合要求
            System.out.println(p2.toString()) ;
        } catch (AgeIllegalException e)     {       // 处理 AgeIllegalException 异常
            e.printStackTrace() ;
        }
    }
}
```

解决问题7的程序运行结果如图5-9所示。

```
姓名：小明，年龄：20
AgeIllegalException: 年龄值异常...
        at Person.<init>(AgeExceptionDemo.java:14)
        at AgeExceptionDemo.main(AgeExceptionDemo.java:31)
```

图 5-9　解决问题 7 的程序运行结果

任务实施

应用实例——模拟电脑故障处理

1. 需求

电脑的故障主要有硬件故障和软件故障，硬件故障需要专业人员进行修理，一般用户无法独自进行处理，软件故障如果是应用软件故障，用户只需要重新启动或者重新安装应用程序即可，故障处理结束，电脑可以继续运行。

2. 分析

硬件故障需要专业人员处理，一旦发生硬件故障，电脑无法运行，因此属于运行时异常（runtime exception）；而应用软件故障，用户自己就可以处理，一台电脑经常运行多个应用软件，所以故障类型不确定且用户自己能处理，属于编译时异常，软件故障处理结束，电脑继续运行。电脑软件运行故障需要使用自定义异常类，这个类是Exception的子类。

3. 代码实现

```
class ComputerException extends Exception {        // 自定义异常类
    public ComputerException(String title) {
        super(title) ;
    }
```

```
}
class Computer {
    public void computerPowerOn() {
        System.out.println("电脑硬件故障，需要专业人员进行修理，运行中断 ...") ;
        throw(new RuntimeException()) ;                    //抛出运行时异常
    }
    public void computerSoftRun(int state) throws ComputerException {
        System.out.println("电脑软件运行 ...") ;
        if(state < 0 ) {                              //用 state 表示状态，小于 0 为异常
            throw(new ComputerException("电脑软件故障 ...")) ;   //抛出编译时异常
        }
    }
    public void close() {
        System.out.println("关闭电脑 ...") ;
    }
    public void run() {
        System.out.println("电脑开机 ...") ;
    }
}
public class ComputerExceptionDemo {
    public static void main(String[] args) {
        Computer computer = new Computer() ;
        System.out.println("------------------------------------------") ;
        computer.run() ;
        try    {
            computer.computerSoftRun(-1) ;         //编译时异常，需要进行捕获并处理
        }
        catch(ComputerException e) {
            System.out.println("产生软件故障，自行处理 ...") ;
        } finally {
            System.out.println("软件故障处理结束，计算机继续运行 ...") ;
        }
        computer.close() ;
        System.out.println("------------------------------------------") ;
        computer.run() ;
        computer.computerPowerOn() ;                //运行时异常，只能中止程序运行
    }
}
```

模拟电脑故障处理的程序运行结果如图5-10所示。

```
电脑开机...
电脑软件运行...
产生软件故障，自行处理...
软件故障处理结束，计算机继续运行...
关闭电脑...
----------------------------------------------
电脑开机...
电脑硬件故障，需要专业人员进行修理，运行中断...
Exception in thread "main" java.lang.RuntimeException
	at Computer.computerPowerOn(ComputerExceptionDemo.java:9)
	at ComputerExceptionDemo.main(ComputerExceptionDemo.java:40)
```

图 5-10 模拟电脑故障处理的程序运行结果

课后实践

1. 编写一个异常类MyException继承自Exception类。编写一个Student类，包含姓名、年龄两个属性，编写带两个参数的构造方法，给姓名、年龄进行赋值，当年龄值小于0或者大于100时，抛出MyException异常。编写一个验证类，在使用Student类实例化对象时，使用try...catch进行异常的捕获。

2. 定义一个长方形类，获取长方形的面积。在计算长方形面积时，要考虑数据的合法性，对可能产生的异常进行捕获和处理，如长方形的长和宽不能取负数。

3. 用程序描述杨老师用计算机讲课，考虑以下两种情况：

（1）电脑蓝屏；

（2）杨老师生病。

提示：计算机蓝屏和杨老师生病都属于异常，其中计算机蓝屏时，杨老师可以进行处理（运行时异常）；而杨老师生病，杨老师自己不能处理（编译时异常）。

任务6 接收不同类型的参数

任务描述

小龙编写一个Java程序处理二维平面的数据，他发现这些数据包含了多个不同的类型，如（10，5）、（2.8、3.5）、（水平20、垂直15）等，只有在具体的应用场景中才能够确定数据的类型，如果针对每一种数据类型都编写一个方法，程序的代码不够精简。有没有办法来解决在使用过程才能够确定的数据类型呢？

职业能力与目标

◎ 理解泛型出现的原因；
◎ 能够定义泛型；
◎ 理解泛型的含义；
◎ 能够利用泛型解决问题。

泛型是Java5及更高版本的新特性，它的本质是把Java中的数据类型指定为参数，从而可以实现数据为“任意类型”，泛型是给编译器使用的一种技术。在创建类、接口和方法的时候可以使用泛型，它们分别称为泛型类、泛型接口、泛型方法。

知识储备

一、认识泛型

“任意数据类型”出现在程序中带来了安全的隐患，特别是在进行数据类型强制下转型时，导致程序运行时异常。Java语言引入泛型机制以后，可以使代码更加精简，程序运行时更加安全。

1. 泛型的引出

（1）问题的引出

下面通过一个实例来说明使用泛型的好处。

解决问题1　使用一对坐标（x，y）表示一个平面。

坐标的类型可以使用以下几种数据：

①整型：$x = 10$，$y = 5$；

②浮点型：$x = 10.2$，$y = 5.5$；

③使用字符串类型：x = "水平坐标为10" , y = "垂直坐标为5" 。

分析：定义类的时候，需要使用不同类型的数据，类中的成员变量x，y无法确定使用哪一种数据类型。之前所学过的知识中，只有Object类可以充当任意类型的数据。

代码如下：

```
class Point {
private Object x ;
    private Object y ;
    public Point(Object x ,Object y) {
        this.x = x ;
        this.y = y ;
    }
    public Object getX() {
        return this.x ;
    }
    public Object getY() {
        return this.y ;
    }
    public String toString() {
        return "( " + this.x.toString() +"," + this.y.toString() + " )" ;
    }
}
public class PointDemo {
    public static void main(String[] args) {
        Point obj1 = new Point(3,4) ;
        Point obj2 = new Point(5.5,10.2) ;
        Point obj3 = new Point("水平坐标为 10", "垂直坐标为 5") ;
        System.out.println(obj1) ;
        System.out.println(obj2) ;
        System.out.println(obj3) ;
    }
}
```

（2）问题的出现

上述代码可以解决“数据是任意类型”的问题，但是存在有安全隐患，如在main()方法中将obj1中的x，y下转型为String：

```
String s1 = (String) obj1.getX() ;
```

在程序编译时不会产生任何错误，但程序运行时会产生java.lang.ClassCastException异常，说明程序代码存在安全隐患。

（3）泛型类的格式

```
class 类名 <泛型符> {
    //类体
}
```

说 明：

①使用“<>”来表示泛型，泛型符可以使用任意的一个大写字母，它的实质是在传递参数；

②在实例化对象的同时，需要明确数据的类型，一旦数据类型明确，在类中使用泛型符定义的数据类型就确定了；

③泛型是给编译器使用的技术，把不安全的因素前置，也就是在编译时而不是运行时才发现问题；

④在使用泛型时，只能使用引用类型的数据。

（4）泛型类的定义与使用

利用泛型对解决问题1进行升级，如解决问题2的程序所示。

解决问题2 定义与使用泛型。

```
class Point <T> {                                              //定义泛型类
    private T x ;                                              //成员变量为泛型
    private T y ;
    public Point(T x ,T y) {
        this.x = x ;
        this.y = y ;
    }
    public T getX() {                                          //返回值为泛型
        return this.x ;
    }
    public T getY() {
        return this.y ;
    }
    public String toString() {
        return "( " + this.x.toString() +"," + this.y.toString() + " )" ;
    }
}
public class PointDemo {
    public static void main(String[] args) {
        Point <Integer> obj1 = new Point<Integer>(3,4) ;          //使用泛型类
        Point <Double> obj2 = new Point<Double>(5.5,10.2) ;
        Point <String> obj3 = new Point<String>("水平坐标为10", "垂直坐标为5") ;
        System.out.println(obj1) ;
        System.out.println(obj2) ;
        System.out.println(obj3) ;
    }
}
```

```
( 3,4 )
( 5.5,10.2 )
( 水平坐标为10,垂直坐标为5 )
```

图 6-1　解决问题 2 的程序运行结果

解决问题2的程序运行结果如图6-1所示。

在定义类的时候使用了泛型，称为泛型类。使用的泛型符号为“<T>”，在程序中定义成员变量的时候使用了泛型符号，表

示成员变量的类型是动态的、不确定的，需要在实例化对象时进行明确。在main()方法中，使用泛型类实例化对象时，指定了泛型符号所代表的数据类型，obj1使用的是Integer、obj2使用的是Double、obj3使用的是String，所以Point类中成员变量类型动态变化。使用参数类型的知识来分析，实例化对象时使用的数据类型为实参，在定义类时使用的参数是形参，因而，泛型的实质是把数据类型当作参数。如果此时在main()方法中加上下列代码：

```
String s = (String) obj1.getX()
```

程序编译后，产生的错误信息如图6-2所示。

```
PointDemo.java:26: 错误: 不兼容的类型: Integer无法转换为String
                String s = (String) obj1.getX() ;
                                             ^
1 个错误
```

图 6-2　使用泛型以后进行下转型时产生的编译错误

解决问题2的程序main()方法中，语句“Point <Integer> obj1 = new Point<Integer>(3,4);”虽然使用了简单数据类型3和4，但实质上这两个数据进行了自动装箱处理。

对于泛型还有两点需要特别说明：

- 如果在使用泛型类的时候，没有指定泛型参数的具体类型，默认为Object类型，但程序在编译时会有警告信息；
- 从JDK1.7开始，可以简化声明泛型。代码如下：

```
语句：Point <Integer> p = new Point<Integer>() ;
可以简化为：Point <Integer> p = new Point< >() ;
```

2. 泛型通配符的应用

使用泛型类型以后，在定义方法时如果要传递的参数是泛型类型，反而会导致程序因为形式参数的局限性而影响程序的扩展性。在Java中提供了通配符“?”来解决这个问题。

（1）使用泛型类型作为形参带来的问题

阅读并理解解决问题3的程序代码。

解决问题3　泛型类型作为形参的局限性。

```
class Message <T> {
    private T msg ;
    public void setMessage (T msg) {
        this.msg = msg ;
    }
    public T getMessage() {
        return this.msg ;
    }
}
public class MessageDemo {
    public static void main(String[] args) {
        Message <String> m1 = new Message <String>() ;
        fun(m1) ;
        System.out.println(m1.getMessage()) ;
        /*
```

```
        这段代码无法使用
        Message <Integer> m2 = new Message <Integer>() ;
        fun(m2) ;
        因为方法 fun() 中的形参使用的泛型类型已经确定为 String
        泛型类型 Integer 无法作为实参传递给形参
        泛型类型也不能重载
        */
    }
    public static void fun(Message <String> temp) {
        temp.setMessage("Hello world !") ;
    }
}
```

程序中黑体字部分是注释，说明了程序中定义的fun()方法使用了String类型的泛型作为形参，如果实参为Integer的泛型，方法fun()不能够使用。否则会产生编译错误信息，如图6-3所示。

```
MessageDemo.java:18: 错误: 不兼容的类型: Message<Integer>无法转换为Message<String>
                fun(m2) ;
                    ^
MessageDemo.java:26: 错误: 找不到符号
                temp.setMessage("Hello world !") ;
                    ^
  符号:   方法 setMessage(String)
  位置: 类型为Message<String>的变量 temp
注: 某些消息已经过简化; 请使用 -Xdiags:verbose 重新编译以获得完整输出
2 个错误
```

图 6-3　泛型类型形参与实参不一致时产生的编译错误

（2）利用通配符解决泛型形参的局限性

Java语言中提供了“？”作为通配符，使用在方法的形参当中，来匹配任意类型的泛型。使用通配符以后，可以对解决问题3进行修改，如解决问题4的程序所示。

解决问题4　方法的形参使用泛型通配符。

```
class Message <T> {
    private T msg ;
    public void setMessage(T msg) {
        this.msg = msg ;
    }
    public T getMessage() {
        return this.msg ;
    }
}
public class MessageDemo1 {
    public static void main(String[] args) {
        Message <String> m1 = new Message <String>() ;
        m1.setMessage("Hello world !") ;
        fun(m1) ;
        /* 使用通配符以后，下列代码可以使用 */
        Message <Integer> m2 = new Message <Integer>() ;
```

```
        m2.setMessage(100) ;
        fun(m2) ;
    }
    public static void fun(Message < ? > temp) {
        System.out.println(temp.getMessage()) ;
    }
}
```

使用通配符作为方法的泛型形参以后，解决问题4的程序虽然能够输出结果，但是，由于fun()方法的形参类型并不确定，所以，在方法中不能够改变类的成员变量的值，只能够读取类的成员变量的值。在解决问题4的fun()方法中，不能够使用Message类的setMessage()方法，但可以使用它的getMessage()方法。

（3）通配符的上限和下限

①通配符的上限。

格式：< ? extends 类名 >

表示指定类及其他的子类可以作为通配符的指定类型。例如，? extends Person，表示Person类或者人类的子类可以作为通配符所表示的值的类型。

②通配符的下限。

格式：< ? super 类名 >

表示指定类及其他的父类可以作为通配符的指定类型。例如，? super Dog，表示Dog类及其他的父类可以作为通配符所表示的值的类型。

指定通配符的上限和下限，在Java的系统类中使用的情况比较多见，读者在学习使用系统类库的时候要能够理解这些基本概念。在实际的代码开发过程中，使用这样的通配符并不多见。

二、泛型接口和泛型方法的应用

在定义类的时候，通配符中参数的数量可以有多个，参数之间使用“，”分隔，如果使用了多个泛型参数，在实例化对象时也需要使用数量相同的实参。在声明类的时候可以使用泛型，同样，在声明接口、方法时也可以使用泛型。

1. 定义泛型接口

在声明接口时使用泛型，当子类实现接口，子类泛型的定义形式有两种：一是子类实现接口时，继续使用泛型；二是子类实现接口时不使用泛型。

（1）子类实现接口时继续使用泛型

阅读并理解解决问题5的程序代码。

解决问题5 子类使用泛型实现泛型接口。

```
interface Fruit <T> {                          // 父类接口使用泛型
    public void eat(T temp) ;
}
class Apple <T> implements Fruit <T> {         // 子类与父类一样使用泛型
    @Override
    public void eat(T temp) {
```

```
            System.out.println(temp) ;
        }
    }
    public class InterfaceDemo {
        public static void main(String[] args) {
            Fruit <String> f = new Apple<String>() ;
                f.eat("吃苹果...") ;
        }
    }
```

程序中定义接口时使用了泛型，接口的子类实现接口时继续使用泛型，需要注意的是，在实例化对象时，子类的泛型参数与接口的泛型参数必须一致。

（2）子类不使用泛型但是为父类明确泛型类型

阅读解决问题6的程序代码，并理解其内涵。

解决问题6 子类为父接口指定泛型类型。

```
interface Fruit <T> {
    public void eat(T temp) ;                    // 父类的接口方法中的形参为泛型
}
class Apple implements Fruit <String> {          // 子类没有使用泛型
    @Override
    public void eat(String temp) {               // 为父类的方法明确了数据类型为 String
        System.out.println(temp) ;
    }
}
public class InterfaceDemo {
    public static void main(String[] args) {
        Fruit <String> f = new Apple() ;
        f.eat("吃苹果...") ;
    }
}
```

程序声明Apple类的时候并没有使用泛型，并且为它的父接口Fruit指定了泛型类型为String。在类中重写接口的方法时，如果方法中使用了泛型类型，这个泛型类型的形参也随之被确定，比如Apple类重写了父接口中的eat()方法。在实例化子类对象时，就不需要使用泛型实参。

3. 定义泛型方法

在解决问题2中定义的“public T getX()”方法便是泛型方法，这个方法定义在泛型类中。在非泛型类中同样可以定义泛型方法。通过一个简单的示例演示泛型方法的定义与使用要求，如解决问题7的程序代码所示。

解决问题7 非泛型类中定义泛型方法。

```
public class InterfaceDemo {
    public static void main(String[] args) {
```

```
        String s = "Hello world !" ;
        System.out.println(fun(s)) ;
        Integer in = 4 ;
        System.out.println(fun(in)) ;
    }
    public static <T> T fun(T temp) {
        return temp ;
    }
}
```

程序中定义了泛型方法fun()，方法的返回值由调用者传递的参数类型决定。

任务实施

应用实例——模拟在书包中装书或者笔记本计算机

1. 需求

书包中只能装书和电脑中的其中一种。

2. 分析

本例中包含有三个对象，分别是书包、书、笔记本计算机。书包中的成员变量不是书对象，就是笔记本计算机对象，因此，成员变量的类型不确定，需要使用泛型。

3. 代码实现

```
class Book {
    private String title ;
    private String publish ;
    public Book(String title ,String publish) {
        this.title = title ;
            this.publish = publish ;
    }
    public String toString() {                   //重写Object类的toString()方法
            return "书名：" + this.title + "，出版社：" + this.publish ;
    }
}
class Computer {
    private String brank ;
    private double price ;
    public Computer(String brank ,double price) {
            this.brank = brank ;
            this.price = price ;
    }
    public String toString() {                   //重写Object类的toString()方法
        return "品牌：" + this.brank + "，价格：" + this.price ;
```

```
        }
    }
    class Bag <T> {                                            // 书包中可以装电脑或者书，使用泛型
        private T name ;
        public Bag(T name) {
            this.name = name ;
        }
        public void getMessage() {
            System.out.println(name.toString()) ;
        }
    }
    public class BagTypeDemo {
        public static void main(String[] args) {
            Book book1 = new Book("党的二十大报告辅导读本" ,"人民出版社") ;
            Book book2 = new Book("之江新语" ,"浙江人民出版社") ;
            Computer computer = new Computer("华为笔记本计算机" ,6500) ;
            Bag <Book> bag1 = new Bag<>(book1) ;          // 使用 Book 实例化对象
            Bag <Computer> bag2 = new Bag<>(computer) ; // 使用 Computer 实例化对象
            Bag <Book> bag3 = new Bag<>(book2) ;
            bag1.getMessage() ;
            System.out.println("-----------------------------------------------") ;
            bag2.getMessage() ;
            System.out.println("-----------------------------------------------") ;
            bag3.getMessage() ;
        }
    }
```

泛型的应用程序运行结果如图6-4所示。

需要注意的是，类Book和类Computer中的toString()方法是重写来自同一个父类中的方法，否则会产生编译错误信息。

```
书名：党的二十大报告辅导读本，出版社：人民出版社
-----------------------------------------------
品牌：华为笔记本计算机，价格：6500.0
-----------------------------------------------
书名：之江新语，出版社：浙江人民出版社
```

图 6-4　泛型的应用程序运行结果

课后实践

1. 定义一个Student类，它包含如下的信息：

（1）包含属性姓名、年龄，还有一个info属性，可以是任意数据类型；

（2）包含speak()方法，能够输出姓名、年龄信息；

（3）info可以是Book类型，也可以MobilePhone类型，可以利用show()方法输出这两个对象的信息；

（4）包含有setInfo()方法，来设置属性info的值。

通过定义测试类，进行验证。

2. 编写一个商场类，这个商场可以存储货物，货物可以是书本、水、书包等任意的商品，商场还可以出售货物，商场的属性可以自行定义。

任务 7 常用 API 和开发工具的使用

任务描述

经过一段时间的学习，小龙发现，如果每一个功能都需要用户自己来编写代码，那么，程序设计的效率就会很低。在Java语言中，有没有一些特定功能的类，例如，程序中经常要处理的日期类型，如果有这些特定的类，如何使用才能够提高程序员开发效率呢？

职业能力与目标

◎ 能够使用特定的API实现指定的功能；

◎ 能够查阅帮助文档，具备一定的学习能力；

◎ 能够使用正则表达式处理字符串，具备规则意识；

◎ 能够配置和使用Eclipse开发工具；

◎ 践行社会主义核心价值观，用红色基因涵养精神。

Java系统提供了大量的类和接口，程序员在实际开发过程中，可以通过使用import引入相关的系统包，来加载需要用到的类，提高开发的效率。java.lang不需要显示加载，这个包是Java的核心包，其他的包都需要显示加载，大多数工具类包含在java.util包中。本任务将会介绍在实际开发过程中经常使用到的实用类。

知识储备

一、时间日期类的使用

在程序开发过程中，经常会涉及与时间、日期相关的操作，Java 17重新改写了部分时间日期API（application programming interface，应用程序接口）。Java语言的Calendar、Date、DateFormat及SimpleDateFormat等类构成了Java标准的日期操作类。

1. 获取当前系统信息

System类是一个很有用的类，提供了一些系统级的属性和方法，在之前的学习过程中，经常使用out成员进行输入操作，如System.out.println()是向屏幕输出内容并换行。System类中所有的属性和方法都静态成员，可以直接通过System类名进行引用。有三个静态属性：in、out、err，分别表示标准输入流（键盘）、标准输出流（显示器）、标准错误流（显示器），System类的常用方法见表7-1。

表 7-1　System 类的常用方法

序　号	方法名称	功　能
1	public static long currentTimeMillis()	返回当前的系统时间，计算标准是当前计算机的时间和 GTM 时间 1970 年 1 月 1 日 0 时 0 分 0 秒的差值，单位是毫秒
2	public static void exit(int status)	退出 Java 虚拟机，参数 status 为非 0 表示强行中退出
3	public static void gc()	垃圾回收器，释放无效的对象所占用的系统资源
4	public static Properties getProperties()	获取系统属性，属性包含两部分内容组成：属性名称 = 属性值。例如，os.name = windows 10 表示操作系统类型是 windows 10。方法的返回值类型为 Properties
5	public static String getProperty(String key)	获取参数 key 指定的属性值，其中 os.name 表示操作系统、user.dir 表示用户工作目录、user.home 表示系统用户的主目录、user.name 表示用户名、java.runtime.version 表示 Java 版本、file.separator 表示系统的路径分隔符
6	public static String setProperty(String key, String value)	设置系统属性值

解决问题1的程序代码演示了System类的常用方法能够实现的功能。

解决问题 1　获取操作系统的信息。

```
import java.util.Properties ;
public class SystemDemo {
    public static void main(String[] args) {
        System.out.println("time = " + System.currentTimeMillis()) ;
        Properties prop = System.getProperties() ;
        System.out.println("user.dir = " + prop.getProperty("user.dir")) ;
        System.out.println("user.home = " + prop.getProperty("user.home")) ;
        System.out.println("os.name = " + prop.getProperty("os.name")) ;
        System.out.println("file.separator = " + prop.getProperty("file.separator")) ;
        System.out.println("java.home = " + prop.getProperty("java.home")) ;
        prop.setProperty("language", "Chinese") ;            // 设置系统属性
        System.out.println("language = " + prop.getProperty("language")) ;
                                                              // 获取新设置的属性
    }
}
```

解决问题1的程序运行结果如图7-1所示，这些系统信息由名称和值两部分组成，例如，os.name是名称，“Windows 10”是它的值。

```
D:\Java21JDK\source\ch7>java  SystemDemo
time = 1702363462885
user.dir = D:\Java21JDK\source\ch7
user.home = C:\Users\huawei
os.name = Windows 11
file.separator = \
java.home = C:\Program Files\Java\jdk-21
language = Chinese
```

图 7-1　解决问题 1 的程序运行结果

视频

System类的演示

2. 获取时间和日期信息

从JDK1.1版本以后，使用Calendar类来获取时间日期，使用DateFormat类来实现时间日期的格式化以及字符串和日期的相互转换。Date类只用来实例化日期对象，它当中的方法已经过时。

（1）Date类

使用Date类可以实例化日期对象，它的两个构造方法：

- public Date()；
- public Date(long date)。

其他的构造方法都已经被废弃。

```
Date d1 = new Date() ;
Date d2 = new Date(System.currentTimeMills()) ;
```

上述代码段都可以获得当前的系统日期，因为Date类重写了toString()方法，可以直接使用System.out.println(d1)输出d1的值。

（2）Calendar类

Calendar类在java.util包中，是一个抽象类。从JDK1.1以后，都使用这个类来处理日期、时间，它的功能比Date类要强大。不能使用new关键字来实例化Calendar类的对象，只能通过它自己的静态方法getInstance()来获得它的实例化对象（单例设计模式）。

```
Calendar c = Calendar.getInstance() ;
```

Calendar类提供的常用静态属性和方法见表7-2。

表 7-2　Calendar 类的常用静态属性和方法

序　号	方法名称	功　能	类　型
1	public static final int DAY_OF_MONTH	表示一个月当中的某一天	属性
2	public static final int DAY_OF_YEAR	表示一年当中的某一天	属性
3	public static final int DAY_OF_WEEK	表示一周当中的某一天	属性
4	public static final int HOUR	表示一天当中的某个小时，以 12 小时制计数	属性
5	public static final int HOUR_OF_DAY	表示一天当中的某个小时，以 24 小时制计数	属性
6	public static final int MINUTE	表示 1 小时当中的某分钟	属性
7	public static final int SECOND	表示某 1 分钟当中的某秒钟	属性
8	public static final int MONTH	表示月份	属性
9	public static final int YEAR	表示年份	属性
10	public int get(int field)	获取给定字段的日历值	方法
11	public static Calendar getInstance()	获得 Calendar 类的实例化对象	方法
12	public void set(int field,int value)	设置指定日历字段的值	方法
13	public final void set(int year,int month,int date)	设置日历字段 YEAR、MONTH 和 DAY_OF_MONTH 的值	方法
14	public final void set(int year,int month,int date,int hourOfDay,int minute)	设置字段 YEAR、MONTH、DAY_OF_MONTH、HOUR、MINUTE 和 SECOND 的值	方法
15	public final void clear()	清除当前日历对象的值	方法

Calendar类中还提供有其他大量的成员变量和方法，需要注意的是，月份的取值范围是0~11。读者可以自行查看帮助文档进行学习。

解决问题2的程序代码通过Date类和Calendar类来获取和设置日期。

解决问题2　获取系统当前的日期信息。

```
import java.util.Calendar ;
import java.util.Date ;
public class DateDemo {
    public static void main(String[] args) {
        //1.Date 类
        Date d1 = new Date() ;
        Date d2 = new Date(System.currentTimeMillis()) ;
        System.out.println("d1 = " + d1) ;
        System.out.println("d2 = " + d2) ;
        //2.Calendar 类
        Calendar c = Calendar.getInstance() ;
        System.out.println(" 日 :" + c.get(Calendar.DAY_OF_MONTH)) ;
        // 获取当前日历对象的天数
        // 获取当前日历对象的月份数，范围 0~11，如果要从 1 开始，必须加上 1
        System.out.println(" 月 :" + (c.get(Calendar.MONTH) + 1)) ;
        System.out.println(" 年 :" + c.get(Calendar.YEAR)) ;
        // 获取当前日历对象的年份
        c.set(2015, 10, 20, 14, 30, 20) ;    // 设置当前日历对象的年、月、日、时、分、秒
        System.out.println(" 修改后的月 :" + c.get(Calendar.MONTH)) ;
        // 获取当前日历对象的月份值
    }
}
```

解决问题2的程序运行结果如图7-2所示。

```
d1 = Sat Jul 29 11:18:06 CST 2023
d2 = Sat Jul 29 11:18:06 CST 2023
日:29
月:7
年:2023
修改后的月:10
```

图 7-2　解决问题 2 的程序运行结果

3. 设定时间和日期的格式

在程序开发过程中，经常需要将日期或者时间转换成指定的文本格式进行输出，或者将文本格式转换成日期或时间格式，DateFormat类可以实现这样的功能。

（1）DateFormat类

DateFormat类是抽象类，继承自Format抽象类。它可以按照与语言无关的方式来格式化并分析时间/日期对象，实现格式化（日期转换成文本）、解析（文本转换成日期）的功能，例如，将日期型对象2023-7-29转换成字符串“2023年7月29日”的方式输出，称为格式化，将字符串“2023/7/29”转换成日期型对象，称为解析。

DateFormat类属于java.text包，它提供了很多的静态方法和多种格式化风格。常用静态成员见表7-3。

表 7-3　DateFormat 类的常用成员

序　号	方法名称	功　能	类　型
1	public static final int FULL	按照 FULL 风格对日期进行格式化	属性
2	public static final int LONG	按照 LONG 风格对日期进行格式化	属性
3	public static final int MEDIUM	按照 MEDIUM 风格对日期进行格式化	属性
4	public static final int SHORT	按照 SHORT 风格对日期进行格式化	属性
5	public static final int DEFAULT	按照默认风格对日期进行格式化，一般为 MEDIUM	属性
6	public static final DateFormat getDateInstance()	获得一个默认风格的日期格式器	方法
7	public static final DateFormat getDateInstance(int style)	获得一个由参数 style 指定格式的格式器	方法
8	public static final DateFormat getDateTimeInstance()	获得一个默认风格的日期 / 时间格式器	方法
9	public static final DateFormat getDateTimeInstance (int dateStyle,int timeStyle)	获得一个由参数 dateStyle 指定日期格式、由参数 timeStyle 指定时间格式的格式器	方法
10	public final String format(Date date)	将日期对象 date 格式化为字符串	方法
11	public Date parse(String source)throws ParseException	将指定的字符串 source 转换成日期格式，如果字符串不符合要求，会产生异常	方法

解决问题3使用DateFormat类的常用方法来设置指定的日期格式。

解决问题 3　设置指定的日期格式。

```
import java.text.DateFormat ;
import java.text.ParseException ;
import java.util.Date ;
public class FormatDemo {
    public static void main(String[] args) {
        Date d = new Date(System.currentTimeMillis()) ; // 实现化日期对象
        DateFormat df = DateFormat.getInstance() ;       // 获得默认格式的格式器
        System.out.println(df.format(d)) ;             // 使用格式器格式化日期对象输出
        df = DateFormat.getDateInstance(DateFormat.FULL) ; // 获得一个 FULL 格式的格式
        System.out.println(df.format(d)) ;
        // 获取指定格式的日期 / 时间格式器
        df = DateFormat.getDateTimeInstance(DateFormat.LONG, DateFormat.LONG) ;
        System.out.println(df.format(d)) ;
    }
}
```

解决问题3的程序运行结果如图7-3所示。

```
2023/7/29 上午11:19
2023年7月29日星期六
2023年7月29日 CST 上午11:19:47
```

图 7-3　解决问题 3 的程序运行结果

（2）SimpleDateFormat类

SimpleDateFormat类是DateFormat类的子类，它提供与语言有关的方式来格式化和解析日期/时间对象，能够将日期对象格式化成字符串，也可以将字符串解析为日期对象，是一个具体类。在进行格式化或解析时，由程序员自行定义格式，用字母A~Z和a~z作为模式字母，见表7-4。

表 7-4　常用模式字母

序　号	字　母	说　　明	序　号	字　母	说　　明
1	y	年，使用 yyyy 表示 4 位数字的年	5	h	小时，用 hh 表示，以 12 小时计算
2	Y	年，使用 YY 表示 2 位数字的年	6	H	小时，表 HH 表示，以 24 小时计算
3	M	月，使用 MM 表示	7	m	分，表示 mm
4	d	天，用 dd 表示 2 位数字的天，月当中的天	8	s	秒，表示 ss

使用SimpleDateFormat格式器格提供有一个applyPattern()方法，用来指定格式器的风格，例如，按照2023年8月10日的格式显示，可以设置为applyPattern("yyyy年MM月dd日")。如解决问题4的程序代码所示。

解决问题4　利用SimpleDateFormat常用方法将日期和时间设置为指定的格式。

```
import java.text.DateFormat ;
import java.text.ParseException ;
import java.text.SimpleDateFormat ;
import java.util.Date ;
public class SimpleFormatDemo {
    public static void main(String[] args) {
        //1. 格式化
        Date d1 = new Date(System.currentTimeMillis()) ;
        SimpleDateFormat sdf = new SimpleDateFormat() ;
        sdf.applyPattern("yyyy-MM-dd HH:mm:ss") ;          //设置指定的日期/时间格式
        System.out.println(sdf.format(d1)) ;               //格式化日期/时间
        //2. 解析
        String date = "2023-8-10 12:30:00" ;               //设置时间字符串
        try {
            sdf.applyPattern("yyyy-MM-dd HH:mm:ss") ;      //设置日期/时间格式
            Date d2 = sdf.parse(date) ;                    //解析，将字符串转换成日期
            DateFormat df = DateFormat.getDateTimeInstance(DateFormat.LONG,
DateFormat.LONG) ;
            System.out.println(df.format(d2)) ;
        } catch (ParseException e) {
            e.printStackTrace() ;
        }
    }
}
```

解决问题4的程序运行结果如图7-4所示。

```
2023-10-04 17:46:21
2023年8月10日 CST 下午12:30:00
```

图 7-4　解决问题 4 的程序运行结果

二、认识数学函数类

Java提供了用来进行数学运算的类，例如，Math类，它封装了一些数学中的函数和常量，Random类可以用来产生伪随机数。下面对这两个类进行简单介绍。

1. Math 类的使用

Math类属于java.lang包，是标准的数学类，它当中的所有方法和属性都是静态的，可以通过类名直接使用，它的常用静态方法和常量见表7-5。

表 7-5　Math 类的常用成员

序　号	方法名称	功　　能	类　型
1	public static final double E	表示自然对数的底数 e 的 double 类型值	属性
2	public static final double PI	表示圆周率 π 的 double 类型值	属性
3	public static double abs(double a)	求 *a* 的绝对值，提供有大量的重载方法，可以求任意数值类型的数的绝对值	方法
4	public static double acos(double a)	求 *a* 的反余弦值	方法
5	public static double asin(double a)	求 *a* 的反正弦值	方法
6	public static double ceil(double a)	获得大于或等于 *a* 的最小整数	方法
7	public static double floor(double a)	获得小于或等于 *a* 的最大整数	方法
8	public static double sin(double a)	求 *a* 的正弦值	方法
9	public static double cos(double a)	求 *a* 的余弦值	方法
10	public static double log(double a)	求 *a* 的自然对数	方法
11	public static double pow(double a,double b)	求 *a* 的 *b* 次幂	方法
12	public static double sqrt(double a)	求 *a* 的平方根	方法
13	public static double max(double a,double b)	求 *a* 和 *b* 的较大者	方法
14	public static double min(double a,double b)	求 *a* 和 *b* 的较小者	方法
15	public static double random()	产生大于等于 0 且小于 1 的随机数	方法

解决问题 5　Math类的常用成员的使用。

```
public class MathDemo {
    public static void main(String[] args) {
        System.out.println("e 的值: " + Math.E) ;
        System.out.println(" 圆周率的值: " + Math.PI) ;
        System.out.println("25 的平方根: " + Math.sqrt(25)) ;
        System.out.println("2 的 3 次方: " + Math.pow(2, 3)) ;
        System.out.println(" 大于 4.5 的最小整数: " + Math.ceil(4.5)) ;
        System.out.println(" 小于 -2.5 的最大整数 :" + Math.floor(-2.5)) ;
        System.out.println(" 取 3.5 和 8.0 的较大者: " + Math.max(3.5, 8.0)) ;
        System.out.println(" 生成 0~1 的随机数: " + Math.random()) ;
```

```
        System.out.println(" 生成 1~100 以内的整数：" + (int)(Math.random()*100)) ;
    }
}
```

解决问题5的程序运行结果如图7-5所示。

```
e的值：2.718281828459045
圆周率的值：3.141592653589793
25的平方根：5.0
2的3次方：8.0
大于4.5的最小整数：5.0
小于-2.5的最大整数:-3.0
取3.5和8.0的较大者：8.0
生成0~1的随机数：0.8546871155248147
生成1~100以内的整数：88
```

图 7-5　解决问题 5 的程序运行结果

2. Random 类的使用

Random类属于java.util包，它是伪随机数生成器。伪随机数指的是简单均匀分布的序列。Random类不但可以随机生成double型的值，也可以随机生成整型、布尔型的值。它的构造方法和普通方法见表7-6。

表 7-6　Random 类的常用方法

序　号	方法名称	功　　能	类　型
1	public Random()	以系统当前时间为初始值实例化一个随机数产生器	构造方法
2	public Random(long seed)	以指定的参数 seed 值为初始值实例化一个随机数产生器	构造方法
3	public boolean nextBoolean()	随机生成一个布尔型的值	普通方法
4	public float nextFloat()	随机生成一个 float 型的值	普通方法
5	public double nextDouble()	随机生成一个 double 型的值	普通方法
6	public long nextLong()	随机生成一个长整型的值	普通方法
7	public int nextInt(int n)	随机生成一个 0~*n* 的整型值	普通方法
8	public void setSeed(long seed)	修改随机数生成器的种子	普通方法

解决问题6　Random类的常用方法的使用。

```
import java.util.Random ;
public class RandomDemo {
    public static void main(String[] args) {
        Random r = new Random() ;
        System.out.println(" 随机生成布尔型值：" + r.nextBoolean()) ;
        System.out.println(" 随机生成 0~100 的整数：" + r.nextInt(100)) ;
        System.out.println(" 随机生成 10 以内 double 型值：" + r.nextDouble() * 10) ;
    }
}
```

解决问题6的程序运行结果如图7-6所示。

```
随机生成布尔型值：true
随机生成0~100的整数：30
随机生成10以内double型值：8.990164935780495
```

图 7-6　解决问题 6 的程序运行结果

三、正则表达式的应用

在程序开发过程中，经常会遇到字符串的处理问题，例如，在一个网站注册时，需要判断一个字符串是不是手机号码，注册的邮箱是否符合邮箱的格式要求。这些情况如果都需要程序单独进行处理，就会影响开发的效率。正则表达式是解决这类问题的重要技术手段，Java语言同样提供对正则表达式的支持。

1. 认识正则表达式

正则表达式是对字符串操作的一种逻辑公式，是用事先定义好的一些特定字符、及这些特定字符的组合，组成一个“规则字符串”，这个“规则字符串”用来表达对字符串的一种过滤逻辑。所以正则表达式又称规则表达式。在计算机领域最早使用正则表达式的是UNIX之父Ken Thompson。

正则表达式的两个主要特点：

（1）灵活性、逻辑性和功能性非常的强；

（2）可以迅速地用极简单的方式达到字符串的复杂控制。

利用正则表达式对字符串进行筛选、匹配，可以实现字符串快速查找功能，从而大大提高开发的速度。

解决问题7 判断一个字符串是否是QQ号码。

分析：

（1）QQ号码的长度一般在4～11位数；

（2）QQ号码的每一位都是数字型字符；

（3）QQ号码不能以字符“0”开头。

代码如下：

```
public static boolean isQQ(String qq) {
    if(qq.length()<4 || qq.length()>11) {
        return false ;
    }
    if(qq.startsWith("0")) {
        return false ;
    }
    for(int i = 0 ; i < qq.length() ; i ++) {
        if(qq.charAt(i) <= '0' || qq.charAt(i) >='9') {
            return false ;
        }
    }
    return true ;
}
```

上述代码能够实现判断一个字符串是否是QQ号码，如果程序中遇到很多情况都需要对字符串进行筛选，就会大大降低开发效率。可以使用正则表达式对上述代码进行改造：

```
public static boolean isQQ(String qq) {
    String regex = "[1-9]\\d{3,10}" ;
    if(qq.matches(regex)) {
        return true ;
    }
    return false ;
}
```

从两段代码可以看出，使用正则表达式对字符串进行匹配，可以大大减少代码的冗余度，提高开发效率。

正则表达式实际上也是字符串，由一些普通字符和一些元字符（metacharacters）组成，用来描述在查找文本主体时待匹配的规则。普通字符包括大小写的字母和数字，而元字符则具有特殊的含义。要用好正则表达式，必须正确地理解元字符。

2. 认识正则表达式的标记

正则表达式的标记是正则表达式的基本构成元素，只有在掌握标记的前提下，才能够正确理解正则表达式的含义。

（1）元字符

元字符指的是具有特殊含义的字符。正则表达式中的元字符包括：（、[、{、\、^、-、$、|、}、]、）、?、*、.、+。

（2）单个字符集

以“[ ]”括起来的一组字符，进行匹配时，当且仅当符合其中的任意一位时，表示匹配成功，见表7-7。

表 7-7　匹配任意一位字符的字符集

序　号	例　子	功　能
1	[abc]	表示可能是字符 a，或者是字符 b，或者是字符 c 当中的任意一位
2	[^abc]	表示除了 a、b、c 以外任意一位字符
3	[a~z]	代表任意一位小写字母
4	[a-zA-Z]	表示任意一位字母，不区分大小写
5	[0~9]	表示任意一位数字

（3）预定义字符集

正则表达式有许多有用的预定义字符，提供了常用正则表达的简写形式，常用预定义字符见表7-8。

表 7-8　常用预定义字符

序　号	预定义字符	含　义	序　号	预定义字符	含　义
1	.	代表任意的字符	5	\S	代表非空白字符，等价 [^\s]
2	\d	代表任意的数字字符，等价 [0-9]	6	\w	等价于 [a~zA~Z_0-9]，表示任意的字母、数字、下划线
3	\D	代表任意的非数字字符，等价 [^0-9]	7	\W	等价于 [^a~zA~Z_0-9]，不是字母、数字、下划线
4	\s	代表空白字符，等价 [\t\n\f\r\xoB]			

（4）数量表达式

表7-7和表7-8中的字符集，都只能表示一位匹配的字符，如果要表示多个字符，必须要加上数量表达式。数量表达式的常用量词见表7-9。

表 7-9 常用量词

序 号	预定义字符	含 义	序 号	预定义字符	含 义
1	?	表示出现 0 次或者 1 次	4	{n}	精确表示出现 *n* 次
2	*	表示出现 0 次或者多次	5	{m,n}	最少出现 *m* 次，最多出现 *n* 次
3	+	表示出现 1 次或者多次	6	{n,}	最少出现 *n* 次

下面通过几个实例来说明正则表达式的初步应用。

① [abc].{6}：表示字母a、b、c中的任意一个字母开头，后面有6位任意的字符；

② \d{5,10}：表示数字型字符，最少有5位，最多有10位；

③ \w+：表示任意多个字符，这些字符可以是字母、数字、下划线；

④ .*xy{2}.*：表示字符串以任意多个字符开头，任意多个字符结束，但字符串中包含字符x且它后面有2个y。

（5）边界匹配字符

可以通过边界匹配字符，来精确寻找某一类需要的字符串，比如以"Hello"开始的字符串。边界匹配字符主要掌握以下两个，主要在JavaScript中使用。

- ^：表示开始的位置；
- $：表示结束的位置。

注 意：

在“[ ]”当中的“^”含义和在外的含义是不相同的。

（6）逻辑运算

可以把多个正则表达式通过逻辑运算串接起来，组成复杂的正则表达式，逻辑运算的类型包含在表7-10当中，其中的“*X*”和“*Y*”代表不同的正则表达式。

表 7-10 逻辑运算

序 号	预定义字符	含 义
1	XY	表示满足正则表达式 *X*, 还要满足正则表达式 *Y*
2	X | Y	正则表达式 *X* 和正则表达式 *Y* 满足其中之一即可
3	（X）	可以将正则表达式封装成为组，每个组自动编号，编号从 1 开始。可以直接使用编号来调用指定的组，如“(.)\\1”表示复用组号为 1 的正则表达式

3. 正则表达式在 String 中的使用

正则表达式实质是一组用来表示规则的字符串，它是针对字符串的一种技术，包括对字符串的匹配、切割、替换字符串。String类提供了对应的方法来实现这些功能，matchs()方法可以实现字符串匹配的功能，split()方法可以实现切割的功能，replaceAll()可以实现替换的功能。

（1）匹配字符串

匹配字符串指的是判断给定的字符串是否满足正则表达式，如果满足返回true，如果不满足返回false。

解决问题8 判断一个字符串是否是手机号码。

分析：

（1）手机号码的长度为11位；

（2）手机号码的字符全都是数字型字符；

（3）手机号码的第一位都是1；

（4）手机号码的第2位有3、4、5、7、8、9。

根据上面的分析结果，得出正则表达式：[1][345789]\\d{9}。

代码如下：

```
public class MatchDemo {
    public static void main(String[] args) {
    // 判断一个字符串是否是手机号码
    String phoneNum1 = "18007721100" ;      // 手机号码
    String phoneNum2 = "133002212223" ;     // 长度不符合要求的号码
    String phoneNum3 = "00212234344" ;      // 不是 1 开头的号码
    isPhoneNumber(phoneNum1) ;
    isPhoneNumber(phoneNum2) ;
    isPhoneNumber(phoneNum3) ;
    }

    public static void isPhoneNumber(String phoneNum) {
    // 设置正则表达式，第一位为 1，第二位为 345789 中的 1 位，剩余的 9 位为任意的数字
    String regex = "[1][345789]\\d{9}" ;
    if(phoneNum.matches(regex)) {
        System.out.println(phoneNum + "is phone Number...") ;
    } else {
        System.out.println(phoneNum + "is not phone Number...") ;
    }
    }
}
```

解决问题8的程序运行结果如图7-7所示。

```
18007721100 is phone Number...
133002212223 is not phone Number...
00212234344 is not phone Number...
```

图 7-7 解决问题 8 的程序运行结果

（2）切割字符串

如果有一篇英语文章，需要把单词全部分隔出来，就需要用到字符串的分隔功能。例如，将字符串“Hello world”分割出来，可以使用下面的代码段：

```
String regex = "␣" ;              // "␣"代表空格
String sentence = "Hello world" ;
String []words = sentence.split(regex) ;
```

在上述代码段中，正则表达式就是空字符串，使用split()方法可以将字符串利用正则表达式分隔成字符串数组。但是，在实际应用中，单词的区分形式往往不是单一的，例如，出现两个以上的空格，

或者使用逗号、句点号分隔，正则表达式的书写就更复杂。

解决问题9 将句子按照规定的要求分隔，分隔符有可能是一个以上的空格，也有可能是状态的逗号、句号等。

设计正则表达式：“[␣，；。]+”。

```
public class SplitDemo {
    public static void main(String[] args) {
        String sentence = "坚持真理，坚守理想；践行初心，担当使命；不怕牺牲，英勇斗争 ；对党忠诚，不负人民。" ;
        String regex = "[ ，；。]+" ;                    // 正则表达式，可以是中文符号
        String []words = sentence.split(regex) ;  // 利用正则表达式分割单词
        System.out.println("总共有" + words.length + "个成语...") ;
        System.out.println("伟大建党精神：") ;
        for(int i = 0 ; i < words.length ; i ++) {
            if((i + 1) % 2 == 0) {                    // 五个单词为一组，换行
                System.out.println(words[i] + "；") ;
            } else {
            System.out.print(words[i] + "，") ;
            }
        }
    }
}
```

解决问题9的程序运行结果如图7-8所示。

```
总共有8个成语...
伟大建党精神：
坚持真理，坚守理想；
践行初心，担当使命；
不怕牺牲，英勇斗争；
对党忠诚，不负人民；
```

图 7-8　解决问题 9 的程序运行结果

（3）字符串的替换

如果出现有字符串"122333444455555666666"，需要将它替换成"123456"，实质上就是把字符串中重叠的字符替换成1个当前字符，这样的字符称为叠词。正则表达式对叠词进行处理，需要用到正则表达式“组技术”。正则表达式的组技术是指使用一对“（）”括起来的正则表达式，每一个组都有一个自动的编号，是从1开始依次编号。可以通过组的编号来调用正则表达式中指定的组，称为组复用技术。例如，“（.）\\1”表示将任意的一个字符封装成正则表达式的组，后面的正则表达式调用组号为1的正则表达式组，也就是后面的字符与组号为1的正则表达式相同。正则表达式的组可以嵌套，组编号从最左边的左括号开始，依次进行编号，如“((a)(b(c)))”，组号有4个，对照表见表7-11。

表 7-11　正则表达式组号识别表

组号	正则表达式
1	((a)(b(c)))
2	(a)
3	(b(c))
4	(c)

注　意：

使用组编号调用正则表达式的组，需要对组编号进行转义，例如，编号为1的组，在进行调用时，应当写成“\\1”。

使用正则表达式对字符串进行替换的方法是replaceAll(regex,str)，其中的regex参数是正则表达式，str是字符串，且str不能使用正则表达式。如果被替换的字符串是正则表达式中的当前字符，可以使用"$"符号加上正则表达式"组号"的方式来表示。例如，replaceAll("(.)\\1"，"$1")，表示将使用组号为1的当前字符替换符合正则表达式的字符。

解决问题10 需求：

（1）将电话号码中间4位数字隐藏成"****"；

（2）将字符串"1223334444555556666"替换成"123456"；

（3）将字符串"121212334341212444545125"替换成"35"；

（4）将字符串"Hello 520 world 8888990"中的数字替换成"*"。

分析：

（1）电话号码由11位构成，正则表达式"(\\d{3})(\\d{4})(\\d{4})"可以将电话号码使用"组技术"将它们封装成3个组，进行替换操作时，第1组和第3组不变，第2组替换成"*"，方法可以写成：replaceAll("(\\d{3})(\\d{4})(\\d{4})", "$1****$3")；

（2）将字符串中的叠词去掉，变成没有重复字符的字符串，由于重复的字符是任意字符，所以正则表达式为"(.)\\1+"，调用组号为1的正则表达式，替换功能可以写成：replaceAll("(.)\\1+", "$1")，"$1"表示使用正则表达式组号为1的字符替换当前字符；

（3）实现将字符串中重复出现的字符删除，处理方法与叠词处理方法相同，但需要组嵌套技术，正则表达式 为"((.)(.))\\1"，表示任意两个字符有规律地重复出现，删除的方法可以使用replaceAll("((.)(.))\\1"，"")；

（4）任意的数字出现至少1次，正则表达式为"\\d{1,}"，使用replaceAll("\\d{1,}", "*")。

代码如下：

```
public class SplitDemo {
    public static void main(String[] args) {
        //1.替换电话号码中间 4 位
        String s = "13877010011" ;
        String r = "(\\d{3})(\\d{4})(\\d{4})" ;
        s = s.replaceAll(r,"$1****$3") ;
        System.out.println(s) ;
        //2.去掉叠词，如果是重复的字符只保留 1 位
        s = "122233444555666" ;
        r = "(.)\\1+" ;
        s = s.replaceAll(r, "$1") ;
        System.out.println(s) ;
        //3.去掉由任意 2 个字符组成的叠词
        s = "1212334343454545" ;
        r = v((.)(.))\\1+" ;
        s = s.replaceAll(r, "") ;
        System.out.println(s) ;
        //4.隐藏一个句子当中的数字
```

```
        s = "Hello 520 world 1389900" ;
        r = "\\d{1,}" ;
        s = s.replaceAll(r, "*") ;
        System.out.println(s) ;
    }
}
```

解决问题10的程序运行结果如图7-9所示。

```
138****0011
123456
35
Hello * world *
```

图 7-9　解决问题 10 的程序运行结果

4. Pattern 类和 Matcher 类的使用

从Java1.4开始，Java核心API引入了java.util.regex包，这个包中有两个类，分别是：

Pattern类：定义了正则表达式的标识，能够编译正则表达式；

Matcher类：利用Pattern类编译的正则表达式对字符串进行匹配。

这两个类中的常用方法见表7-12。

表 7-12　Pattern 类和 Matcher 类的常用方法

序　号	预定义字符	含　　义	所　属　类
1	public static Pattern compile(String regex)	静态方法，编译正则表达式	Pattern 类
2	public String[] split(CharSequence input)	利用编译过的正则表达式拆分字符串 input	Pattern 类
3	public Matcher matcher(CharSequence input)	利用编译过的正则表达式去匹配字符串 input，返回一个 Matcher 实例对象	Pattern 类
4	public boolean matches()	判断当前 Matcher 对象是否满足匹配的要求，如果满足则返回 true	Matcher 类

解决问题 11　使用Pattern类拆分字符串"a1b22c333d4444e55555"。

```
import java.util.Arrays ;
import java.util.regex.Pattern ;
public class PatternDemo {
    public static void main(String[] args) {
    String s = "a1b22c333d4444e55555" ;          // 要拆分的字符串
    String regex = "\\d+" ;                       // 正则表达式
    Pattern pattern = Pattern.compile(regex) ;    // 编译正则表达式，获得 Pattern 实例对象
    String []words = pattern.split(s) ;           //Pattern 类的实例对象拆分字符串 s
    System.out.println(Arrays.toString(words)) ;  // 使用 Arrays 类输出数组元素
    }
}
```

解决问题11的程序运行结果略。

解决问题 12　使用Matcher类判断字符串“13800111100”是否是电话号码。

```
import java.util.regex.Matcher ;
import java.util.regex.Pattern ;
```

```
public class MatcherDemo {
    public static void main(String[] args) {
        String s = "13800111100" ;
        String regex = "[1][34578]\\d{9}" ;        // 正则表达式
        Pattern pattern = Pattern.compile(regex) ; // 编译正则表达式
        // 利用 pattern 对象去匹配 s，并返回一个 Matcher 实例对象
        Matcher matcher = pattern.matcher(s) ;
        System.out.println(matcher.matches()) ;   // 利用 Matcher 实例对象获取匹配结果
    }
}
```

解决问题12的程序运行结果略。

由于字符串String类已经提供了对正则表达式的支持，使用Patter类和Matcher类的情况比较少，除非要用到非常复杂的正则表达式。

四、比较器的应用

Comparable接口和Comparator接口称为比较器，实现了比较器接口的类，可以使用Arrays类中的sort()方法对实例化对象进行排序。

1. Comparable 接口的应用

如果要对实现了Comparable接口的对象数组进行排序，可以直接使用Arrays类中的sort()方法。在Comparable接口中只包含有一个compareTo()方法，实现Comparable接口的类必须重写这个方法，制定排序的规则。comparaeTo()方法利用返回值表示大小关系，如果当前对象大于、等于、小于指定的对象，分别返回正整数、0、负整数。

解决问题 13 使用Arrays对Book类的实例化对象按照价格进行升序。

分析：

（1）Book类必须实现Comparable接口，重写compareTo()方法；

（2）compareTo()方法要对两个对象的价格进行比较，按照价格由低到高的顺序排列，如果当前对象的价格大于指定对象价格，返回1；如果相等，返回0；如果小于指定对象的价格，返回-1；

（3）实例化Book类的对象数组，使用Arrays.sort()方法对数组按照指定的规则进行排序。

代码如下：

```
import java.util.Arrays ;
class Book implements Comparable {          // 实现 Comparable 接口
    private String name ;
    private double price ;
    private String publish ;
    public Book(String name,double price,String publish) {
        this.name = name ;
        this.price = price ;
        this.publish = publish ;
    }
```

```
    public int compareTo(Object obj) {        // 重写 Comparable 接口中的 compareTo() 方法
        Book b = null ;
        if(obj instanceof Book) {             // 判断指定的数据类型是否与当前数据类型一致
            b = (Book)obj ;
        }
        if(b == null) {                       // 指定的数据类型与当前类型不一致，抛出异常
            throw new RuntimeException( "数据类型不一致 ..." ) ;
        }
        if(this.price > b.price) {            // 当前对象的价格大于指定对象的价格，返回 1
            return 1 ;
        } else if(this.price == b.price) {   // 当前对象价格等于指定对象的价格，返回 0
            return 0 ;
        } else {                              // 当前对象的价格小于指定对象的价格，返回 -1
            return -1 ;
        }
    }
    public String toString() {
        return "书名 :" + this.name +  ", 价格 :" + this.price + ", 出版社 :"
+ this.publish ;
    }
}
public class ComparableDemo {
    public static void main(String[] args) {
        Book[] b = {new Book("铁路红色基因",28,"中国铁道出版社"),new Book("铁路红色
故事",28,"中国铁道出版社"),new Book("大国速度 中国高铁崛起之路",42,"湖南科学技术版社")} ;
        Arrays.sort(b) ;
        System.out.println(Arrays.toString(b)) ;
    }
}
```

解决问题13的程序运行结果如图7-10所示。

```
[书名:铁路红色基因,价格:28.0,出版社:中国铁道出版社, 书名:铁路红色故事,价格:28.0,出版社:中国铁道出版社,
 书名:大国速度 中国高铁崛起之路,价格:42.0,出版社:湖南科学技术版社]
```

图 7-10　解决问题 13 的程序运行结果

如果将要改为降序排列，只需要修改compareTo()方法中的返回值即可。

2. Comparator 接口的应用

没有实现Comparable接口的类，要使用Arrays类中的sort()方法按照指定的规则进行排序，可以通过定义Comparator比较器来实现。Comparator接口的这一特性，可以对已经开发完成的类提供了实例化对象数组排序的方法。Comparator接口中也只包含有一个方法compare()，它是利用返回值来表示大小关系，分别用1、0和-1来表示大于、等于和小于。compare()方法的格式如下：

```
public int compare(T o1,T o2)
```

它包含有两个参数，分别用来表示需要比较的两个对象，比较的规则必须在该方法中实现。一般情况下，实现Comparator接口的类只有一个重写的compare()方法。

解决问题 14 实现Comparator接口，使用Arrays类中的sort()方法对Person类按年龄升序排列。

```
import java.util.Arrays ;
import java.util.Comparator ;
class Person {                          // 比较的对象所属的类没有实现 Comparable 接口
    private String name ;
    private int age ;
    public Person(String name,int age) {
        this.name = name ;
        this.age = age ;
    }
    public int getAge() {
        return this.age ;
    }
    public void setAge(int age) {
        this.age = age ;
    }
    public String toString() {
        return "姓名: " + this.name + ", 年龄: " + this.age ;
    }
}
class PersonComparator implements Comparator<Person> { // 定义一个独立的比较器
    @Override
    public int compare(Person p1,Person p2) {
        if(p1 == null || p2 == null) {                  // 如果数据类型不一致，抛出异常
            throw new RuntimeException("数据类型不一致 ...") ;
        }
         if(p1.getAge() > p2.getAge()) {                // 定义比较的规则
            return 1 ;
        } else if(p1.getAge() == p2.getAge()) {
            return 0 ;
        } else {
            return -1 ;
        }
    }
}
public class ComparatorDemo {
    public static void main(String[] args) {
        Person[] p = {new Person("李白",20),new Person("杜甫",22),
                      new Person("李清照",18),new Person("辛弃疾",19)} ;
```

```
        Arrays.sort(p, new PersonComparator()) ;   //使用指定的规则将对象数组进行排序
        System.out.println(Arrays.toString(p)) ;
    }
}
```

解决问题14的程序运行结果如图7-11所示。

```
[姓名：李清照,年龄：18, 姓名：辛弃疾,年龄：19, 姓名：李白,年龄：20, 姓名：杜甫,年龄：22]
```

图 7-11　解决问题 14 的程序运行结果

如果使用Comparator作为比较器，它的实现过程稍微复杂一些，一方面需要单独定义一个类实现Comparator接口，另一方面在使用Arrays.sort()进行比较时，需要指定比较的规则。

任务实施

一、配置 Java 集成开发工具

Eclipse最早是由IBM开发，现在已经送给Eclipse公司，进行开源项目的推广。所以Eclipse是一个开源、绿色的开发工具，是当前最流行的开发工具之一。要下载Eclipse开发工具，可以去官网下载适合自己操作系统的版本，下载以后找到安装包双击，将Eclipse安装到本地计算机。Eclipse每年都会有新的版本发布。还有一个常用的Java开发工具是IntelliJ IDEA，读者可以自行去学习使用。

1. 认识 Eclipse

运行Eclipse以后，首先需要建立一个Eclipse的工作区，所有的Java项目都存储在工作区中，每一个工作区都有独立的工作界面。Eclipse工作界面，如图7-12所示。

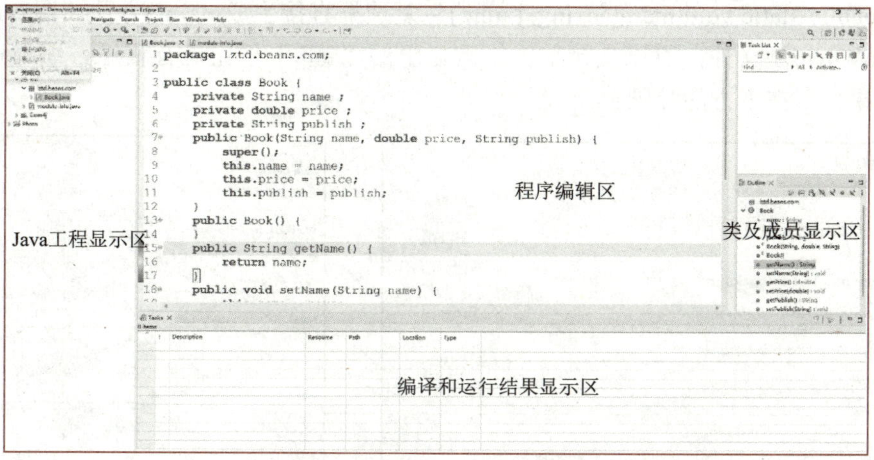

图 7-12　Eclipse 工作界面

用户还可以根据个人的喜好来打开/关闭某个区域，每次新建一个工作区，都会恢复默认的显示区域，也可以通过菜单“Window→Show View”开启其他的信息显示功能，显示区的位置可以任意调整。

2. Eclipse 的基本使用方法

视频

Eclipse的基本使用方法

可以通过单击菜单栏的“File→New”选项来新建一个Java项目，或者使用工具栏中的“ ”按钮打开新建对话框，项目是以文件夹的形式存在，如图7-13所示。

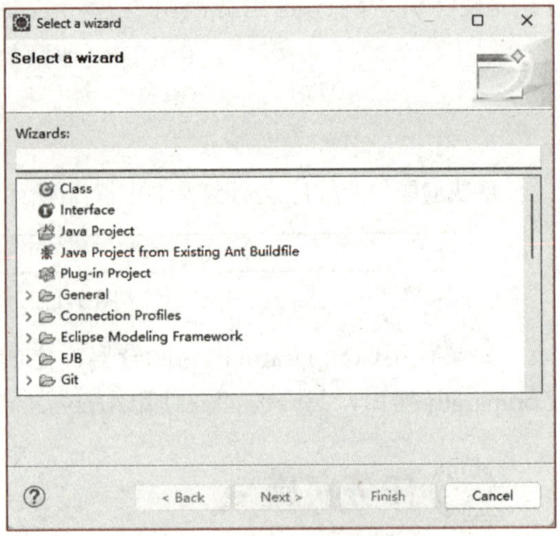

图 7-13　新建工程对话框

选择Java Project，单击“Next”按钮，打开“New Java Project”对话框，在该对话框的“Project Name”栏中输入项目的名称，单击“Finish”按钮，即可创建一个新的工程，新建工程的界面结构和图7-12相同。

新建项目完成以后，通过资源管理器可以找到Java工程（实际上是文件夹），在该文件夹中有两个子文件夹，如图7-14所示，每一个工程创建以后，都会生成这两个文件夹：

- bin：保存Eclipse自动编译生成的字节码文件；
- src：保存Java源文件。

图 7-14　工程在资源管理器中显示的内容

在Eclipse中，通过右击 src 图标来新建包、类，一般情况下，在Eclipse中创建类之前，都要先创建一个包，便于对类进行管理，如图7-15所示。

右击工程中的 lztd.com 图标，选择“New”→“Class”，打开“New Java Class”对话框，如图7-16所示。在对话框Name栏中输入类的名称，通过对话框，可以输入选择权限public复选框，也可以直接通过“public static void main(String[] agrs)”复选框直接生成main()方法。图7-17是Eclipse自动生成的HelloWorld源文件，可以直接单击工具栏中的“ ”按钮运行程序，编译过程是Eclipse自动完成，结果显示在下方的控制台。

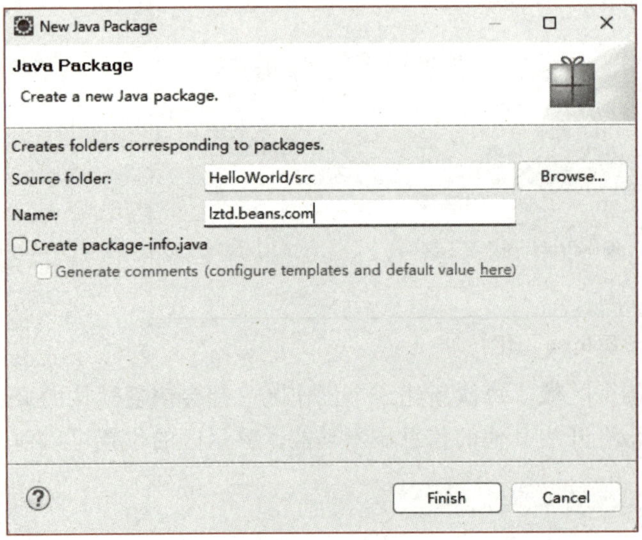

图 7-15　新建包

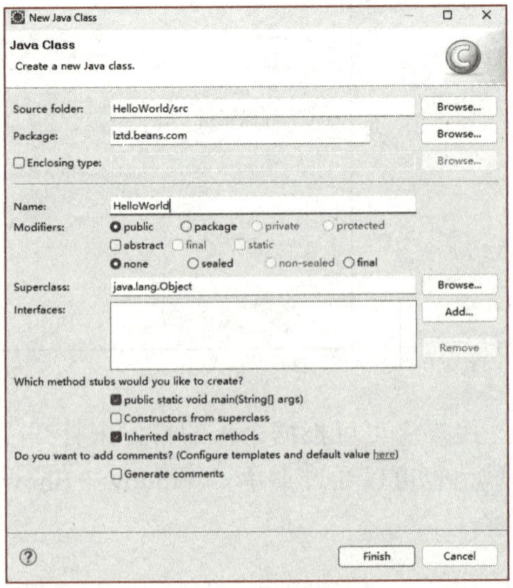

图 7-16　创建 Java 类

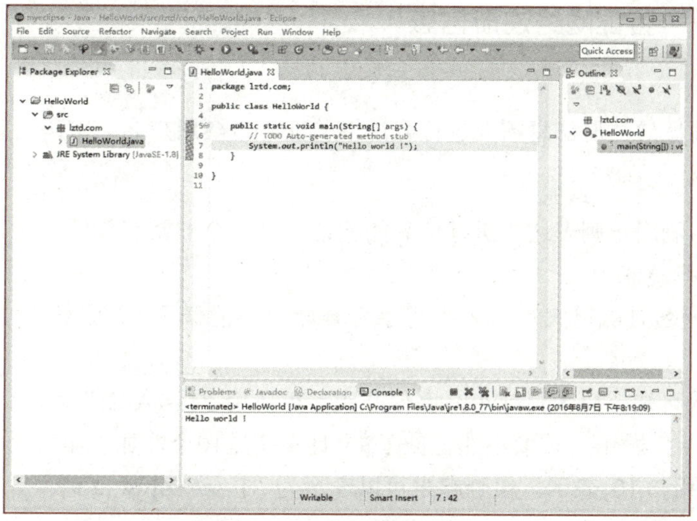

图 7-17　源文件编写和运行

如果要导入当前Java工程以外的包，需要右击“JRE System Library”选项，选择“Build Path→Configure Build Path”，按照步骤完成配置。

3. Eclipse 的快捷功能

Eclipse是一个高效的开发工具，它提供了一些快捷键，可以有效提高程序的开发效率，Eclipse常用快捷键见表7-13。

表 7-13　Eclipse 常用快捷键

序　号	快　捷　键	功　　能
1	Alt + /	内容辅助，如输入 syso 之后，使用该快捷键可以自动选中 System.out.println() 方法
2	Ctrl + 1	光标出现在小红“×”位置，使用该快捷键可以提供解决方案（对于大红“×”，表示有严重的语法错误）；当光标出现在标识符位置时，使用该快捷键可以对程序中的标识符进行批量修改
3	Ctrl + Shift + O	可以一次性导入程序中所需要使用的包，相当于多次使用 import 逐个导入包
4	Ctrl + Alt + ↑	将当前行向上进行复制，同理“Ctrl + Alt + ↓”可以将当前行向下进行复制
5	Alt + ↑	将当前行向上移动，同理“Alt + ↓”可以将当前行向下进行移动
6	Ctrl + /	将当前行进行注释
7	Ctrl + Shift + /	将选中的多行进行注释
8	Ctrl + Shift + \	将选中的多行注释取消
9	Ctrl + D	删除当前行
10	Ctrl + Shift +F	将选中的行按照当前语句块的格式进行统一对齐

需要特别注意的是，这些快捷键有时需要在英文输入法状态下才有效。使用Eclipse可以提高软件开发速度与效率，需要熟练掌握。

二、应用实例——验证网络注册信息

1. 任务描述

对新用户在网络商城的注册信息需要进行合法性验证，包括用户名、密码、手机号码、邮箱等。

2. 需求分析

解决问题的方法：利用正则表达式进行信息的验证，是一个非常有效的方法。

（1）对用户名进行验证

①需求：假设用户名只能以大写或者小写字母开始，不能低于3个且不超过10个字符的字母、数字、下划线组合。

②分析：根据需求可知，以大写或小写字母开头，可以用“[a-zA-Z]”表示，中间可以是任意的数字或字母，可以用“\\w”表示，长度不能为低于3个且不超过10个，加上第一个字符，后续字符最少2个，最多9个，可以使用{3,10}表示。组合起来可以表示为“[a-zA-Z]\\w{2,9}”。

（2）对邮箱进行验证

①需求：假设用户名可以是字母、数字、下划线、中画线（-），但是只能以字母或者下划线开头；用户名的长度最少为3位，最多为10位；域名前面必须有@；服务器名可以是字母或者数字，比如163、yahoo、qq等，长度最少为3位，最多为10；服务器名后面必须有“.”；最高域名为以下几种情况：com、com.cn、net、gov、org、edu、edu.cn。

图7-18所示列出了邮箱的各部分组成说明。

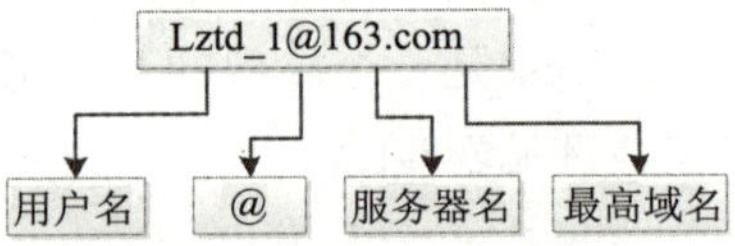

图 7-18　邮箱的组成结构

②分析：将用户名拆分开始部分和其余部分，其中开始部分只能是字母或者数字，可以表示为“[a-zA-Z0-9]”；其余部分可以是字母、数字、下划线、中画线，数量最多为10位，最少为2位，可以表示为“[a-zA-Z_0-9-]{3,10}”；“@”可以直接写出；服务器只能是字母或者数字，且最多为10位，最少为3位，表示为“[a-zA-Z0-9]{3,10}”；服务器名后面的点号可以直接写，但需要进行转义，否则表示任意字符，表示为“”；最高域名可以表示为“（com|com.cn|net|gov|org|edu|edu.cn）”。最后的正则表达式可以表示为

```
"[a-zA-Z0-9][a-zA-Z_0-9-]{3,10}@[a-zA-Z0-9]{3,10}\\.(com|com\\.cn|net|gov| org|
edu|edu\\.cn)"
```

（3）对密码进行验证

①需求：密码最少为8位，至少包含一个大写字母、一个数字、一个特殊符号，最多不超过16位，可以任意字符开头。

②分析：开头为任意字符，用“(?=.*[a-z])(?=.*[A-Z])(?=.*\\d)(?=.*[$@#!%*?&_])”表示，说明可以是大写、小写、数字、特殊字符的任意一个，后面的字符至少包含一个大写、数字和特殊字符，总长度不超过16位，可以表示为“[A-Z_a-z\\d$@#!%*?&]{8,16}”，完整的正则表达式可以表示为

```
"^(?=.*[a-z])(?=.*[A-Z])(?=.*\\d)(?=.*[$@#!%*?&_])[A-Z_a-z\\d$@#!%*?&]{8,16}"
```

（4）对手机号码进行验证

①需求：手机号码的第一位是“1”，第二位可以是3、4、5、7、8、9，第三位数为0～9中的任意一位，其他8位为任意数字，总共11位。

②分析：第一位是数字“1”，可以用[1]表示，第二位是3、4、5、7、8、9，可以用“[345789]”表示，第三位以后的9位数可以是任意的数字，可以用“\\d{9}”表示，完整的正则表示式为"[1][345789]\\d{9}"。

（5）代码：定义一个验证类，包含验证姓名、密码、手机号码、邮箱等合法性。

```
import java.io.* ;
import java.util.* ;
import java.util.regex.Matcher ;
import java.util.regex.Pattern ;
class LegalVertificate {                           //定义一个验证合法性的类
    String regex ;                                 //定义正则表达式
    Pattern pattern ;                              //定义编译正则表达式的类
    Matcher matcher ;                              //定义匹配正则表达式的类
    public boolean nameVertificate(String name) {  //定义验证姓名合法性的方法
        regex = "[a-zA-Z]\\w{2,9}" ;                //确定正则表达式
        return matching(name,regex) ;
    }
    public boolean pswVertificate(String psw) {    //定义验证密码合法性的方法
        //确定姓名合法性的正则表达式
        regex = "^(?=.*[a-z])(?=.*[A-Z])(?=.*\\d)(?=.*[$@#!%*?&_])[A-Z_a-z\\
d$@#!%*?&]{8,16}" ;
        return matching(psw,regex) ;
    }
    public boolean emailVertificate(String email) { //定义验证邮箱合法性的方法
        //确定邮箱合法性的正则表达式
        regex = "[a-zA-Z0-9][a-zA-Z_0-9-]{3,10}@[a-zA-Z0-9]{3,6}\\.(com|com\\.cn|
net|gov|org|edu|edu\\.cn)" ;
        return matching(email,regex) ;
    }
    public boolean phoneVertificate(String phone) {  //定义验证手机号码合法性的方法
        regex = "[1][345789]\\d{9}" ;                  //确定手机号码合法性的正则表达式
        return matching(phone,regex) ;
    }
    public boolean matching(String name, String regex) { //利用正则表达式进行匹配
        pattern = Pattern.compile(regex) ;
        matcher = pattern.matcher(name) ;
        System.out.println(matcher.matches());
        return matcher.matches() ;
    }
}
public class LegalDemo {
    public static void main(String []args) {
```

```
        LegalVertificate check = new LegalVertificate() ;
        String choice ;
        String name ;
        Scanner input = new Scanner(System.in) ;
        while(true) {
            System.out.println("-----------------MENU------------------");
            System.out.println("1. 验证姓名的合法性") ;
            System.out.println("2. 验证密码的合法性") ;
            System.out.println("3. 验证邮箱的合法性") ;
            System.out.println("4. 验证手机号码的合法性") ;
            System.out.println("5. 退出") ;
            System.out.println("---------------------------------------");
            System.out.println("请输入数字 1-5: ") ;
            choice = input.next() ;
            switch(choice) {
                case "1":
                    System.out.println("请输入姓名，只能以英文字母开头，长度不超过 10 位
的英文、数字、下划线：") ;
                    name = input.next() ;
                    if(check.nameVertificate(name)) {
                        System.out.println("验证通过 ...") ;
                    } else {
                        System.out.println("姓名不合法，请重新输入 ...") ;
                    }
                    break ;
                case "2":
                    System.out.println("请输入密码，至少包含大写、数字以及特殊字符，
长度至少 8 位，最长 16 位") ;
                    name = input.next() ;
                    if(check.pswVertificate(name)) {
                        System.out.println("验证通过 ...") ;
                    } else {
                        System.out.println("密码格式不正确，请重新输入 ...") ;
                    }
                    break ;
                case "3":
                    System.out.println("请输入邮箱，@ 前面的长度为至少 3 位，不超过 10 位") ;
                    name = input.next() ;
                    if(check.emailVertificate(name)) {
                        System.out.println("验证通过 ...") ;
                    } else {
                        System.out.println("邮箱格式不正确，请重新输入 ...") ;
```

```
                }
                break ;
            case "4":
                System.out.println(" 请输入手机号码 ") ;
                name = input.next() ;
                if(check.phoneVertificate(name)) {
                    System.out.println(" 验证通过 ...") ;
                } else {
                    System.out.println(" 手机号码格式不正确，请重新输入 ...") ;
                }
                break ;
            case "5" :
                System.exit(0) ;
            default:
                System.out.println(" 你的选择不正确，请重新输入 ...") ;
                break ;
        }
    }
  }
}
```

要写出复杂的正则表达式需要多练习，程序的运行结果如图7-19所示。

```
------------------MENU------------------
1.验证姓名的合法性
2.验证密码的合法性
3.验证邮箱的合法性
4.验证手机号码的合法性
5.退出
-----------------------------------------
请输入数字1-5:
1
请输入姓名，只能以英文字母开头，长度不超过10位的英文、数字、下划线:
ykgp_5
true
验证通过...
------------------MENU------------------
1.验证姓名的合法性
2.验证密码的合法性
3.验证邮箱的合法性
4.验证手机号码的合法性
5.退出
-----------------------------------------
请输入数字1-5:
2
请输入密码，至少包含大写、数字以及特殊字符，长度至少8位，最长16位
dgd_56Y%$
true
验证通过...
------------------MENU------------------
1.验证姓名的合法性
2.验证密码的合法性
3.验证邮箱的合法性
4.验证手机号码的合法性
5.退出
-----------------------------------------
请输入数字1-5:
2
请输入密码，至少包含大写、数字以及特殊字符，长度至少8位，最长16位
fdak56_
false
密码格式不正确，请重新输入...
------------------MENU------------------
1.验证姓名的合法性
2.验证密码的合法性
3.验证邮箱的合法性
4.验证手机号码的合法性
5.退出
-----------------------------------------
```

图 7-19　程序的运行结果

课后实践

1. 使用System类实现如下输出功能：

（1）系统的时间信息；

（2）系统的操作系统信息、文件分隔符、用户名。

2. 使用DateFormat和SimpleDateFormat实现如下功能：

（1）输出当前日期，按照长格式输出；

（2）按照“yyyy-MM-dd”的格式输出当前日期；

（3）将字符串"2016-12-12"转换成"yyyy-MM-dd HH:mm:ss"的格式输出。

3. 使用Math类生成10个1~100内的随机数，存储到数组中，按照升序排序输出。

4. 使用正则表达式完成下列功能：

（1）分解单词“Hello, how are you!”，并将单词输出；

（2）判断一组号码是否是电话号码；

（3）判断一组号码是否是身份证号码；

（4）将电话号码的中间四位用“*”代替。

模块三

Java 高级开发技术

工欲善其事，必先利其器。JDK 开发工具包不断地进化，为用户提供了强大的系统开发包，能够给开发者带来更加便捷、更加高效、更加安全的开发体验。使用 Java 编写的程序几乎可用于任何设备，包括智能手机、服务器、自动取款机、销售点终端机（POS）、电视、机顶盒、物联网网关、医疗设备等。通过本模块的学习，能够让开发者利用 Java 语言通过各种形式的“流”对文件进行读写、通过各种类型的数据结构快速地对正在运行中的数据进行读写，以及多线程的使用，学会利用多线程同时处理不同的任务，让学习者初步具备开发服务器端多线程并发的应用程序的能力。

任务8 编写多用户多任务的应用系统

任务描述

在现实生活中，有很多情况是需要多个人同时完成一个任务，或者多个人同时完成不同小任务，例如，在网络商城中允许同一时间多个商品同时让多个不同的消费者进行选择。Java语言能不能解决多生产者多消费者的问题呢？

职业能力与目标

◎ 能够编写多线程的程序；
◎ 能够解决临界资源的冲突问题；
◎ 能够编写模拟多生产者和多消费者的程序；
◎ 增强对民族自主品牌的自豪感，具备创新精神；
◎ 树立正确的劳动观。

进程和线程是操作系统中两个必不可少的运行模型。进程是指程序的一次完整运行，在程序运行期间，内存、CPU、I/O资源等都要为这个程序服务。线程是进程中的一个执行单元，负责进程中的程序代码运行，一个进程至少有一个线程，也可以有多个线程，如果这个应用程序有多个线程，称之为多线程。多个线程能够实现多个任务同时运行，也称为并发。如QQ聊天程序，QQ运行以后就是一个进程，使用QQ既可以文字聊天，同时可以发送邮件、还可以进行游戏，QQ就是多线程的程序。Java语言支持多线程。

知识储备

一、为什么使用多线程

在操作系统中可以同时运行多个进程，一个进程可以有一个或多个线程。线程是程序最小执行单位，多线程意味着一个程序具有同时执行多个任务的功能。

1. 初识进程与线程

进程不只是程序的代码，它还拥有系统资源。程序是一个没有生命的实体，只有处理器（CPU）赋予程序生命时，它才能成为一个活动的实体，这个实体称为进程。所以，进程是一个“执行中的程序”。可以通过任务管理器查看系统中的进程，如图8-1所示。

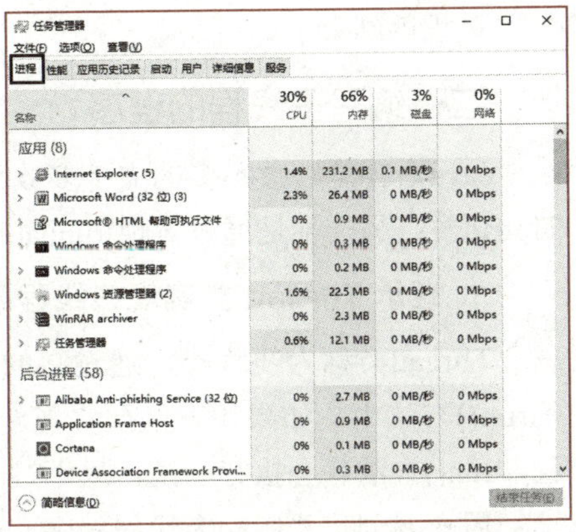

图 8-1　系统中运行的进程示意图

一个进程至少需要一个线程作为它的指令执行体，即主线程。主线程负责程序的初始化工作，并且执行初始指令，此后主线程会为执行各种不同的任务决定是否分别创建其他线程。从用户的角度看多个线程是同时执行的，从操作系统的角度看各个线程是交替执行的。系统不停地在各个线程之间切换，每个线程只有在系统分配的时间内才能获得CPU的控制权。系统在分配执行权的时候，是随机的。Java语言支持多线程技术，Java程序从main()方法开始执行，所以main()方法中的程序代码就是主线程要执行的代码。

2. 线程的执行流程

在计算机中，CPU的资源是唯一的，每一个线程只有获得了CPU的控制权才能够运行，虽然用户感受到的是多个任务在同一台计算机上同时进行，实质上是所有正在运行的线程轮换获取CPU的控制权，控制权的轮换由操作系统进行管理。多线程可以合理地使用CPU的资源，提高系统的使用效率。但是，线程过多反而会导致系统运行速度降低。

使用Java命令运行Java应用程序以后，JVM就会启动一个线程。Java应用程序从main()主线程开始，主线程要执行的任务就包含在main()方法中。以往的所有程序，当main()方法执行完成以后，Java程序就结束，所以只有一个线程，称为单线程。每个线程都会执行自己的任务，在没有干预的情况下，线程之间相互没有影响。以QQ为样例，简单说明线程的执行流程，如图8-2所示。

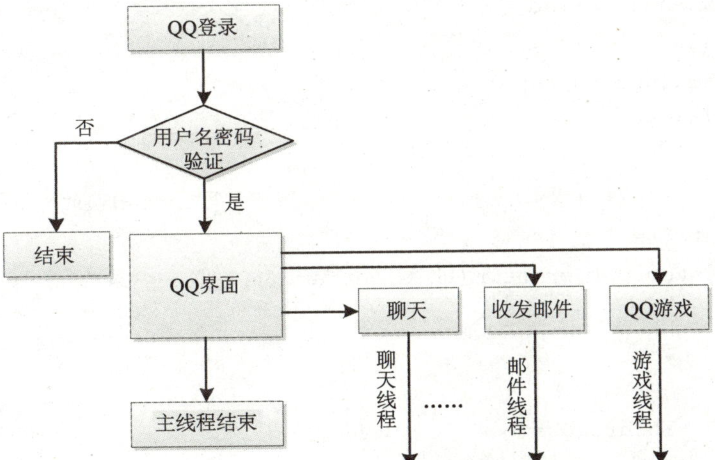

图 8-2　多线程的执行流程

通过图8-2简单地说明了多线程的执行流程。在QQ登录以后，可以同时与多个用户聊天，也可以在聊天的时候传送文件，还可以收发邮件、玩QQ游戏。每启动一个功能，需要创建一个线程，每个线程都需要使用系统资源，相互之间不产生影响。

因而，多线程是由用户根据需要进行创建，每个线程在栈内存中都有单独的栈内存空间，用来进行方法的压栈和弹栈，当线程的任务结束了，线程所属的栈内存空间就被释放。所有的线程任务结束了，进程就结束了。

二、编写多线程的程序

Java语言是为数不多的支持多线程的语言，在Java语言中创建线程的方法有两种，一种是通过继承Thread类；另一种是通过实现Runnable接口。

1. 继承 Thread 类实现多线程

Thread类称为线程类，通过它的构造方法可以实例化线程对象，线程要执行的任务包含在这个类的run()方法中，如果用户需要实现新的功能，必须重写Thread类中的run()方法。每次创建一个新的线程，run()方法就会执行一次，只不过run()方法的启动只能通过Thread类中的start()方法进行。

用户要创建并启动多线程程序，有以下几个步骤：

（1）定义一个类，继承Thread类；

（2）重写Thread类中的run()方法；

（3）实例化Thread子类的对象，并通过对象调用start()方法，启动线程。

解决问题1 编写程序模拟和谐号和复兴号动车同时行驶。

（1）分析：需求中有2个子线程，是一个多线程的程序。线程的任务是进行累加，所以使用累加和的算法代码重写run()方法。

为了能够区分是哪一个线程在使用CPU资源，在输出计算过程时，利用Thread类的成员方法getName()来获取当前线程名称。

（2）代码实现：

```
class Train extends Thread {                        // 定义线程类的子类
    public Train() {}
    public Train(String name) {
        super(name) ;
    }
    public void run() {                             // 重写 Thread 类的 run() 方法，实现累加功能
        for(int i = 0 ; i<=10 ; i ++) {
            System.out.println(this.getName() + " --> 第 "+ i + " 次跑 " ) ;
        }
    }
}
public class TrainThreadDemo {
    public static void main(String[] args) {
        Train a1 = new Train(" 和谐号 ") ;              // 实例化第一个线程对象
        Train a2 = new Train(" 复兴号 ") ;              // 实例化第二个线程对象
        a1.start() ;                                // 第一个线程任务启动
        a2.start() ;                                // 第二个线程任务启动
        System.out.println(" 主线程结束 ...") ;
    }
}
```

解决问题1的程序运行结果如图8-3所示，从图中可知总共有三个线程，其中主线程创建并启动了子线程，主线程首先结束。子线程一旦启动以后，会独立地、完整地执行，直至任务结束。每个子线程都有默认的线程名称，子线程的执行是随机的，每一次的运行都可能有区别，这与JVM的调度有关。

```
主线程结束...
复兴号 -->第0次跑
复兴号 -->第1次跑
和谐号 -->第0次跑
和谐号 -->第1次跑
复兴号 -->第2次跑
复兴号 -->第3次跑
和谐号 -->第2次跑
复兴号 -->第4次跑
和谐号 -->第3次跑
复兴号 -->第5次跑
和谐号 -->第4次跑
复兴号 -->第6次跑
和谐号 -->第5次跑
复兴号 -->第7次跑
和谐号 -->第6次跑
复兴号 -->第8次跑
和谐号 -->第7次跑
复兴号 -->第9次跑
和谐号 -->第8次跑
复兴号 -->第10次跑
和谐号 -->第9次跑
和谐号 -->第10次跑
```

图 8-3　解决问题 1 的程序运行结果

注　意：

虽然线程要执行的任务包含在run()方法中，但是线程的启动只能通过start()方法调度。如果直接通过实例化对象操作run()方法，启动的只是普通方法，而不是线程。

2. 继承 Runnable 接口实现多线程

在Java中，类的继承只能是单继承，一旦声明的类是Thread类的子类，那么这个类就不能够再通过extends关键字继承其他的类。为了解决这个问题，在实现多线程的时候，Java语言定义了Runnable接口，通过实现Runnable接口中的run()方法，也可以支持多线程。

通过Runnable接口实现多线程的步骤如下：

（1）自定义类实现Runnable接口；

（2）在类中重写run()方法，把需要线程执行的任务放到这个方法中；

（3）实例化Runnable子类的对象；

（4）用Runnable子类的实例化对象作为参数，实例化Thread类的对象；

（5）使用Thread类的实例化对象启动线程。

解决问题2　通过多线程来描述铁路系统不同岗位的人员工作的场景。

```
class Train implements Runnable {                        //定义线程类，继承 Runnable 接口
    public void run() {                                  //重写 run() 方法
        for(int i = 0 ; i<5 ; i ++) {
            System.out.println(Thread.currentThread().getName() + "正在努力工作，
确保旅客安全") ;
        }
    }
}
public class TrainDemo {
    public static void main(String[] args) {
        Train train = new Train() ;
        Thread t1 = new Thread(train) ;                  //实例化第一个线程对象
        Thread t2 = new Thread(train) ;                  //实例化第二个线程对象
        Thread t3 = new Thread(train) ;                  //实例化第三个线程对象
        t1.setName("复兴号司机") ;                        //设置线程的名称
        t2.setName("动车组乘务员") ;
        t3.setName("火车站值班员") ;
```

```
        t1.start() ;                                   //第一个线程任务启动
        t2.start() ;                                   //第二个线程任务启动
        t3.start() ;                                   //第三个线程任务启动
        System.out.println("主线程结束...") ;
    }
}
```

解决问题2的程序运行结果如图8-4所示。

```
主线程结束...
复兴号司机正在努力工作，确保旅客安全
动车组乘务员正在努力工作，确保旅客安全
动车组乘务员正在努力工作，确保旅客安全
火车站值班员正在努力工作，确保旅客安全
动车组乘务员正在努力工作，确保旅客安全
复兴号司机正在努力工作，确保旅客安全
动车组乘务员正在努力工作，确保旅客安全
火车站值班员正在努力工作，确保旅客安全
动车组乘务员正在努力工作，确保旅客安全
复兴号司机正在努力工作，确保旅客安全
复兴号司机正在努力工作，确保旅客安全
复兴号司机正在努力工作，确保旅客安全
火车站值班员正在努力工作，确保旅客安全
火车站值班员正在努力工作，确保旅客安全
火车站值班员正在努力工作，确保旅客安全
```

图 8-4　解决问题 2 的程序运行结果

需要特别强调的是，Runnable子类对象中包含了子线程要执行的任务run()方法，但Java中只有Thread类才能够创建多线程，要创建子线程，必须使用Thread的实例化对象。Thread的实例化对象在启动任务时，Runnable接口中的run()方法有优先执行权，所以，即便是没有重写Thread类中的run()方法，子线程也能够完成指定的任务。

3. 比较两种方法的优劣

从解决问题1和解决问题2可以看出，这两个方法最直接的特点是：使用Runnble接口实现多线程的步骤比较复杂，除此之外，还有以下几个区别：

（1）继承Thread类创建线程

① 优点：编写简单，可以通过this直接获得当前线程对象。

② 缺点：Java语言是单继承，Thread类的子类不能够再继承其他的类。

（2）通过实现Runnable接口创建线程

① 优点：可以避免单继承的局限性；更加符合面向对象的程序设计思想，把线程对象Thread和线程任务run()方法进行了分隔，把线程分为两部分：一部分是线程对象，一部分是线程任务，使得多个线程要操作相同的任务时，与代码无关，有利于提高程序的健壮性。

② 缺点：程序代码稍微复杂些，只能通过Thread类的静态方法currendThread()获取当前线程对象。

一般情况下，在实际开发中，建议使用实现Runnable接口的方式来实现多线程的程序设计。

视频

线程状态

三、探析线程的状态

线程一旦启动以后，它的执行是独立的、随机的、完整的。也就是说，一个线程从创建它开始，它的生命周期就开始了，run()方法中的语句执行完成以后，它的生命周期就结束了。在子线程的生命周期内，它的状态是可以改变的，JVM调度程序会根据线程的状态来分配系统资源。线程的状态转换如图8-5所示。

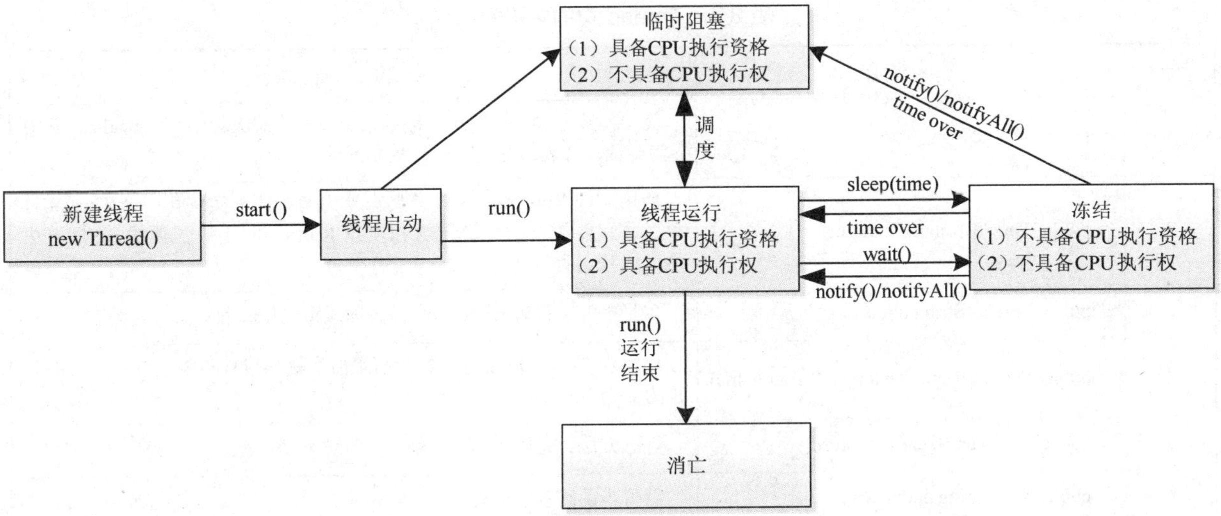

图 8-5　线程状态图

不同的图书资料中，线程状态图的描述有所区别，但不管是哪种情况，只要把握住线程状态转换的本质，就可以理解线程状态之间的转换。

（1）新建线程：在Java语言中，只有使用new Thread()类及其子类，才能够创建新的线程；

（2）线程启动：新的线程创建以后，通过子线程的实例化对象调用start()方法，将线程启动，线程启动之后，有可能运行run()来执行线程任务，也有可能进入临时阻塞状态；

（3）线程运行：这是线程任务能够被执行的唯一状态，线程运行需要具备两个条件，一是具备CPU的执行资格，二是具备CPU的执行权；

（4）冻结：当线程使用sleep(time)方法或者使用wait()方法时，当前线程就进入冻结状态，此时，线程不具备CPU执行资格，也不具备CPU的执行权；在这个状态下，如果sleep(time)中的time结束，或者使用notify()/notifyAll()把wait()线程唤醒以后，线程可能会进入临时阻塞状态，也可能会进入运行状态；

（5）阻塞状态：这个状态下，线程具备CPU的执行资格，但不具备CPU的执行权，线程的执行权是由系统随机调度；如果有多个子线程需要运行，只有一个子线程能够获得CPU的执行权，这个线程就会进入运行状态，其他的线程处于临时阻塞状态；

（6）消亡：当线程任务执行完成以后，也就是线程的run()方法执行完毕（主线程是main()方法执行完毕），线程所占用的资源被释放，线程消亡。

不管线程的状态如何转换，把握住线程运行、冻结、临时阻塞状态时系统资源的主要特点，有助于理解多线程的原理。

四、认识常用线程方法

在Java中，创建多线程唯一的方法是使用new运算符实例化Thread类或者Thread子类的对象。Thread类的直接父类是Object类，在Thread类中，提供了一些操作线程的方法，Thread类的常用方法见表8-1。

表 8-1　Thread 类的常用方法

序号	方法名称	功　　能
1	public Thread()	无参构造方法，实例化线程对象，线程的默认名称为 Thread-n，其中 n 为整数，代表线程的编号，从 0 开始
2	public Thread(Runnable target)	使用实现 Runnable 接口子类对象为初始值，实例化一个 Thread 对象，线程要执行的任务包含在实现 Runnable 接口子类的 run() 方法中，线程名称同上
3	public Thread(String name)	以指定的字符串 name 为线程名称，实例化线程对象
4	public Thread(Runnable target, String name)	以实现 Runnable 接口子类为初始值实例化线程对象，指定线程的名称为 name
5	public static Thread currentThread()	静态方法，返回当前正在执行的线程对象
6	public final String getName()	获得当前线程的名称
7	public final int getPriority()	获得当前线程的优先级
8	public final boolean isAlive()	测试当前线程是否是活动线程，如果是返回 true，否则返回 false
9	public void run()	如果使用 Thread 实例化对象时，使用了 Runnable 子类的实例化对象，线程任务执行重写的 Runnable 子类中的 run() 方法，否则要重写 Thread 类中的 run() 方法
10	public final void setName(String name)	设置当前线程的名称为指定的名称 name
11	public final void setPriority(int newPriority)	设置当前线程的优先级
12	public static void sleep(long millis) throws InterruptedException	让正在执行的当前线程休眠，休眠时间为 millis 毫秒，此时，线程处于冻结状态；此线程会抛出 InterruptedException，调用此方法的程序代码必须捕获或者声明此异常
13	public void start()	启动当前线程，使该线程执行线程任务
14	public String toString()	返回线程对象的字符串表示形式，包括线程名称、优先级和线程组

下面通过示例来说明这些方法的使用，如解决问题3程序所示。

解决问题3 创建三个线程，每个线程运行10次，每次输出线程的名称和运行的次数，线程主动休眠10毫秒。

```
class ThreadName extends Thread {
    public ThreadName() {                       //使用默认名称实例化线程对象
        super() ;
    }
    public ThreadName(String name) {            //实例化对象时，设置线程的名称
        super(name) ;
    }
    public void run() {                         //重写 Thread 类中的 run() 方法
        for(int i = 0 ; i < 10 ; i ++) {
            System.out.println(getName() + "是第:" + i + "次运行...") ;
                                                //获取线程名称
```

```
            try {
                Thread.sleep(10) ;          //线程主动休眠
            } catch (InterruptedException e) {
                e.printStackTrace() ;
            }
        }
    }
}
public class Demo {
    public static void main(String args[]) {
        ThreadName t1 = new ThreadName() ;
        ThreadName t2 = new ThreadName("王安石") ;
        ThreadName t3 = new ThreadName("范仲淹") ;
        t1.start() ;                                        //启动线程
        t2.start() ;
        t3.start() ;
    }
}
```

程序中使用了Thread类中的多个方法，运行时由于操作系统调度存在随机性，因而每次结果都可能不一样。

五、解决多线程资源冲突

多线程可以实现多任务的并发，提高了系统的使用效率。进行多线程的程序设计时，多个线程执行的任务有可能相同，在执行相同的任务时，这些线程很可能会使用到相同的数据。在程序执行过程中，使用到的相同数据称为共享数据，也称为临界资源。

1. 临界资源引发的问题

临界资源指的是同一时间只允许一个线程访问的资源。如果多线程同时访问临界资源，会导致数据的不一致。例如，车站售票系统采用多线程同时售票时，要防止同一张票卖给不同的人。因为临界资源的访问，导致同一张票卖给不同的人，甚至会产生票号为负数的票。

解决问题4 临界资源引发的问题。

```
class Ticket {
    private static int tickets = 10 ;
    public int sale() {
        return tickets -- ;
    }
}
class Station implements Runnable {
    private Ticket ticket ;
    public Station(Ticket ticket) {
        this.ticket = ticket ;
```

```
    }
    public void run() {
        while(true) {
            int i = ticket.sale() ;
            if(i > 0 ) {
                System.out.println(Thread.currentThread().getName() + "获得" + i +
"号票") ;
            } else {
                return ;
            }
        }
    }
}
public class TicketDemo {
    public static void main(String[] args) {
        Ticket t = new Ticket() ;
        Station s = new Station(t) ;
        Thread t1 = new Thread(s,"李白") ;
        Thread t2 = new Thread(s,"杜甫" ) ;
        Thread t3 = new Thread(s,"杜牧") ;
        t1.start() ;
        t2.start() ;
        t3.start() ;
    }
}
```

解决问题4的程序运行结果如图8-6所示，多次运行产生的结果可能不相同，但从程序结果来看，票号为10的票同时卖给了“李白”和“杜甫”两个人，与现实的实际不相符。

图 8-6　解决问题 4 的程序运行结果

产生问题的原因主要是因为线程之间进行切换时是随机的，任何线程在执行任务时随时可能被操作系统把资源分配给其他线程，导致正在执行任务的线程进入临时阻塞状态。当“李白”线程执行任务“int i = ticket.sale()”，获得“i=10”号票，但还未完成“tickets --”就进入临时阻塞；“杜甫”线程获得CPU的执行资格和执行权，执行任务“int i = ticket.sale()”语句，此时“tickets”的值仍然为10，所以杜甫得到10号票，之后进入临时阻塞；“杜牧”线程获得执行权和执行资格，也执行“int i = ticket.sale()”语句，因为共享数据“tickets”已经被修改成为9，所以杜牧获得9号票，进入临时阻塞；李白再一次进入运行状态，继续完成共享数据的修改“tickets --”，然后执行输出语句，因此，10号票同时卖给了两个人，产生了资源的冲突。

2. 使用 synchronized 解决互斥

为了避免程序解决问题4中出现的问题，各线程需要对共享资源Ticket对象中的tickets属性做到互斥访问，保证一个线程访问完了共享资源才允许另一个线程访问。在Java中提供了关键字synchronized来解决共享资源的互斥问题。synchronized应用于同步代码块和同步方法，它的主要功能是保证只有一个线程能够执行同步代码或者同步方法，把需要共享的数据放在同步代码块或者同步方法中，实现共享数据的互斥访问，只有当一个线程访问完共享数据以后，其他的线程才能够访问。

（1）同步代码块

把线程执行的任务需要使用的共享数据操作语句封装在一对“{}”中，并在代码块的头部使用synchronized关键字进行修饰。其格式如下：

```
synchronized( 同步锁 ) {
    //操作共享数据的语句
}
```

当线程执行到这段程序代码时，只有该线程把这段代码全部执行完毕，其他的线程才能够执行这段代码，保证了共享数据的互斥访问。同步锁是一个任意的对象，一般使用Object对象。解决问题4中的tickets是临界资源，把操作tickets成员的语句都放置到同步代码块中，如解决问题5的程序代码所示。

解决问题5 解决临界资源被同时访问的问题。

```
class Ticket {
    private static int tickets = 10 ;
    public int sale() {
        return tickets --;
    }
}
class Station implements Runnable {
    private Ticket ticket;
    private Object obj = new Object() ;
    public Station(Ticket ticket) {
        this.ticket = ticket ;
    }
    public void run() {
        while(true) {
            int i ;
            synchronized(obj) {                    //同步代码块
                i = ticket.sale() ;
            }
            if(i > 0 ) {
                System.out.println(Thread.currentThread().getName() + "获得" +
i + "号票") ;
            } else {
                return ;
            }
        }
    }
}
```

```
public class TicketDemo {
    public static void main(String[] args) {
        Ticket t = new Ticket() ;
        Station s = new Station(t) ;
        Thread t1 = new Thread(s,"李白") ;
        Thread t2 = new Thread(s,"杜甫") ;
        Thread t3 = new Thread(s,"杜牧") ;
        t1.start() ;
        t2.start() ;
        t3.start() ;
    }
}
```

解决问题5的程序运行结果如图8-7所示，不管程序运行多少次，都不会产生资源冲突。

从运行结果来看，可以很好地解决共享数据互斥访问的问题，保证了数据的可靠性。

（2）同步方法

在操作共享数据的方法头部声明时，加上synchronized关键字，就可以定义同步方法。其格式如下：

```
杜牧获得9号票
李白获得10号票
杜甫获得8号票
李白获得6号票
杜牧获得7号票
李白获得4号票
杜甫获得5号票
杜甫获得1号票
李白获得2号票
杜牧获得3号票
```

图 8-7　解决问题 5 的程序运行结果

```
public synchronized 返回值 方法名称 (参数列表) {
    //方法体
}
```

继续对解决问题4的程序代码进行修改，把它修改成为同步方法。在程序中，操作共享数据的方法是Ticket类中的sale()方法，只需要在这个方法的头部加上关键字synchronized关键字即可，如下列代码段所示，将这段代码替换解决问题5中的class Ticket类，同样可以解决共享数据互斥访问。

```
class Ticket {
    private static int tickets = 10 ;
    public synchronized int sale() {                //同步方法
        return tickets -- ;
    }
}
```

需要特别强调的是，不管是同步代码块还是同步方法，实质上是有一个“互斥锁”，就像家里面的门上锁一样，只有上了锁，外人便无法进入家里来使用家里的资源。所以，同步代码块或者同步方法，必须要保证是同一个互斥锁才能够保护互斥资源。在解决问题5的程序中，互斥锁是对象obj，也可以是定义的其他任意对象，但必须保证是同一个对象；同步方法使用的互斥锁是this。static修饰的方法，同步锁不是this，如果需要使用同步互斥，必须改造成同步代码块。

注 意：

线程同步会降低线程的并发执行效率，所以，尽量减少同步语句的执行范围。

3. 使用 Lock 解决互斥

在JDK1.5之后，新增加了一个包java.util.concurrent，这个包主要用来处理多线程的互斥，在这个包中有一个Lock接口，它具有与synchronized同样的功能，但它更加强大。这个接口有两个方法lock()和unlock()，其中lock()方法用来锁定对象，unlock()方法用来释放锁对象。在这两个方法之间的代码在执行时效果等同于synchronized，一般情况下，这段代码需要放置在“try...catch()...finally...”语句块中，并且unlock()方法被放置在finally语句块中，这样确保在执行程序时，即使遇到异常，对象锁也能够被释放。ReentrantLock类实现了Lock接口，可以通过实例化ReentrantLock类对象，来获得Lock接口。对解决问题4的程序代码进行修改，如解决问题6的程序所示。

解决问题6 使用Lock接口解决数据互斥访问。

```
import java.util.concurrent.locks.* ;
class Ticket {
    private static int tickets = 10 ;
    public int sale() {
        return tickets -- ;
    }
}
class Station implements Runnable {
    private Ticket ticket ;
    private Lock lock = new ReentrantLock() ;                    // 获得锁对象
    public Station(Ticket ticket) {
        this.ticket = ticket ;
    }
    public void run() {
        while(true) {
            int i ;
            lock.lock() ;                                        // 锁定对象
            try {
                i = ticket.sale() ;
                if(i > 0 ) {
                    System.out.println(Thread.currentThread().getName() + " 获得"
+ i + "号票") ;
                } else {
                    return ;
                }
            } catch (Exception e) {
                e.printStackTrace() ;
            }  finally {
                lock.unlock() ;                                  // 释放锁对象
```

```
            }
        }
    }
}
public class TicketDemo {
    public static void main(String[] args) {
        Ticket t = new Ticket() ;
        Station s = new Station(t) ;
        Thread t1 = new Thread(s,"李白") ;
        Thread t2 = new Thread(s,"杜甫") ;
        Thread t3 = new Thread(s,"杜牧") ;
        t1.start() ;
        t2.start() ;
        t3.start() ;
    }
}
```

请自行编辑运行程序，查看程序的运行结果。

4. 解决多线程间的通信问题

在实际应用中，往往有多个不同的线程执行不同的任务，而任务所操作的数据是共享数据，此时，多个线程之间需要进行信息交换。例如，生产者与消费者的问题，生产者可以生产商品，消费者可以消费商品。如果没有商品，消费者不能消费，同理，如果存储商品的仓库没有货位，生产者就不能生产商品。生产者与消费者问题要解决什么时候生产，什么时候消费。为了简化问题，首先讨论一个生产者和一个消费者，且生产一个消费一个。

解决问题7 模拟一个生产者和一个消费者问题。

（1）需求分析：生产者生产商品，消费者消费商品。为了能够区别每一个商品，需要对商品进行编号。在这个需求中，对象有三个：生产者、消费者、商品，其中生产者和消费者可以并发，需要使用多线程技术，多线程要执行的任务不同，分别是生产和消费，商品是这两个线程共同的属性。商品具有编号属性，具有生产、消费行为。

（2）解决问题的思路：

①定义商品类。包含编号属性，生产、消费行为；用改变商品编号并输出表示生产行为，用输出商品编号表示消费行为；商品编号是生产者和消费者共同的数据，需要使用同步方法；

②定义生产者类。实现Runnable接口，类中包含商品属性，在构造方法中初始化商品对象，这个对象与消费者类的商品对象属于同一个对象；

③定义消费者类。实现Runnable接口，类中包含商品属性，在构造方法中初始化商品对象，这个对象与生产者类的商品对象属于同一个对象；

④当生产者生产出商品以后，通过wait()方法让生产等待，并且唤醒notify()消费，让消费者消费商品；同理，商品消费完了以后，通过wait()方法让消费等待，并且唤醒notify()生产，让生产者生产。需要在商品中增加一个标记flag，当它为true时，表示生产者已经生产好了，要停止生产，当它为false时，表示商品已经消费完了，要停止消费。

（3）代码：

```
class Goods {
    private int number = 0 ;                                    // 商品编号
    private boolean flag = false ;                              // 生产与消费的标记
    public synchronized void product() {
        if(flag) {
            try    {
                this.wait() ;                                   // 生产好了商品，等待消费
            } catch (Exception e)    {
                e.printStackTrace() ;
            }
        }
        number ++ ;
        System.out.println(" 生产者生产商品 " + this.number) ;
        flag = true ;                                           // 标记改为生产完成
        this.notify() ;                                         // 唤醒等待的线程
    }
    public synchronized void consume() {
        if(!flag) {
            try    {
                this.wait() ;          // 没有商品，等待生产
            } catch (Exception e)    {
                e.printStackTrace() ;
            }
        }
        System.out.println(" 消费者消费商品 ..." + this.number) ;
        flag = false ;                 // 标记改为消费完成
        this.notify() ;                // 唤醒等待的线程
    }
}
class Producter implements Runnable {
    private Goods goods ;              // 生产者生产商品
    public Producter(Goods goods) {
        this.goods = goods ;
    }
    public void run() {
        int i = 0 ;
        while(i++ <10) {               // 生产者线程要执行的任务，生产 10 个就终止
            goods.product() ;
        }
    }
}
```

```
class Consumer  implements Runnable {
    private Goods goods ;               //消费者消费商品
    public Consumer(Goods goods) {
        this.goods = goods ;
    }
    public void run() {
        int i = 0 ;
        while(i++ <10) {                //消费者线程要执行的任务，消费 10 个就终止
            goods.consume() ;
        }
    }
}
public class ProducterAndConsumer {
    public static void main(String[] args) {
        Goods goods = new Goods() ;
        Producter producter = new Producter(goods) ;
        Consumer consumer = new Consumer(goods) ;
        Thread t1 = new Thread(producter) ;
        Thread t2 = new Thread(consumer) ;
        t1.start() ;
        t2.start() ;
    }
}
```

解决问题7的程序运行部分结果如图8-8所示。

```
生产者生产商品6
消费者消费商品...6
生产者生产商品7
消费者消费商品...7
生产者生产商品8
消费者消费商品...8
生产者生产商品9
消费者消费商品...9
生产者生产商品10
消费者消费商品...10
```

图 8-8　解决问题 7 的程序运行部分结果

从程序的运行结果来看，能够保证生产者生产一个商品，消费者能够消费一个商品，不同的线程任务操作相同的数据，实现了线程间的通信。

需要特别强调的问题：

（1）wait()方法可以让正在运行的线程进入冻结状态，使当前正在运行的线程失去CPU的执行资格和执行权，只能使用notify()或者notifyAll()方法唤醒；

（2）notify()方法可以唤醒线程池中被冻结的任意一个线程，具有随机性；还有一个notifyAll()方法，唤醒被冻结的所有线程；

（3）wait()方法和notify()/notifyAll()方法继承自Object类；

（4）wait()、notify()、notifyAll()方法必须在synchronized所修饰的代码中使用，只有锁才具备等待和唤醒的功能，同一个锁上的notify()/notifyAll()方法只能唤醒同一个锁上的wait()线程。

从功能上来说，wait()方法是线程在获取对象锁后，主动释放对象锁，同时本线程进入冻结状态，直到有其他线程调用对象的notify()方法唤醒该线程，才能再次获取对象锁，并继续执行。notify()方法是对象锁的唤醒操作，notify()方法调用后，并不是马上就释放对象锁，而是在相应的synchronized代码块或者方法执行结束，自动释放锁后，JVM会在wait()对象锁的线程中随机选取一线程，赋予其对象锁，唤醒线程，继续执行。因而，等待/唤醒机制可以改变线程的状态。

任务实施

应用实例——模拟多生产者与多消费者

需求：在应用程序设计时，需要考虑同时有多个生产者多个消费者的问题。此时，生产者进行生产的条件是只要仓库有空位置即可生产，消费者消费的条件是，只要仓库中有商品即可消费，除此之外，还需要考虑同一个商品不能被多个消费者消费的问题。解决这两个问题的办法：

视频

多生产者与多消费者分析

（1）对生产者，使用while循环判断仓库是否有空位置；对消费者，使用while循环判断仓库是否有商品；

（2）使用notifyAll()方法唤醒同一个锁中所有等待的线程。

解决问题8 多个生产者和多个消费者。

```
import java.util.* ;
import java.util.concurrent.locks.ReentrantLock ;
import java.util.concurrent.locks.Lock ;
import java.util.concurrent.locks.Condition ;
class Goods {
    private int number = 1 ;
    private boolean flag = false ;
    private int[] house = new int[10] ;               //定义仓库
    private int count ;                               //定义货位号
    Lock lock = new ReentrantLock() ;
    Condition product_lock = lock.newCondition() ;
    Condition consumer_lock = lock.newCondition() ;
    public Goods() {
        count = 0 ;
        for(int i = 0 ; i <house.length ; i ++) {     //初始化仓库
            house[i] = 0 ;
        }
    }
    public void product() {
        int i = 0 ;
        lock.lock() ;                                 //使用同步 Lock 锁定临界资源
        try    {
            while(flag) {
                try    {                              //无货位，生产需要等待
                    product_lock.await() ;
                } catch (Exception e) {
                    e.printStackTrace() ;
                }
                if(house[i % 10] == 0) {              //判断仓库是否可以生产
                    flag = false ;
```

```
                    count = i % 10;
                }
                i ++ ;
            }
            count = count % 10 ;
            house[count] = number ++ ;
            System.out.println("开始生产产品----" + Thread.currentThread().
getName() + house[count ++]) ;
            flag = true ;
            consumer_lock.signal() ;
        } finally {
            lock.unlock() ;                                 //唤醒指定等待的线程
        }
    }
    public  void consume() {
        int i = 0 ;
        lock.lock() ;                                       //使用同步 Lock 锁定临界资源
        try    {
            while (!flag){
                try    {
                    consumer_lock.await() ;
                } catch (Exception e)    {
                    e.printStackTrace() ;
                }
                if(house[i ++ % 10] != 0) {                 //判断是否可以消费
                    flag = true ;
                }
            }
            for(int j = 0 ; j < house.length ; j ++) {      //从仓库中取货
                if(house[j] != 0) {
                    System.out.println("消费者购买华为商品" + house[j]+ ": "
+Thread.currentThread().getName()) ;
                    house[j] = 0 ;                          //清空货位
                }
            }
            flag = false ;
            product_lock.signal() ;
        } finally {
            lock.unlock() ;                                 //唤醒指定等待的线程
        }
    }
}
```

```
class Producter implements Runnable {
    private Goods goods ;
    public Producter(Goods goods) {
        this.goods = goods ;
    }
    public void run() {
        int i = 0 ;
        while(i++ <10) {
            try    {
                Thread.sleep(50) ;
            }
            catch (InterruptedException e) {
                e.printStackTrace() ;
            }
            goods.product() ;
        }
    }
}
class Consumer  implements Runnable {
    private Goods goods ;
    public Consumer(Goods goods) {
        this.goods = goods ;
    }
    public void run() {
        int i = 0 ;
        while(i++ <10) {
            try    {
                Thread.sleep(new Random().nextInt(50)) ;
            }
            catch (InterruptedException e) {
                e.printStackTrace() ;
            }
                goods.consume() ;
        }
    }
}
public class MuchDemo {
    public static void main(String[] args) {
        Goods goods = new Goods() ;
        //创建三个生产者
        Producter producter1 = new Producter(goods) ;
        Producter producter2 = new Producter(goods) ;
```

```
        Producter producter3 = new Producter(goods) ;
        //创建三个消费者
        Consumer consumer1 = new Consumer(goods) ;
        Consumer consumer2 = new Consumer(goods) ;
        Consumer consumer3 = new Consumer(goods) ;
        Thread t1 = new Thread(producter1,"华为手机") ;
        Thread t2 = new Thread(consumer1,"科研创新团队") ;
        Thread t3 = new Thread(producter2,"华为电脑") ;
        Thread t4 = new Thread(consumer2,"教学团队") ;
        Thread t5 = new Thread(producter3,"华为平板") ;
        Thread t6 = new Thread(consumer3,"技能大师") ;
        t1.start() ;
        t3.start() ;
        t5.start() ;
        t2.start() ;
        t4.start() ;
        t6.start() ;
    }
}
```

解决问题8的程序运行部分结果如图8-9所示。

在JDK1.5之中使用Lock接口以后，所有的监视器方法都封装到了Condition类中，这样做的好处是，可以使用一个Lock对象挂多个监视器对象，感兴趣的读者可以自行查询这部分的知识。

```
开始生产产品-----华为手机21
消费者购买华为商品21：教学团队
开始生产产品-----华为平板22
消费者购买华为商品22：技能大师
开始生产产品-----华为电脑23
消费者购买华为商品23：科研创新团队
开始生产产品-----华为手机24
消费者购买华为商品24：教学团队
开始生产产品-----华为平板25
消费者购买华为商品25：技能大师
开始生产产品-----华为手机26
消费者购买华为商品26：科研创新团队
开始生产产品-----华为电脑27
消费者购买华为商品27：教学团队
开始生产产品-----华为平板28
消费者购买华为商品28：科研创新团队
开始生产产品-----华为手机29
消费者购买华为商品29：教学团队
开始生产产品-----华为电脑30
消费者购买华为商品30：科研创新团队
```

图 8-9　解决问题 8 的程序例 8-9 运行部分结果

课后实践

1. 分别利用继承Thread类和实现Runnable接口两种方式，实现两个线程分别计算1~100的和，每计算一次，输出当前线程的名称及当前的和。

2. 画出多线程的状态图，说出每一种状态线程的特点。

3. 假设有两个线程分别表示取钱和存钱，为了保证银行卡中数据的正确性，要确保同一个银行卡在同一个时刻只能存钱或者取钱，请利用线程的互斥来解决临界资源的问题。

4. 一个生产者和一个消费者问题：假设有一个咖啡厅，调制师制作好一杯咖啡以后，由侍者送给顾客。如果咖啡还未被端走，咖啡调制师停止制作，要求侍者把咖啡送给顾客；如果咖啡被侍者端走，制作师可以制作下一杯。请利用多线程技术，实现一个生产者和一个消费者问题。

5. 多个生产者和多个消费者问题：一个饭店有多个厨师和多个服务员，厨师生产好一道菜以后，可以存放在熟菜区；一旦熟菜区有菜，服务员就可以送菜给顾客。如果熟菜区中没有菜，服务员等待；如果熟菜区没有存放位置，厨师等待。请用多线程技术实现多生产者和多消费者问题。

任务9 数据的存储与读取

任务描述

在程序设计过程中，小龙发现利用数组来存储运行中的数据，有时候会造成存储空间的浪费，主要原因是数据的长度一开始并不确定，无法用确定长度的数组来保存不确定长度的数据。在Java语言中，有没有其他的数据存储方式来解决这个问题呢？

职业能力与目标

◎ 理解集合的基本概念和框架体系；
◎ 掌握Collection接口和Iterator接口及其使用；
◎ 能够根据不同类型的数据要求，选择合适的数据结构来存储数据；
◎ 有正确的劳动观念，具备创新能力；
◎ 践行社会主义核心价值观；
◎ 具有为中国式现代化努力奋斗的奉献精神。

集合框架是Java中的一个重要组成部分，在程序开发中占有很重要的地位。集合是存储和管理其他对象的对象，即对象的容器，它的长度可变，可以存储多种类型的数据。

知识储备

一、认识集合

Java集合可以理解为在内存中存放一组对象的容器，容器的大小可以动态变化。集合的实质是Java语言已经实现了的数据结构（数据存储的方式），一种集合类型用来描述一种类型的数据结构，这些类使用起来非常方便。Java提供的这些集合类和接口共同组成了Java集合框架。集合框架主要由一组用来操作对象的接口组成，这样做的最大好处是将集合的实现和集合的接口分开，程序员可以使用相同的方法访问集合，不用关心集合是由什么样的数据结构来实现。Java的集合只能存储引用类型数据，不能存储基本类型的数据。

1. 为什么使用集合

数组是一种常用的数据结构，每一个数组元素可以存放一个基本类型的数据或者引用类型的数据，通过数组的下标可以快速随机访问该数组的任意元素。但是数组在实际使用过程中会有下面的限制：

（1）在创建数组对象时，必须指定数组的大小；

（2）数组的大小一旦确定，元素的个数就固定了，不能够被改变；

（3）数组的元素个数可以由length确定，但数组中存储了多少有效数据无法判断。

在实际的开发过程中，经常会遇到操作对象数量不确定的情况，例如，在开发网上商城时，客户购物车中的商品数量并不确定；在开发聊天室时，聊天室中的用户数量并不确定。使用数组已经无法解决这类问题，而Java集合框架可以解决这样的问题。

Java中的集合类还提供了可以保存具有关联关系的数据对，例如，Monday——星期一、Tuesday——星期二……。数据的这种关系称为“键-值”映射关系。Java 5以后引入了泛型技术，解决了集合框架中数据类型不一致带来的安全隐患。Java 8针对集合大数据的操作环境下推出了数据流分析操作功能。随着技术的不断发展，集合框架的功能也在不断完善和强大。

2. 认识集合框架结构

整个Java集合框架的基础是集合接口，而不是类。Java集合框架由接口、抽象类、实现类构成，扩展性强，它有下面几个特点：

（1）Java集合框架是高性能的，对于基本类的实现是高效率的，比如链表，程序员只需要通过引用这个集合类的方法，便可以方便地实现链表的功能；

（2）框架允许不同类型的集合以相同的方式和高度互操作方式工作；

（3）框架被设计成包含一组标准的接口，容易扩展和修改，程序员可以通过继承类或者实现接口来扩展集合的功能；

（4）提供了集合类与数组相互转换的机制。

Java集合框架如图9-1所示。图中的实线边框是实现类，如ArrayList、LinkedList；长虚线边框是抽象类，如AbstractCollection、AbstractMap；点虚线边框是接口，如Collection、Map。

集合框架的顶层是Collection接口和Map接口，这两个接口定义了操作集合类的一些通用功能，如向集合添加元素add()。同时，这两个接口都直接或者间接实现了Iterator接口，Iterator接口的功能是用来遍历集合元素。

3. 认识集合类别

由图9-1可知，集合框架的核心接口可以分为四类：List、Set、Map、Queue，这四类接口中每一类都代表一种类型的数据结构：

（1）List：提供的是一种有序的集合，且允许有重复的元素存在；

（2）Set：提供的是一种无序的集合，它不允许存在重复的元素；

（3）Map：提供“键-值”对元素的集合，用来存储一对具有映射关系的数据，包含键（key）和值（value）。一个Map中不能包含相同的key，每个key只能映射一个value；

（4）Queue：它是Java 5之后新增的功能，提供了基于队列的集合体系。

其中，List、Set、Queue接口继承自接Collection接口。Map接口没有继承Collection接口，但是它们有大量同名的方法。除此之外，Map还提供了keySet()和values()两个方法，分别返回一个键的Set集合和Collection集合。

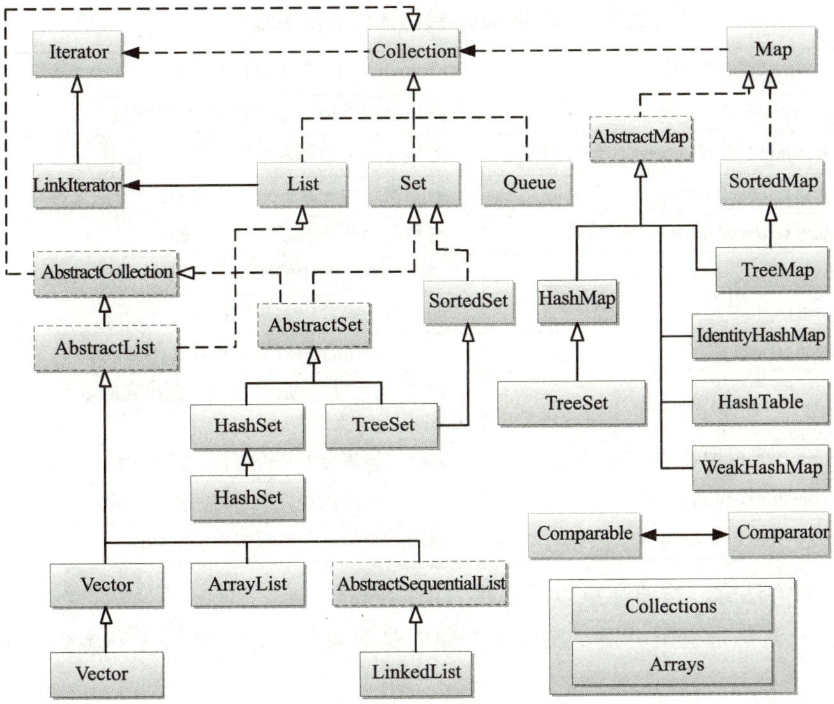

图 9-1　Java 集合框架

需要强调的是，在集合中“重复”指的具有相同地址的对象，如果要表示相同的“内容”，必须重写equals()方法来改变判断的依据。

在Java 5之后 ，一些新的类和接口取代了早期设计的类和接口，例如，ArrayList类取代了Vector类、LinkedList类取代了Stack类、HashMap类取代了HashTable类、Iterator接口取代了Enumeration接口。在开发过程中，这些老的类和接口最好不要再使用。

二、存储与读取集合中的数据

Collection接口是集合框架体系中最基础的接口，其中，List、Set、Queue接口继承自Collection接口，在Collection接口中定义了一些操作集合的通用方法。从Collection集合中取元素时，由于集合框架中每种类型的容器的数据结构不同，取数据时依赖于数据的存储方式，在设计集合框架时，定义了Iterator接口专门从集合中取数据，取数据的方法是“迭代”。下面对Collection接口和Iterator接口进行介绍。

1. 认识 Collection 接口

Collection是集合框架的根接口，它的定义格式如下：

```
public interface Collection <E> extends Iterable<E>
```

其中E是泛型。Collection接口中所提供的方法，在它的实现子类中都可以使用，Collection接口提供有下列常用的方法，见表9-1。

表 9-1　Collection 接口提供的常用方法

序　号	方法名称	功能描述	功　能
1	public boolean add(E e)	向集合中添加一个元素 e，E 是泛型	添加
2	public boolean addAll(Collection<? extends E> c)	把集合 c 中的元素添加到当前集合中	添加
3	public boolean remove(Object o)	删除指定的元素 o，需要 equals() 方法支持	删除
4	public boolean removeAll(Collection<?> c)	将当前集合中的子集合 c 删除	删除
5	public void clear()	清除当前集合中的所有元素	查询
6	public int size()	返回当前集合中元素的数量	查询
7	public boolean isEmpty()	判断当前集合是否是空集合（不是 null）	查询
8	public boolean contains(Object o)	判断当前集合是否包含有指定的 o 元素，需要 equals() 方法支持	查询
9	public boolean containsAll(Collection<?> c)	判断当前集合中是否包含子集 c 中的所有元素	查询
10	public Iterator <E> iterator()	返回一个迭代器，用来访问数组的每一个元素	查询
11	public toArray Object[] toArray()	返回一个包含所有数组元素的数组	查询

在使用表9-1中的方法时，需要注意以下几个方面的问题：

（1）集合中的元素都是引用类型，实质上存储的是对象的地址，如果是基本数据类型，JDK进行了自动装箱处理；

（2）使用iterator()方法返回的对象是一个迭代器，使用这个对象可以访问集合中的各个元素，元素的类型是Object类型，需要使用元素的特有方法时，必须进行强制下转型。

2. 使用 Iterator 接口访问数据

Collection接口没有提供get()方法来取集合的元素，是因为取集合的元素时，依赖于集合中每种类型的数据结构，要获取集合的元素，只能使用Iterator接口。Iterator接口的功能是遍历Collection集合中的元素，并安全地从集合中取出适当的元素。要获得一个迭代器，可以使用Collection接口的iterator()方法。Iterator接口提供了下面几个主要方法，见表9-2。

表 9-2　迭代器接口常用方法表

序　号	方法名称	功能描述
1	public boolean hasNext()	判断是否还有元素，如果有，则返回 true
2	public E next()	返回要访问的下一个元素，如果到达集合的结尾，则抛出 NoSuckElement Exception 异常
3	public void remove()	删除上次访问返回的对象。使用此方法，只能跟在一个元素的访问后执行

使用Iterator接口遍历集合的元素时，遍历过的元素不会再被访问，通常用于无序集合的遍历，如HashSet、HashMap。如果要有序的集合，实现的一般使用LinkedIterator接口，这个接口的集合可以双向遍历，既可以使用next()访问下一个元素，又可以通过previous()访问前一个元素，如ArrayList。

在使用集合之前，先定义两个对象，分别是书、人两个类，程序如解决问题1、解决问题2所示，这两个类是本任务中需要使用的素材，是以包的形式保存。除特殊说明外，本任务中的所有示例都是在Eclipse中编辑完成。

解决问题1 定义Book类及其所在的包。

```
package book. lztd.com ;                                    //包的名称可以自行定义
public class Book {                                         //定义Book类
    private String title ;
    private double price ;
    private String publish ;
    public Book(String title ,double price ,String publish) {
        this.title = title ;
        this.price = price ;
        this.publish = publish ;
    }
    public String toString() {
        return "书名：" + this.title + "，价格：" + this.price + "，出版社：" + this.publish ;
    }
    public boolean equals(Object obj) {
        Book b = null ;
        if(obj instanceof Book ) {
            b = (Book)obj ;
        }
        if(this == b) return true ;
        if(b == null) return false ;
        if(this.title.equals(b.title) && this.price == b.price && this.publish.
equals(b.publish)) {
            return true ;
        }
        return false ;
    }
}
```

解决问题2 定义Person类及其所在的包。

```
package person. lztd.com ;                                  //定义包，包名也可以自行定义
public class Person {                                       //定义Person类
    private String name ;
    private int age ;
    public Person(String name,int age) {
        this.name = name ;
        this.age = age ;
    }
    public boolean equals(Object obj){
        Person p = null ;
        if(obj instanceof Person) {
            p = (Person)obj ;
```

```
        }
        if(this == p ) return true ;
        if(p == null) return false ;
        if(this.name.equals(p.name) && this.age == p.age) {
            return true ;
        }
        return false ;
    }
    public String toString() {
        return "姓名：" + this.name + "，年龄：" + this.age ;
    }
}
```

由于Collection是接口，不能直接创建对象，只能创建这个接口的子类对象，并通过多态获得Collection集合对象，至于是它的哪个子类，并不需要关心。利用ArrayList来存储图书，并实现查询、删除功能。

解决问题3 利用ArrayList存储图书，并能够查询、删除指定的图书。

```
package lztd.collection.com ;                    //定义包
import java.util.ArrayList ;
import java.util.Collection ;
import java.util.Iterator ;
import book. lztd.com.Book ;                     //引入解决问题 1 定义的包及包中的类
public class CollectionDemo {
    public static void main(String[] args) {
        Collection coll = new ArrayList() ;      //创建ArrayList对象，上转型为Collection集合
System.out.println("---------------------加载数据--------------------") ;
        coll.add(new Book("习近平谈治国理政（第一卷）",80,"外文出版社") ) ;
        coll.add(new Book("习近平谈治国理政（第二卷）", 80, "外文出版社")) ;
        coll.add(new Book("习近平谈治国理政（第三卷）", 80, "外文出版社"));
        coll.add(new Book("习近平谈治国理政（第四卷）", 80, "外文出版社")) ;
        coll.add(new Book("习近平新时代中国特色社会主义思想专题摘编", 30, "中央文献出版社 党
建读物出版社")) ;
        coll.add(new Book("党的二十大报告辅导读本", 38, "人民出版社")) ;
        coll.add(new Book("初心的力量 共产党人的赤子之情", 49, "新世界出版社")) ;
        coll.add(new Book("百年大党与中国道路",48.00,"中共中央党校出版社"));
        coll.add(new Book("铁道游击队",33.8, "南方出版社")) ;
        visitElement(coll) ;
        //判断是否有new Book("党的二十大报告辅导读本", 38, "人民出版社")这本教材
        System.out.println("-------------------查找数据--------------------") ;
        System.out.println("是否包含指定的书：" + coll.contains( new Book("党的二
十大报告辅导读本", 38, "人民出版社"))) ;
        //删除集合中的Book("铁道游击队",33.8, "南方出版社")教材
```

```
        coll.remove(new Book("铁道游击队",33.8, "南方出版社")) ;
        System.out.println("------------------删除指定数据------------------") ;
        visitElement(coll) ;                            //遍历集合的元素
    }
    public static void visitElement(Collection coll) {
        Iterator it = coll.iterator() ;            //获取迭代器对象
        for (;it.hasNext() ;) {                        //遍历集合
            System.out.println(it.next()) ;            //取出集合中的每一个元素
        }
    }
}
```

解决问题3的程序运行结果如图9-2所示。

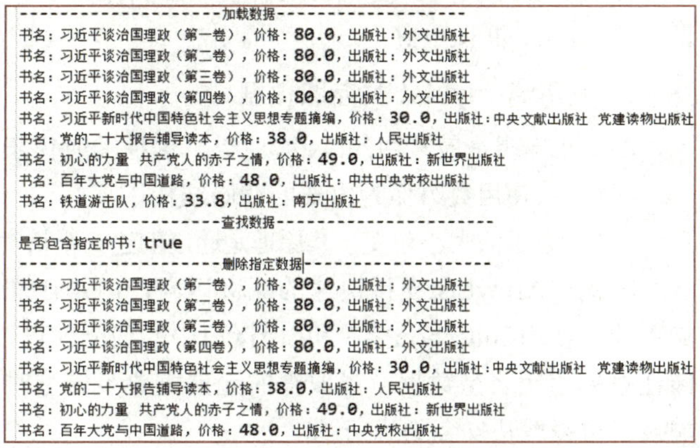

```
--------------------加载数据--------------------
书名：习近平谈治国理政（第一卷），价格：80.0，出版社：外文出版社
书名：习近平谈治国理政（第二卷），价格：80.0，出版社：外文出版社
书名：习近平谈治国理政（第三卷），价格：80.0，出版社：外文出版社
书名：习近平谈治国理政（第四卷），价格：80.0，出版社：外文出版社
书名：习近平新时代中国特色社会主义思想专题摘编，价格：30.0，出版社：中央文献出版社  党建读物出版社
书名：党的二十大报告辅导读本，价格：38.0，出版社：人民出版社
书名：初心的力量  共产党人的赤子之情，价格：49.0，出版社：新世界出版社
书名：百年大党与中国道路，价格：48.0，出版社：中共中央党校出版社
书名：铁道游击队，价格：33.8，出版社：南方出版社
--------------------查找数据--------------------
是否包含指定的书：true
--------------------删除指定数据--------------------
书名：习近平谈治国理政（第一卷），价格：80.0，出版社：外文出版社
书名：习近平谈治国理政（第二卷），价格：80.0，出版社：外文出版社
书名：习近平谈治国理政（第三卷），价格：80.0，出版社：外文出版社
书名：习近平谈治国理政（第四卷），价格：80.0，出版社：外文出版社
书名：习近平新时代中国特色社会主义思想专题摘编，价格：30.0，出版社：中央文献出版社  党建读物出版社
书名：党的二十大报告辅导读本，价格：38.0，出版社：人民出版社
书名：初心的力量  共产党人的赤子之情，价格：49.0，出版社：新世界出版社
书名：百年大党与中国道路，价格：48.0，出版社：中央党校出版社
```

图 9-2　解决问题 3 的程序运行结果

三、List 接口及其实现类

通过Collection接口的add()方法来存储数据，数据存储的位置固定在当前集合的末尾，如果想要精确控制数据在集合中的存储位置，就必须使用Collection接口的子接口，其中，List接口可以实现元素存储位置的精确控制。

1. 认识 List 接口

List接口是Collection接口的最常用子接口，它的定义格式如下：

```
public interface List <E> extends Collection <E>
```

List接口是有序的数据结构，可以通过使用索引（下标）来精确控制每个元素插入的位置，也可以使用索引来访问List集合中的指定元素，相当于数组（索引号从0开始），但List的长度可以变化。同一个List集合允许存储相同的元素。因此，List接口的主要特点有两个：一是有序；二是允许有重复的元素。List接口扩充了Collection接口，拥有了更多的方法，List接口扩充功能见表9-3。

表 9-3　List 接口扩充功能

序号	方 法 名 称	功 能 描 述	功能
1	public void add(int index, E element)	向集合中指定的位置插入指定的元素 e	添加
2	public boolean addAll(int index, Collection <? extends E> c)	把集合 c 中的元素插入到指定的 index 位置	添加
3	public E get(int index)	获取指定位置 index 上的元素	查询
4	public int indexOf(Object o)	返回元素 o 第一次出现的位置，否则返回 -1	查询
5	public int lastIndexOf(Object o)	返回元素 o 最后一次出现的位置，否则返回 -1	查询
6	public E remove(int index)	删除指定位置 index 上的元素	删除
7	public E set(int index,E element)	把指定位置 index 上的元素修改为指定的元素 e	修改

续表

序号	方法名称	功能描述	功能
8	public List<E> subList(int fromIndex,int toIndex)	返回当前集合中指定的子集合	查询
9	public ListIterator<E> listIterator()	返回一个列表迭代器，来访问集合中的元素	查询
10	public ListIterator<E> listIterator(int index)	返回一个迭代器，用来访问从指定位置开始的每一个元素	查询

由表9-3可知，List接口支持对元素进行增加、删除、修改、查询的功能。一般情况下，在进行程序开发时，不再使用Collection接口来操作集合，而使用它的子接口。由于List是接口，实例化时只能使用已经实现了List接口的子类。

List接口的两个常用实现类是ArrayList类和LinkedList类，到底使用哪一个实现类，取决于实际的开发需要。如果要支持随机访问，使用ArrayList类；如果需要在集合的中间位置频繁地添加、删除元素，使用LinkedList更好。

2. 使用 ArrayList 类存取数据

ArrayList类是最常用的List实现类，这种类所代表的数据结构有以下两个特点：

（1）它使用数组作为内部的存储结构；

（2）数组的大小可变，其原理是通过创建一个长度更大的数组，来存储原来的元素和新添加的元素。

因此，ArrayList支持快速的随机访问，但是在插入元素、删除元素时，需要重建数组，所以其性能不佳。使用Collection接口和List接口中的功能就可以完成对ArrayList集合的操作。由于集合中可以存储任意的引用类型数据，当取得的元素需要下转型时，存在有安全隐患，在进行集合操作时，使用泛型技术可以解决安全隐患问题。

解决问题4的程序代码使用ArrayList类创建了两个对象，分别上转型为List接口和Collection接口。

解决问题4 ArrayList类的使用。

```
package lztd.list.com ;
import java.util.* ;
import book.lztd.com.Book ;                          // 解决问题 1 中定义的类
import person. lztd.com.Person ;                     // 解决问题 2 中定义的类
public class ArrayListDemo {
    public static void main(String[] args) {
        Collection <Book> coll = new ArrayList<Book>() ;// 使用泛型技术解决下转型安全隐患
        List <Person> list = new ArrayList<Person>() ;
        coll.add(new Book(" 习近平谈治国理政（第一卷）",80," 外文出版社 ")) ;
        coll.add(new Book(" 习近平谈治国理政（第二卷）", 80, " 外文出版社 ")) ;
        coll.add(new Book(" 习近平谈治国理政（第三卷）", 80, " 外文出版社 ")) ;
        coll.add(new Book(" 习近平谈治国理政（第四卷）", 80, " 外文出版社 ")) ;
        list.add(new Person(" 小学生 ",10)) ;
        list.add(new Person(" 中学生 ",16)) ;
        list.add(new Person(" 大学生 ",18)) ;
        System.out.println("---------------- 数据初始化加载结束 ----------------") ;
        System.out.println("------------Collection 追加了两本书 -------------") ;
```

```
        coll.add(new Book("习近平新时代中国特色社会主义思想专题摘编", 30, "中央文献出版社  党
建读物出版社"));
        coll.add(new Book("党的二十大报告辅导读本", 38, "人民出版社"));
                                                 //Collection只能在末尾追加
        System.out.println("-----------在指定位置List插入了一个人-----------");
        list.add(2, new Person("研究生",22));    //List可以指定位置添加
        System.out.println("------------------------------------------------");
        System.out.println("使用Collection操作ArrayList集合...");
        System.out.println("-----------------------------------------------");
        Iterator <Book> it = coll.iterator();    //Collection只能使用迭代器
        for(;it.hasNext();) {
            System.out.println(it.next());
        }
        System.out.println("-----------------------------------------------");
        System.out.println("使用List操作ArrayList集合...");
        System.out.println("-----------------------------------------------");
        for(int i = 0; i < list.size(); i++) {  //List可以使用索引
            System.out.println(list.get(i));
        }
    }
}
```

解决问题4的程序运行结果如图9-3所示。

```
-----------------数据初始化加载结束-----------------
-------------Collection追加了两本书---------------
-------------在指定位置List插入了一个人-------------
-------------------------------------------------
使用Collection操作ArrayList集合...
-------------------------------------------------
书名：习近平谈治国理政（第一卷），价格：80.0，出版社：外文出版社
书名：习近平谈治国理政（第二卷），价格：80.0，出版社：外文出版社
书名：习近平谈治国理政（第三卷），价格：80.0，出版社：外文出版社
书名：习近平谈治国理政（第四卷），价格：80.0，出版社：外文出版社
书名：习近平新时代中国特色社会主义思想专题摘编，价格：30.0，出版社：中央文献出版社  党建读物出版社
书名：党的二十大报告辅导读本，价格：38.0，出版社：人民出版社
-------------------------------------------------
使用List操作ArrayList集合...
-------------------------------------------------
姓名：小学生,年龄：10
姓名：中学生,年龄：16
姓名：研究生,年龄：22
姓名：大学生,年龄：18
```

图 9-3　解决问题 4 的程序运行结果

ArrayList类中常用的方法，都是围绕索引来设计的，掌握这一特点，对于在程序开发过程使用这个类的方法时，非常有帮助。

3. 使用 LinkedList 类存取数据

LinkedList类实现了List接口，同时实现了Deque接口。Deque接口是Queue接口的子接口，是Java 6以后增加的功能，它代表一个双向队列。因此，LinkedList类实现的是链表数据结构，每一个元素element其实就是链表的一个结点，链表的结构在模块一的任务3中已经有描述，如图9-4所示。

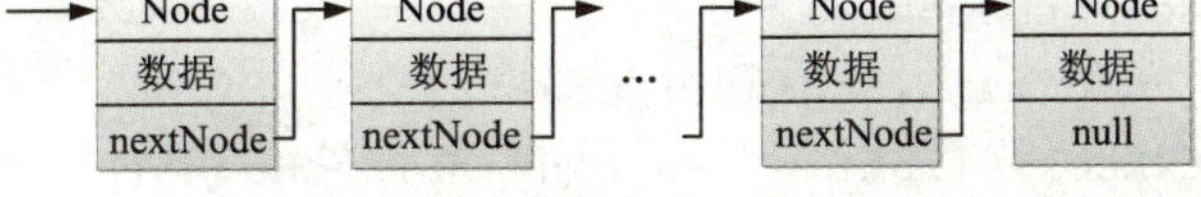

图 9-4　链表结构

这种数据结构的最大特点是插入、删除结点元素的速度比较快，但是随机访问的效率比较低，要访问某个元素，必须从链表的头部开始，对链表的结点进行遍历，直至找到符合条件的元素为止。由于LinkedList类还实现了Deque接口，可以用这个类来实现堆栈、队列的功能。堆栈的特点是先进后出

（FILO），如一般情况下电梯就是先进后出的模型；队列的特点是先进先出（FIFO），如排除买票就是先进先出的模型。

LinkedList类的特有方法，都是围绕头结点（First）和尾结点（Last）进行设计，除此之外，还有Deque接口的方法，见表9-4。

表 9-4　LinkedList 类常用方法

序　号	方法名称	功能描述	功　能
1	public void addFirst(E e)	向集合的头部添加元素 e	添加
2	public void addLast(E e)	向集合的尾部添加元素 e	添加
3	public E getFirst()	获取集合的头部元素	查询
4	public E getLast()	获取集合的尾部元素	查询
5	public E removeFirst()	获取头部元素，并删除这个元素	查询 / 删除
6	public E removeLast()	获取尾部元素，并删除这个元素	查询 / 删除
7	public boolean offer(E e)	等价于 addLast() 方法，继承自 Deque 接口	添加
8	public boolean offerFirst(E e)	等价于 addFirst() 方法，继承自 Deque 接口	添加
9	public boolean offerLast(E e)	等价于 addLast() 方法，继承自 Deque 接口	添加
10	public E peekFirst()	等价于 getFirst() 方法，继承自 Deque 接口	查询
11	public E peekLast()	等价于 getLast() 方法，继承自 Deque 接口	查询
12	public E peek()	等价于 getFirst() 方法，继承自 Deque 接口	查询
13	public E poll()	等价于 removeFirst() 方法，继承自 Deque 接口	查询 / 删除
14	public E pollFirst()	等价于 removeFirst() 方法，继承自 Deque 接口	查询 / 删除
15	public E pollLast()	等价于 removeLast() 方法，继承自 Deque 接口	查询 / 删除
16	public void push(E e)	等价于 addFirst() 方法，继承自 Deque 接口	添加
17	public E pop()	等价于 removeFirst() 方法，继承自 Deque 接口	查询 / 删除

解决问题5可以实现一个链表，并且能够实现先进先出、先进后出的功能。由于使用的是LinkedList类的特有功能，程序中并不需要使用LinkedList类的父接口，直接实例化LinkedList类的对象。

解决问题 5　实现队列、堆栈功能。

```
package lztd.link.com ;
import java.util.LinkedList ;
import book.lztd.com.Book ;                    // 引入解决问题 1 的包
import person.lztd.com.Person ;                // 引入解决问题 2 的包
public class LinkedListDemo {
    public static void main(String[] args) {
        LinkedList<Book> link1 = new LinkedList<Book>() ;
        LinkedList<Person> link2 = new LinkedList<Person>() ;
        //1. 创建链表
        link1.addFirst(new Book("习近平新时代中国特色社会主义思想专题摘编", 30, "中央
文献出版社  党建读物出版社")) ;
```

```
        link1.addFirst(new Book("党的二十大报告辅导读本", 38, "人民出版社"));
        link1.addFirst(new Book("初心的力量 共产党人的赤子情怀", 49, "新世界出版社"));
        link2.addLast(new Person("大国工匠郑志明",45));
        link2.addLast(new Person("全国铁路火车头奖章侯树德",66));
        link2.addLast(new Person("广西工匠李桂平",55));
        //2.link1 实现堆栈功能，堆栈是后进先出
        System.out.println("实现堆栈功能...");
        while(!link1.isEmpty()) {          //判断链表是否为空
            System.out.println(link1.removeFirst());
        }
        //3.link2 实现队列功能，队列是先进先出
        System.out.println("实现队列功能...");
        while(!link2.isEmpty()) {
            System.out.println(link2.removeFirst());
        }
    }
}
```

解决问题5的程序运行结果如图9-5所示。

```
实现堆栈功能...
书名：初心的力量 共产党人的赤子情怀，价格：49.0，出版社：新世界出版社
书名：党的二十大报告辅导读本，价格：38.0，出版社：人民出版社
书名：习近平新时代中国特色社会主义思想专题摘编，价格：30.0，出版社：中央文献出版社 党建读物出版社
实现队列功能...
姓名：大国工匠郑志明，年龄：45
姓名：全国铁路火车头奖章侯树德，年龄：66
姓名：广西工匠李桂平，年龄：55
```

图 9-5 解决问题 5 的程序运行结果

四、Set 接口及其实现类

Set接口是Collection接口的子接口，它也是常用的集合接口。与List接口不同的是，Set接口它只是简单地继承了Collection接口，并没有对Collection接口中的功能进行扩充，因此，Set接口中没有get()方法，要遍历集合元素只能通过迭代器完成，或者将集合转换成为数组。

1. 认识 Set 接口

Set接口的定义格式如下：

```
public interface Set<E> extends Collection<E>
```

Set接口有三个主要的特点：

（1）在集合中不允许存在重复的元素，每一个Set元素都依赖于所添加对象中的equals()方法来进行唯一性检查；

（2）Set接口是无序的，在进行集合遍历时，输出的元素顺序可能会与添加元素的顺序不一致，且不能够使用下标访问集合中的元素；

（3）Set接口中没有扩充新的功能，只是继承了Collection接口中的方法。

Set接口有两个常用的实现类，分别是HashSet类和TreeSet类，可以根据实际情况，可以利用这两个类的任何一个类实例化Set对象。

2. 利用 HashSet 类存取数据

使用HashSet类存储集合元素时，它的原理如下：

（1）依据哈希（Hash）算法计算出当前对象的哈希值；

（2）根据哈希值的大小，找到这个对象在集合中存储的位置；

（3）如果哈希值相同（称为哈希冲突），说明当前位置上已经存储有对象，程序就会使用这个对象的equals()方法来判断内容；

（4）如果equals()方法返回true，就不存储；如果返回false，继续通过算法重新计算哈希值。

Java语言中，根类Object中包含有hashCode()方法，可以通过重写这个方法来计算对象的哈希值，如解决问题6所示。

解决问题6 重写hashCode()方法，保证HashSet元素的唯一性。

```
package lztd.set.com ;
import java.util.* ;
class Person {
    private String name ;
    private int age ;
    public Person(String name,int age) {
        this.name = name ;
        this.age = age ;
    }
    public boolean equals(Object obj) {
        Person p = null ;
        if(obj instanceof Person) {
            p = (Person)obj ;
        }
        if(this == p ) return true ;
        if(p == null) return false ;
        if(this.name.equals(p.name) && this.age == p.age) {
            return true ;
        }
        return false ;
    }
    public String toString() {
        return "姓名：" + this.name + "，年龄：" + this.age ;
    }
    @Override
    public int hashCode() {                          // 重写 hashCode() 方法
        return this.name.hashCode() + this.age ;
    }
```

```
}
public class SetDemo {
    public static void main(String[] args) {
        Set <Person> set = new HashSet<Person>() ;
        set.add(new Person("技术能手李桂平",54)) ;
        set.add(new Person("技术能手李桂平",54)) ;
                    // 重复数据，如果 hashCode() 值相同，就自动调用 equals() 方法查重
        set.add(new Person("大国工匠郑志明",45)) ;
        set.add(new Person("大国工匠郑志明",45)) ;
                    // 重复数据，Person 类需要重写 hashcode() 和 equals() 方法
        for (Iterator<Person> it = set.iterator(); it.hasNext(); ) {
            System.out.println(it.next()) ;
        }
    }
}
```

解决问题6的程序运行结果如图9-6所示，重写hashCode()方法以后，保证了集合中元素的唯一性。

```
姓名：大国工匠郑志明,年龄：45
姓名：技术能手李桂平,年龄：54
```

图 9-6　解决问题 6 的程序运行结果

注　意：

在实际开发过程中，一个完整的类最好重写Object类中的toString()、equals()、hashCode()这三个方法。

由于HashSet类使用的哈希表，所以它的存取、查找速度非常快。遍历元素的顺序与元素的存储顺序不一致。

3. 使用 TreeSet 类存取数据

Set接口的另一个常用实现类是TreeSet子类，TreeSet类同时实现了SortedSet接口，它有以下几个特点：

（1）存储的元素不能重复，但保证元素不重复的关键因素不是hashCode()方法和equals()方法，而是compareTo()方法，因此，每一个要添加到TreeSet集合中的对象都必须实现Comparable接口，重写Comparable接口中的compareTo()方法；

（2）存放的元素按照约定的条件进行排序，依据是compareTo()方法，实现排序的方法有两种：自然排序和定制排序，TreeSet类默认采用自然排序方法；

（3）遍历的结果是按照一定的排序方法输出。

TreeSet类支持两种排序：

（1）自然排序

TreeSet会自动调用集合元素的comareTo()方法，来比较元素之间的大小关系，然后将集合元素按照升序进行排列。对象要作为TreeSet集合的元素，就必须实现Comparable接口，并且重写compareTo()方法，在compareTo()方法中实现的功能实际是约定排序的条件。在Java语言中，有部分类实现了Comparable接口，比如基本数据类型的包装类、String类等。compareTo()方法返回一个整型值，分别是1（大于）、0（等于）、-1（小于）。

解决问题7 使用TreeSet集合存储Book对象，要求按照价格进行排序。

需求：Book存储到TreeSet集合，必须实现Comparable接口。Book类要重写compareTo()方法，对Book的价格进行比较。

代码如下：

```
package lztd.set.com ;
import java.util.* ;
class Book implements Comparable<Book> {          // 实现 Comparable 接口
    private String title ;
    private double price ;
    private String publish ;
    public Book(String title ,double price ,String publish) {
        this.title = title ;
        this.price = price ;
        this.publish = publish ;
    }
    public String toString() {
         return "书名：" + this.title + "，价格：" + this.price + "，出版社：" +
this.publish ;
    }
    public boolean equals(Object obj) {
        Book b = null ;
        if(obj instanceof Book ) {
            b = (Book)obj ;
        }
        if(this == b) return true ;
        if(b == null) return false ;
        if(this.title.equals(b.title) && this.price == b.price && this.publish.
equals(b.publish)) {
            return true ;
        }
        return false ;
    }
    public int compareTo(Book b) {     // 重写 compareTo() 方法，使用价格作为比较条件
        if(this.price > b.price) {
            return 1 ;
        } else if(this.price == b.price) {
            return 0 ;
        } else {
            return -1 ;
        }
    }
```

```
    }
    public class BookTreeSet {
        public static void main(String[] args) {
            TreeSet<Book> tree = new TreeSet<Book>() ;
            tree.add(new Book("井冈山精神",32,"安徽教育出版社")) ;
                                              //添加数据到集合中，并自动按照价格排序
            tree.add(new Book("可爱的中国",35,"天津人民出版社")) ;
            tree.add(new Book("红色故事100篇",49,"济南出版社")) ;
            tree.add(new Book("青春之歌",52,"人民文学出版社")) ;
            tree.add(new Book("百年大党与中国道路",48,"中共中央党校出版社")) ;
            tree.add(new Book("雷锋的故事",16.8,"北京教育出版社")) ;
            for(Iterator<Book> it = tree.iterator() ; it.hasNext() ;) {
                System.out.println(it.next()) ;
            }
        }
    }
```

解决问题7的程序运行结果如图9-7所示。

```
书名：雷锋的故事，价格：16.8，出版社：北京教育出版社
书名：井冈山精神，价格：32.0，出版社：安徽教育出版社
书名：可爱的中国，价格：35.0，出版社：天津人民出版社
书名：青春之歌，价格：52.0，出版社：人民文学出版社
书名：百年大党与中国道路，价格：48.0，出版社：中共中央党校出版社
书名：红色故事100篇，价格：49.0，出版社：济南出版社
```

图 9-7　解决问题 7 的程序运行结果

在程序开发过程中，在compareTo()方法中设计排序条件时，都会把多个条件组合在一起，首先考虑主要条件，依次类推。如果存储到TreeSet集合中的对象没有实现Comparable接口，会抛出ClassCastException异常。

（2）定制排序

如果TreeSet集合的元素要实现降序排序，或者添加到TreeSet集合中的对象没有实现Comparable接口，就必须使用定制排序的方法来实现，Comparator接口可以实现定制排序。在Comaraor接口中包含有一个compara(T o1,T o2)方法，用于比较对象o1和o2的大小。使用定制排序时，排序的规则由实现Comparator接口的类确定：

① 定义一个新的类，实现Comparator接口，重写compare(T o1,T o2)方法；

② 实例化一个TreeSet类对象，并使用实现Comparator接口的类的实例化对象作为TreeSet构造方法的参数，来指定具体的比较器。

读者可以自行参考Java中的API文档进行学习。

五、认识 Properties 类

在安装一些应用程序，或者配置服务器时，经常会使用到属性文件Properties，这类文件用来存储应用程序的安装信息、配置信息，例如，Windows系统中的win.ini文件，就是用来保存用户配置环境的信息。这些信息一般都是“键-值”的格式保存到配置文件中，由于信息量比较少，所以没有使用数据库。

1. Properties 基础知识

Properties文件是一个文本文件，它的扩展名一般是.properties。Properties文件的语法有两种：注释和属性配置，其中，注释是以“#”开头，属性配置是以“键=值”的方式表示一条属性信息，在进行解析时，“键-值”前后的空格会被忽略。例如，下面的代码段是Properties属性文件的内容，读者可以

使用记事本编辑这段信息，保存时把文件的扩展名命名为.properties。

```
#configure info
dbhost=localhost
databasename=mydb
dbusername=root
dbpassword=root
```

上面的信息，以“#”开始的表示为注释信息，不会被解析；在“=”号左边的为key，右边的为value，相当于“键-值”对。

2. Properties 类

视频 Map类

Java语言提供了专门操作Properties属性文件的类，这个类的名称就是Properties，是java.util工具包中的类。这个类从本质上来说是Map接口的一个子类，和Map相比，有以下的特点：

（1）键和值都是字符串类型（String）；

（2）能够从输入流（文件）中获取“键-值”对信息；

（3）可以将“键-值”对信息保存到输出流（文件）中。

它提供的常用方法见表9-5。请读者自行查阅Map接口及其实现子类的使用。

表 9-5 Properties 类的常用方法

序号	方法	功能描述
1	public String getProperty(String key)	根据指定的键 key，查找属性值
2	public void load(InputStream inStream) throws IOException	从指定的字节流文件 inStream 中读取键 - 值信息
3	public void load(Reader reader) throws IOException	从指定的字符流文件 reader 中读取键 - 值信息
4	public void store(OutputStream out,String comments) throws IOException	将键 - 值对信息写入字节流文件 out 中，可永久保存
5	public void store(Writer writer, String comments) throws IOException	将键 - 值对信息写入字符流文件 writer 中，可永久保存
6	public Object setProperty(String key,String value)	保存键 key- 值 value 对到属性集合中
7	public Set<String> stringPropertyNames()	将 Properties 集合中的所有键保存到一个 Set 集合中

Properties类对文件的操作，在后面的任务中使用，本任务主要介绍Properties类的基本使用，包含存键-值对、取键-值对、遍历键-值对，如解决问题8所示。

解决问题8 Properties类的存取和遍历。

```
import java.util.Properties ;
import java.util.Set ;
public class PropertiesDemo {
    public static void main(String[] args) {
        Properties pro = new Properties() ;
        pro.setProperty("hostname", "localhost") ;
        pro.setProperty("ipaddress", "127.0.0.1") ;
            pro.setProperty("DNS", "192.168.1.1") ;
```

```
        pro.setProperty("OS", "windows 7") ;
        //查找OS的值
        System.out.println("OS = " + pro.getProperty("OS")) ;
        //遍历所有属性值
        Set <String> s =  pro.stringPropertyNames() ;
        for(String key :s) {
            String value = pro.getProperty(key) ;
            System.out.println(key + " = " + value);
        }
    }
}
```

解决问题8的程序运行结果如图9-8所示。

```
OS = windows 7
hostname = localhost
ipaddress = 127.0.0.1
OS = windows 7
DNS = 192.168.1.1
```

图 9-8　解决问题 8 的程序运行结果

任务实施

应用实例——二叉树的实现

1. 需求分析

二叉树是一种比较典型的数据结构，它的结构如图9-9所示。这种结构的最大特点是每个结点最多有两条分支。在Java语言中，树的操作原理：

（1）选择第一个数据作为根结点；

（2）新生成的数据与根结点进行比较，如果比根结点小，放在左子树（左结点），如果比根结点大，就放在右子树（右结点），在图9-9中，left2比根结点小，比left1也小，所以放在left1的左结点；

（3）按照中序遍历取数据时，可以完成对数据的排序。

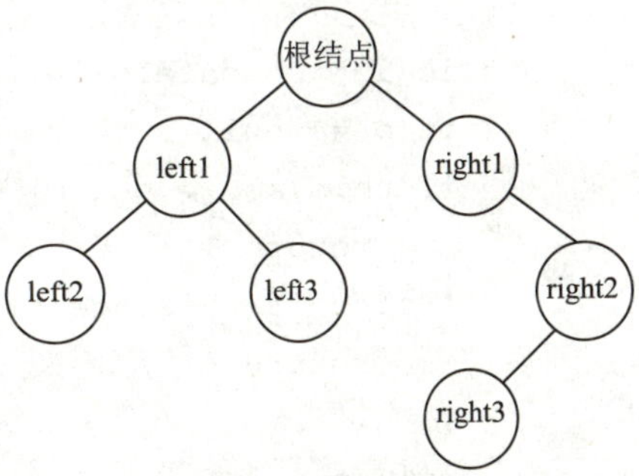

图 9-9　二叉树

需求：使用二叉树按照年龄保存人的信息。

分析：

（1）二叉树的结点保存信息是人，所以需要人类，且因为二叉树中的元素需要排序，人类需要实现Comparable接口，重写compareTo()方法，以年龄作为比较的条件；

（2）需要定义一个二叉树类，这个类用来保存结点的信息，可以把结点类定义为二叉树类的内部类；

（3）在结点类中定义数据、左结点、右结点属性，左结点指向左子树，右结点指向右子树，数据即是要保存的对象。

2. 实现代码

```
package lztd.binarytree.com ;
class Person implements Comparable <Person> {
    private String name ;
    private int age ;
```

```
    public Person(String name,int age) {
        this.name = name ;
        this.age = age ;
    }
    public int getAge() {
        return this.age ;
    }
    public String getName() {
        return this.name ;
    }
    public boolean equals(Person p){
        if(p == null ) throw new IllegalArgumentException() ;
        if(this == p ) return true ;
        if(this.name.equals(p.name) && this.age == p.age) {
            return true ;
        }
        return false ;
    }
    public String toString() {
        return "姓名：" + this.name + "，年龄：" + this.age ;
    }
    public int compareTo(Person p) {        //根据年龄进行判断结点放左边还是右边
        if(p == null ) throw new IllegalArgumentException() ;
        if(this.age > p.age) {
            return 1 ;
        } else if(this.age < p.age) {
            return -1 ;
        }
        return 0 ;
    }
}
class BinaryTree {                           //定义一个二叉树类
    private Node root ;
    private int count ;
    private Person[] retData ;
    private int foot ;
    class Node {                             //内部类，用来定义结点，存放Person信息
        private Person data ;
        private Node left ;
        private Node right ;
        public Node(Person data) {
            this.data = data ;
```

```
        }
        public void addNode(Node newNode) {
            if(this.data.compareTo(newNode.data) < 0) { // 如果年龄小，则放二叉树左边
                if(this.left == null) {
                    this.left = newNode ;
                } else {
                    this.left.addNode(newNode) ;
                }
            } else {                                    // 如果年龄不小，则放二叉树右边
                if(this.right == null) {
                    this.right = newNode ;
                } else {
                    this.right.addNode(newNode) ;
                }
            }
        }
        public void toArrayNode() {
            if(this.left != null) {
                this.left.toArrayNode() ;
            }
            BinaryTree.this.retData[BinaryTree.this.foot ++] = this.data ;
            if(this.right != null) {
                this.right.toArrayNode() ;
            }
        }
    }
    public void add(Person p) {
        if(!(p instanceof Comparable)) {
            throw new IllegalArgumentException() ;
        }
        Node newNode = new Node(p) ;
        if(this.root == null) {
            this.root = newNode ;
        } else {
            this.root.addNode(newNode) ;
        }
        this.count ++ ;
    }
    public Person [] toArray() {
        if(this.root == null) return null ;
        this.foot = 0 ;
        retData = new Person[this.count] ;
```

```
        this.root.toArrayNode() ;
        return this.retData ;
    }
}
public class BinaryTreeDemo {
    public static void main(String[] args) {
        BinaryTree bt = new BinaryTree() ;
        bt.add(new Person("全国铁路火车头奖章获得者候树德",66)) ;
        bt.add(new Person("中国铁路南宁局首席技师李桂平",54)) ;
        bt.add(new Person("全路第一位大机女司机杨瑶",25)) ;
        bt.add(new Person("最美逆行者韦周雯",30)) ;
        bt.add(new Person("大国工匠郑志明",45)) ;
        bt.add(new Person("大国工匠艾爱国",73)) ;
        Person []obj = bt.toArray() ;
        for(Person p : obj) {
            System.out.println(p) ;
        }
    }
}
```

二叉树实现排序的程序运行结果如图9-10所示。

```
姓名：大国工匠艾爱国,年龄：73
姓名：全国铁路火车头奖章获得者候树德,年龄：66
姓名：中国铁路南宁局首席技师李桂平,年龄：54
姓名：大国工匠郑志明,年龄：45
姓名：最美逆行者韦周雯,年龄：30
姓名：全路第一位大机女司机杨瑶,年龄：25
```

图 9-10　二叉树实现排序的程序运行结果

课后实践

1. 定义MobilePhone类，包含品牌、价格、内存容量三个属性，有dial()方法和toString()方法。利用LinkedList存储10部手机的信息，并利用Iterator对链表进行遍历，输出手机的基本信息。

2. 定义Computer类，包含品牌、价格两个属性，包含toString()方法，能够获取当前对象的基本信息。利用TreeSet存储10台计算机的信息，并利用Iterator对Set集合进行遍历。

3. 编写一个企业基本信息的查询表，“华为-手机、联想-计算机、海尔-洗衣机、格力-空调、铁道出版社-图书”，利用Map接口保存这些信息，并输出“键-值”对信息。

4. 利用LinkedList类实现一个栈（先进后出）和队列（先进先出），并编写测试类进行测试。

5. 利用Map接口及其子类，编写一个简单的通讯录。

任务10 分割与合并文件

任务描述

在网络传输文件的时候，发送端有些容量比较大的文件需要分割成为很多个小的文件进行传输，以适应网络流量的限制，在接收端需要将这些文件进行合并。小龙想要编写程序来解决这个问题。

职业能力与目标

◎ 掌握文件File类，能够对本地文件进行查询、创建、删除；
◎ 掌握操作文件的类，能够对文件内容进行正确地读、写；
◎ 理解文件的编码规范，能够解决“乱码”问题；
◎ 能够编写程序实现文件的分割与合并；
◎ 增强民族优秀传统文化、革命先进文化的自信；
◎ 具有为中国式现代化努力奋斗的奉献精神；
◎ 树立“强国有我，技能报国”的奋斗精神。

程序运行时所操作的数据都存储在内存中，内存是一个临时存储器，当程序退出或者计算机重新启动以后，参与运算的数据都不存在，如果要实现数据的持久化存储，就必须把数据存储到硬盘这种设备中。硬盘中的内容是按照文件来进行组织，以二进制信息进行存储。将内存中的信息存储到硬盘当中，称为输出（output），将硬盘中的信息读取到内存中，称为输入（input）。Java语言提供了输入输出操作的功能，称为I/O技术，操作文件的包一般都包含在java.io中。

知识储备

一、操作文件对象

文件是以硬盘为载体存储在计算机上的信息集合。通过文件名来区分不同的文件，文件名包含有主文件名和扩展名，扩展名一般用来指定文件的类型，例如，文本文件的扩展名为.txt，Java源文件的扩展名为.java。操作系统通过文件夹对文件进行管理，一个完整的文件除了文件名之外，还包含文件的路径（文件夹），在Java中提供了File类，实现对文件/文件夹本身进行操作，比如创建文件（夹）、删除文件（夹），不包含对文件内容的操作。

1. 认识文件 File 类

使用File类对文件进行操作时，首先要利用构造方法来实例化一个文件对象。实例化文件对象时，要指定文件的路径和文件名，文件路径由文件夹名和分隔符构成，例如，Windows操作系统中文件及路径“D:\java\file.txt”，其中的“\”表示分隔符。在Java程序中，分隔符“\”需要进行转义，用“\\”来表示。Linux操作系统中的分隔符为“/”，不需要进行转义，在进行实际开发时，可以使用File类的静态属性值获取系统分隔符（File.separator）。File类提供的常用方法见表10-1。

表 10-1　File 类的常用方法

序号	方法名称	功　能	备　注
1	public File(String pathname)	用指定的字符串实例化一个文件对象，pathname 可以是绝对路径和文件名，也可以是相对路径和文件名，或者只包含路径	构造方法
2	public File(String parent,String child)	用指定的字符串实例化一个文件对象，其中字符串 parent 代表父目录，字符串 child 代表子目录（或者子目录与文件名）	构造方法
3	public File(File parent,String child)	与上述构造方法功能相同，但 parent 代表一个 File 对象	构造方法
4	public boolean createNewFile() throws IOException	创建指定的文件，不能创建文件夹。在创建文件时，当前的文件的路径中包含的文件夹必须存在，否则会抛出 IOException 异常	普通方法
5	public boolean delete()	删除指定路径的文件或者文件夹，删除的文件夹必须为空。文件或者文件夹被删除以后，返回 true。被删除的对象不会保留在回收站	普通方法
6	public boolean exists()	判断当前文件 / 文件夹是否存在，如果存在返回 true，否则返回 false	普通方法
7	public boolean isDirectory()	判断当前对象是否是文件夹，如果是文件夹返回 true，否则返回 false	普通方法
8	public boolean isFile()	判断当前对象是否是文件，如果是文件返回 true，否则返回 false	普通方法
9	public String getAbsolutePath()	获取当前对象的绝对路径，并以字符串的形式返回	普通方法
10	public String getName()	获取当前对象名称，以字符串的形式返回	普通方法
11	public String getParent()	获取当前对象的父目录名称	普通方法
12	public long length()	获取文件的大小，单位是字节	普通方法
13	public long lastModified()	获取文件的修改时间，得到毫秒值，可以使用日期格式器进行设置	普通方法
14	public String[] list()	获取当前文件夹对象的所有文件和子文件夹，以字符串数组的形式返回	普通方法
15	public String[] list(FilenameFilter filter)	返回指定类型的文件，文件类型由过滤器 filter 指定	普通方法
16	public File[] listFiles()	返回当前目录中的所有文件	普通方法
17	public boolean mkdir()	创建文件夹对象，如果要创建的文件夹对象的父文件夹不存在，创建失败	普通方法
18	public boolean mkdirs()	创建文件夹对象，如果父文件夹对象不存在，一并创建	普通方法

解决问题1 列出D:\java目录下所有文件和文件夹对象，在这个文件夹下创建“\temp\txt\1.txt”文件，如果“temp\txt\”目录不存在，先创建目录。

（1）分析：

①使用File构造方法先实例化一个文件夹对象；

②使用list()方法获取当前对象的所有文件和文件夹，并以字符串数组的形式返回给调用者；

③使用for...each循环获取数组中每一个元素的名称，并显示出来；

④使用File(File parent,String child)构造方法实例化文件夹对象；

⑤使用isExist()方法判断当前对象是否存在，如果不存在，则使用mdDirs()创建父目录及子目录对象；

⑥再使用File(File parent,String child)构造方法实例化文件对象；

⑦使用isExist()方法判断当前对象是否存在，如果不存在，则使用createFile()方法创建一个文件对象。

（2）代码：本任务所有代码都使用Eclipse调试。

```
package lztd.file.com ;                                  // 包的名称，可以自行定义
import java.io.* ;
public class FileDemo {
    public static void main(String[] args) {
        File file1 = new File("D:\\java") ;              // 创建文件夹对象
        if(!file1.exists()) {
            System.out.println(" 文件夹不存在 ...") ;
            throw new IllegalArgumentException(" 文件夹不存在 ...") ;
        }
        for(String file:file1.list()) {                  // 获取并遍历获得的文件夹及文件
            System.out.println(file) ;
        }
        File file2 = new File(file1,"\\temp\\txt") ;     // 创建子目录对象
        if(!file2.exists()) {                            // 判断子目录对象是否存在
            file2.mkdirs() ;                             // 如果不存在，则创建子目录及其父目录
        }
        File file3 = new File(file2,"\\1.txt") ;         // 创建文件对象
        if(!file3.exists()) {                            // 判断文件对象是否存在
            try {
                file3.createNewFile() ;                  // 如果不存在，就创建文件
            } catch (IOException e) {
                e.printStackTrace() ;
            }
        }
    }
}
```

解决问题1的程序运行结果如图10-1所示。

```
.metadata
.recommenders
BankDemo.java
CarDemo.java
CircleDemo.java
couser
CRC
EditPlus
Example
exe4j
javacode
MobileCode
package
QQDemo.java
ShoppingDemo.java
StaticDemo.java
TVDemo.java
```

（a）

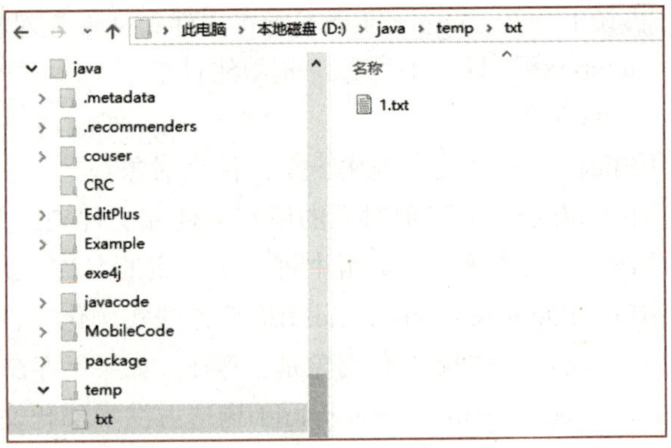

（b）

图 10-1　解决问题 1 的程序运行结果

图10-1中的（a）是程序运行结果截图，（b）是程序运行以后资源管理器的截图。一般情况下，在使用File类实例化文件对象时，总是把文件所在的路径与文件分别进行实例化，如果遇到文件所在的目录不存在，就可以先创建文件夹对象，下列代码段就是将文件与文件所在的路径分别实例化：

```
File path = new File("d:\\txt") ;
if(!path.exist()) {
    path.mdDirs() ;
}
File file = new File(path , "\\1.txt") ;
```

2. 查询指定类型的文件

在解决问题1的程序中，运行结果列出了指定目录的所有内容，如果程序员想要指定显示的文件类型，如只列出java源程序文件，这时，就需要使用文件过滤器FilenameFilter。FilenameFilter是一个接口，接口中只包含有一个方法accept(File dir, String name)，其中dir表示当前目录，name用来指定规则，也就是指定需要显示的文件类型。因此，对文件进行过滤，需要先实现FilenameFilter接口，重写accept()方法。

解决问题2　查询扩展名为“.java”的文件。

```
package lztd.file.com ;
import java.io.* ;
class Filter implements FilenameFilter {      // 定义过滤器（也可以使用内部类实现）
    @Override
    public boolean accept(File dir,String name) {
        return name.endsWith(".java") ;       // 对文件的扩展名进行判断，为真返回 true
    }
}
public class FilterDemo {
    public static void main(String[] args) {
        File file = new File("d:\\java") ;
        String names[] = file.list(new Filter()) ;  // 使用过滤器
```

```
            for(String name:names) {
                System.out.println(name) ;
            }
        }
    }
```

解决问题2的程序运行结果如图10-2所示。读者可以根据实际需要，通过过滤器来指定任意类型的文件。由于过滤器接口中只包含了一个方法，为了提高代码的可读性，可以将过滤器定义为一个内部类。

```
BankDemo.java
CarDemo.java
CircleDemo.java
QQDemo.java
ShoppingDemo.java
StaticDemo.java
TVDemo.java
```

图 10-2　解决问题 2 的程序运行结果

视 频

显示文件夹及子文件夹中的内容

二、认识字节流

File类只能对文件本身进行操作，不能访问文件的内容。对文件的访问一般包含读和写，读文件指的是从硬盘当中把文件的内容读取到内存当中，写文件指的是把内存中的数据存储到硬盘当中，实现信息的持久化。

1. 什么是流

在内存与硬盘之间进行数据交换，好似有一根管道，在管道中传递的数据，都称为流。从内存流向硬盘的数据称为输出流，从硬盘流向内存的数据称为输入流，如图10-3所示。

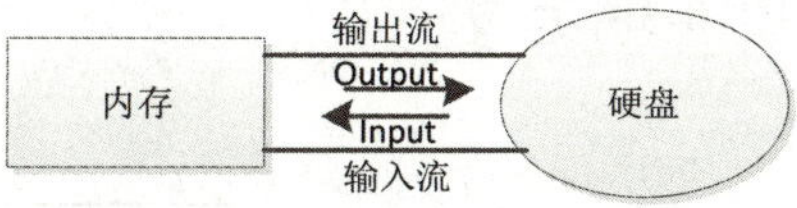

图 10-3　输入输出流

流中的数据按照顺序进行读、写，每个数据都必须等待它前面的数据读出或者送出之后才能够被读写，每次读写操作都是剩余数据中的第一个，不能随意选择位置。流不能够随机访问。

在Java中定义了两种类型的流：字节流和字符流。字节流以字节为基本处理单位，可以读写二进制数据。字符流以16位Unicode码表示的字符为基本处理单位，为字符的处理提供了方便有效的方法，但在最底层，所有的流都是字节形式。

字节流分为输入流和输出流，对应的类分别为InputStream和OutputStream。这两个类都是抽象类，不能直接实例化对象，但可以使用子类来实例化对象。InputStream是所有字节输入流的父类，它提供有读取文件的方法read()；OutputStream是所有字节输出流的父类，它提供有写入文件的方法write()。

① InputStream类。

InputStream类是抽象类，定义了所有字节输入流具有的共同特性，以它为根类的继承关系如图10-4所示。

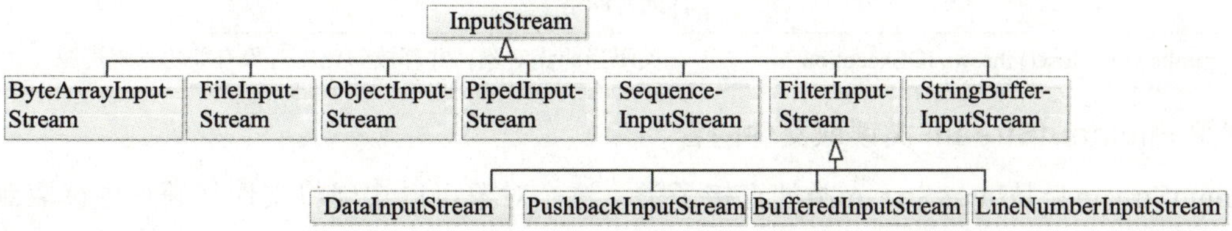

图 10-4　InputStream 继承结构

InputStream类提供的常用方法见表10-2。

表 10-2　InputStream 的常用方法

序号	方法名称	功　能
1	public abstract int read() throws IOException	抽象方法。从输入流中读取一个字节，并且返回一个 0~255 的 int 字节值，如果遇到文件末尾，返回 -1
2	public int read(byte[] b) throws IOException	从输入流中读取一定数量的字节，存放到字节数组 b 中，并返回读取的实际字节数，如果遇到文件末尾，返回 -1
3	public int read(byte[] b,int off,int len) throws IOException	从输入流中读取一定数量的字节，存放到字节数组 b 中，并返回读取的实际字节数，如果遇到文件末尾，返回 -1。参数 off 用来指定字节数组存放的起始位置，len 表示一次读取的字节数量
4	public void close() throws IOException	关闭输入流对象，并释放与该流相关联的所有系统资源
5	public long skip(long n)throws IOException	跳过 *n* 个字节不读取，并返回实际忽略的字节数，因为有可能流中剩下的字节数小于 *n*

② OutputStream类。

OutputStream类是抽象类，定义了所有字节输出流具有的共同特性，以它为根类的继承关系如图10-5所示。

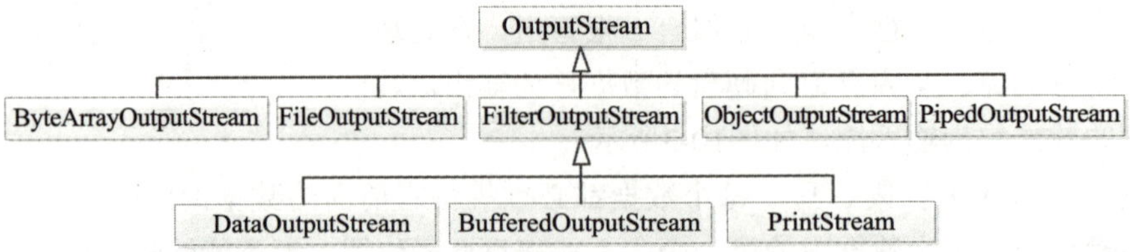

图 10-5　OutputStream 继承结构

OutputStream类提供的常用方法见表10-3。

表 10-3　OutputStream 的常用方法

序号	方法名称	功　能
1	public abstract void write(int b) throws IOException	抽象方法。向字节输出流的末尾写入一个字节 b，该方法在 OutputStream 的子类中实现
2	public void write(byte[] b) throws IOException	将字节数组 b 依次写入输出流对象中
3	public int read(byte[] b,int off,int len) throws IOException	将字节数组 b 从参数 off 指定的位置开始，取数量为 len 的字节，依次写入输出流对象中
4	public void flush() throws IOException	将当前流对象中缓冲区内的数据强制输出（一般是写入硬盘的文件或者网络）
5	public void close() throws IOException	关闭当前流对象，并释放与此流对象有关的系统资源

2. 利用 FileInputStream 类读取文件内容

FileInputStream类是InputStream类的直接子类，这个对象可以实现将文件从硬盘中读取到内存当中，进行读操作的流是字节流，用于读二进制格式的文件，使用字节文件流FileInputStream类读文件包含以下几个步骤：

（1）使用File类实例化文件对象，并判断文件是否存在；

（2）使用FileInputStream类实例化输入流对象，将输入流对象与File实例化对象进行关联；

（3）利用read()方法读取文件输入流对象中的内容；

（4）将读取出来的内容实例化成字符串；

（5）关闭文件输入流，释放资源。

FileInputStream有两个常用构造方法：

- public FileInputStream(File file) throws FileNotFoundException；
- public FileInputStream(String name) throws FileNotFoundException。

构造方法中的参数可以实现将输入流对象与文件进行关联。

解决问题3 利用FileInputStream将当前工程“src\1.txt”中的内容读取到内存，一次读取1 024个字节，将结果显示在屏幕上。

依据上述步骤，编写的代码如下：

```
package file.lztd.com ;                                 //包的名称可以自己定义
import java.io.* ;
public class FileInputStreamDemo {
    public static void main(String[] args) {
        File file = new File("src\\1.txt") ;
                        //在当前java工程的src下面创建一个"1.txt"文件，实例化文件对象
        if(!file.exists()) {
            throw new RuntimeException("文件不存在...") ;
        }
        FileInputStream fis = null ;                    //定义流对象
        byte[] b = new byte[1024] ;                     //定义读取字节临时存放区
        String word = null;
        try {
            fis = new FileInputStream(file) ;           //实例化流对象，将流与文件进行关联
            int len = 0 ;
            while((len = fis.read(b)) != -1) {          //读取文件内容，直至读完为止
                word = new String(b,0,len) ;            //将读取的内容还原成字符串
                System.out.println(word) ;
            }
        } catch (IOException e) {
            e.printStackTrace() ;
        } finally {
            try {
                fis.close() ;                           //关闭流对象，释放资源
            } catch (IOException e) {
                e.printStackTrace() ;
            }
        }
    }
}
```

解决问题3的程序运行结果如图10-6所示。

```
【词三首】
七律·长征
作者：毛泽东

红军不怕远征难，万水千山只等闲。
五岭逶迤腾细浪，乌蒙磅礴走泥丸。
金沙水拍云崖暖，大渡桥横铁索寒。
更喜岷山千里雪，三军过后尽开颜。

清平乐·六盘山
作者：毛泽东

天高云淡，望断南飞雁。
不到长城非好汉，屈指行程二万。
六盘山上高峰，红旗漫卷西风。
今日长缨在手，何时缚住苍龙？

忆秦娥·娄山关
作者：毛泽东

西风烈，长空雁叫霜晨月。
霜晨月，马蹄声碎，喇叭声咽。
雄关漫道真如铁，而今迈步从头越。
从头越，苍山如海，残阳如血。
```

图 10-6　解决问题 3 的程序运行结果

3. 利用 FileOutpuStream 保存文件内容

FileOutputStream类是OutputStream类的直接子类，这个对象可以实现将文件从内存中写到硬盘当中，进行写操作的流是字节流，用于将二进制格式的文件写入硬盘，实现信息的持久化。使用字节文件流FileInputStream类读文件包含以下几个步骤：

（1）使用File类实例化文件对象；

（2）使用FileOutputStream类实例化输出流对象，将输出流对象与File实例化对象进行关联，如果File对象所指向的文件不存在，会自动创建一个新文件，如果只是文件夹对象，就会产生FileNotFoundException异常；

（3）利用write()方法将信息以二进制格式写入文件中，写文件时，原来的文件会被覆盖，如果要保留原来的文件，只把新的信息写入到文件内容的最后，在实例化输出流对象时，把append参数设置为true，实现对内容的追加；

（4）使用flush()方法把内容从缓冲区中写入硬盘；

（5）关闭文件输入流，释放资源。

FileOutputStream有四个常用构造方法，其中后面两个构造方法允许以追加的方式向文件中写入内容：

- public FileOutputStream(File file) throws FileNotFoundException；
- public FileOutputStream(String name) throws FileNotFoundException；
- public FileOutputStream(String name,boolean append) throws FileNotFoundException；
- public FileOutputStream(File file,boolean append) throws FileNotFoundException。

解决问题4　利用FileOutputStream类将指定的内容写入当前工程“src\report.txt”文件中。

```
package file.lztd.com ;                              // 使用 eclipse，根据用户需要创建自己的包名
import java.io.* ;
public class FileOutputStreamDemo {
    public static void main(String[] args) {
        File file1 = new File("src") ;               // 创建子目录对象，子目录在当前工程的 src 下
        if(!file1.exists()) {                        // 判断子目录对象是否存在
            file1.mkdirs() ;                         // 如果不存在，则创建子目录及其父目录
        }
        File file2 = new File(file1,"\\report.txt") ;       // 实例化文件对象
        if(!file2.exists()) {
            try {
                file2.createNewFile() ;
            } catch(Exception e) {
                e.printStackTrace() ;
            }
        }
```

```
        System.out.println(file2.getName()) ;
        String []poe = {"——中国式现代化是人口规模巨大的现代化。\n",
            "——中国式现代化是全体人民共同富裕的现代化。\n",
            "——中国式现代化是物质文明和精神文明相协调的现代化。\n",
            "——中国式现代化是人与自然和谐共生的现代化。\n",
            "——中国式现代化是走和平发展道路的现代化。\n"} ;
        FileOutputStream fos = null ;
        try {
            fos = new FileOutputStream(file2,false) ;
                                    //将 append 设置为 false，每次重写文件内容
            for(int i = 0 ; i < poe.length ; i++) {
                byte []b = poe[i].getBytes() ;           //将待写的信息转换成字节
                fos.write(b, 0, b.length) ;              //写文件
                fos.flush() ;
            }
        }catch(IOException e) {
            e.printStackTrace() ;
        } finally {
            try {
                fos.close() ;
            } catch (IOException e) {
                    e.printStackTrace() ;
            }
        }
    }
}
```

解决问题4的程序运行完成以后，可以在资源管理器中找到poe.txt文件并打开，如图10-7所示。

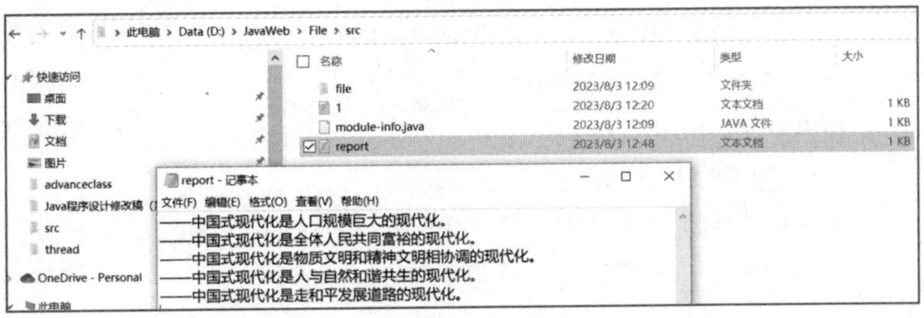

图 10-7 解决问题 4 的程序运行结果

利用FileInputStream类和FileOutputSteam类可以实现文件的复制。要实现复制文件的功能，可以按照以下步骤进行：

（1）使用File类分别实例化一个源文件对象和一个目标文件对象；

（2）利用源文件对象实例化FileInputStream流对象，利用目标文件对象实例化FileOutputStream流对象；

（3）利用read()方法从源文件对象中读取内容，存储到字节数组b中；

（4）利用write()将字节数组b的内容写入目标文件中；

（5）关闭流对象。

解决问题5的程序可以实现文件的复制功能。

解决问题5 将当前工程下的“src\source”文件内容复制到“src\destination”文件中。

```
package file.lztd.com ;                        //在 Eclipse 中创建自己喜欢的包
import java.io.* ;
public class CopyFile {
    public static void main(String[] args) {
        File source = new File("src\\source") ;  //设置源文件，文件在当前工程的 src 目录下
        File destine = new File("src\\destination") ;
                                                 //设置目标文件，文件在当前工程的 src 目录下
        if(!source.exists()) {
            throw new RuntimeException("源文件不存在...") ;
        }
        if(!destine.exists()) {
            try {
                destine.createNewFile() ;
            } catch(IOException e) {
                e.printStackTrace() ;
            }
        }
        FileInputStream fis = null ;
        FileOutputStream fos = null ;
        byte []b = new byte[1024] ;                        //设置读取缓冲区
        int len = 0 ;
        try {
            fis = new FileInputStream(source) ;            //实例化输入源
            fos = new FileOutputStream(destine) ;          //实例化输出源
            while((len = fis.read(b)) != -1) {             //读取文件内容，直到全部读完
                fos.write(b) ;                             //将读取的内容写入文件中
                fos.flush() ;
                String type = new String(b,0,len) ;        //还原信息的内容
                System.out.println(type) ;                 //将还原信息显示在屏幕
            }
        } catch(IOException e) {
            e.printStackTrace() ;
        } finally {
            try {
                fos.close() ;
                fis.close() ;
            } catch (IOException e) {
```

```
                    e.printStackTrace() ;
                }
            }
        }
    }
```

解决问题5的程序运行结果如图10-8所示。其中，图10-8（a）为在Eclipse中运行后显示的结果，图10-8（b）为通过资源管理器打开destination文件显示的内容。

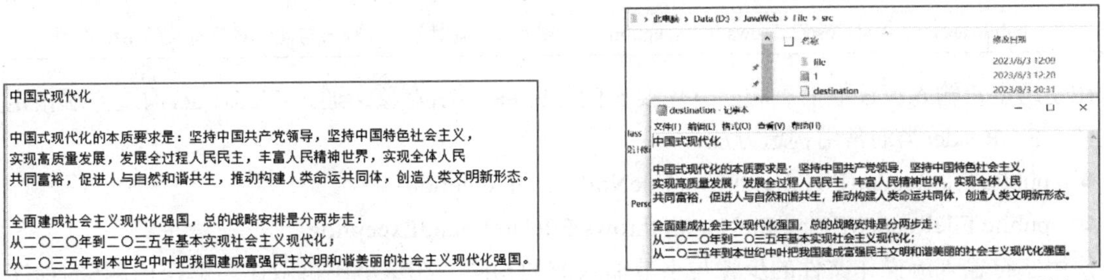

（a）在Eclipse中运行后显示的结果　　（b）通过资源管理器打开destination文件显示的内容

图 10-8　解决问题 5 的程序运行结果

三、利用字符流读 / 写文件

在硬盘当中存储的信息都是二进制数据，利用字节输入流读取数据时，首先把字节读取到字节数组，一般情况下汉字在Java中的编码是Unicode，占两个字节。如果在定义字节数组时，数组的大小为奇数，就会发生把一个汉字的两个字节分两次读取的情况，利用String进行信息还原时就可能生成乱码。为了解决这类问题，Java中提供了字符流对象，分为字符输入流FileReader和字符输出流FileWriter，以字符为单位进行信息读写。

1. 利用 FileReader 类读取文件内容

字符输入流FileReader类的祖先类是Reader类，它们的继承关系如图10-9所示。

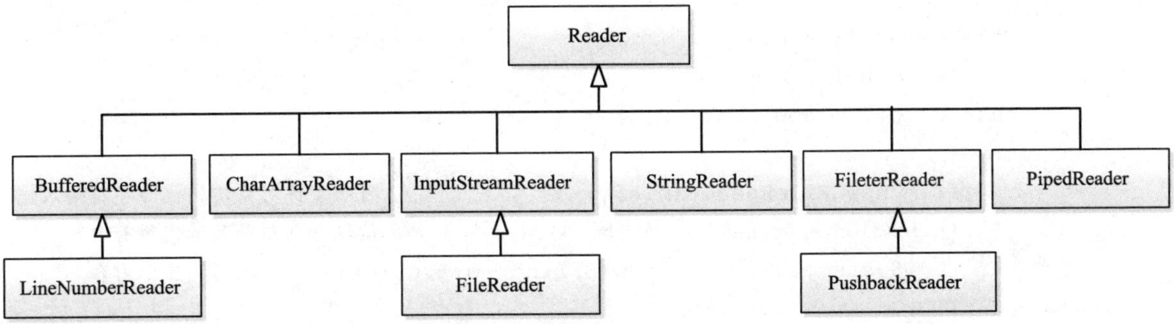

图 10-9　字符输入流的继承结构

由图10-9可知，FileReader类是InputStreamReader类的直接子类。与字节输入流相比，字符输入流以字符为读取单位，但是在硬盘上存储的信息还是以二进制字节为单位，只不过字节输入流简化了信息还原的过程。FileReader类没有定义新的方法，Reader类提供的常用方法见表10-4。

表 10-4　Reader 类的常用方法

序号	方法名称	功　能
1	public int read()throws IOException	从字符输入流中读取一个字符，如果遇到文件末尾，返回 -1
2	public int read(char[] cbuf)throws IOException	从字符输入流中读取一组字符，保存到字符数组 char，并返回读取到实际的字符数量，遇到文件末尾，返回 -1
3	public abstract int read(char[] cbuf, int off,int len) throws IOException	从字符流中读取到的数据存放了字符数组，存放的起始位置由 off 指定，读取的最大字符数量由 len 指定
4	public long skip(long n)throws IOException	跳过 *n* 个字符不读取
5	public abstract void close() throws IOException	关闭当前流对象，并释放与此流对象有关的系统资源

在使用字符输入流读取信息时，首先要实例化FileReader对象，通过FileReader构造方法指定要读取的文件，FileReader类的常用构造方法：

- public FileReader(File file)throws FileNotFoundException；
- public FileReader(String fileName) throws FileNotFoundException。

使用字符输入流操作文件的步骤与字节输入流的相同，在这里不再叙述。解决问题6的程序代码是利用字符输入流读取硬盘数据。

解决问题6 利用FileReader字符输入流读取当前工程中“src\spirit.txt”的内容显示到屏幕。

```
package lztd.io.com ;                              // 在 Eclipse 中创建自己喜欢的包的名称
import java.io.File ;
import java.io.FileReader ;
import java.io.IOException ;
public class FileReaderDemo {
    public static void main(String[] args) {
        File file = new File("src\\spirit.txt") ;  // 使用 File 实例化源文件对象，可以自行设置文件
        if(!file.exists()) {
            throw new RuntimeException(" 文件不存在 ...") ;
        }
        FileReader fr = null ;
        int len = 0 ;
        char word[] = new char[10] ;
        try {
            fr = new FileReader(file) ;                // 将源文件对象实例化为字符输入流
            while((len = fr.read(word)) != -1) {       // 读取并判断是否读完所有内容
                System.out.print(new String(word,0,len)) ;     // 显示内容
            }
        } catch(IOException e) {
            e.printStackTrace() ;
        } finally {                                    // 保证文件能够在任务情况下正常关闭
            try {
                fr.close() ;
            } catch (IOException e) {
```

```
                    e.printStackTrace() ;
                }
            }
        }
    }
```

解决问题6的程序运行结果如图10-10所示，将spirit.txt文件内容显示到屏幕。

```
井冈山精神主要内容：
    坚定信念、艰苦奋斗，实事求是、敢闯新路，依靠群众、勇于胜利。

长征精神主要内容：
    把全国人民和中华民族的根本利益看得高于一切，坚定革命的理想和信念，坚信正义事业必然胜利的精神；为了救国救民，不怕任何艰难险阻，不惜付出一切牺牲的精神；坚持独立自主、实事求是，一切从实际出发的精神；顾全大局、严守纪律、紧密团结的精神；紧紧依靠人民群众，同人民群众生死相依、患难与共、艰苦奋斗的精神。

遵义会议精神主要内容：
    坚定信念、实事求是、独立自主、敢闯新路、民主团结。

延安精神主要内容：
    坚定正确的政治方向、解放思想实事求是的思想路线、全心全意为人民服务的根本宗旨、自力更生艰苦奋斗的创业精神。

西柏坡精神主要内容：
    谦虚谨慎、艰苦奋斗的精神；敢于斗争、敢于胜利的精神；依靠群众、团结统一的精神。
```

图 10-10　解决问题 6 的程序运行结果

2. 利用 FileWriter 类保存文件内容

字符输出流的祖先类是Writer抽象类，FileWriter是它的间接子类。与字节输出流相比，它是以字符为单位进行写操作，但信息存储在硬盘当中仍然是以二进制字节为单位，它们的继承关系如图10-11所示。

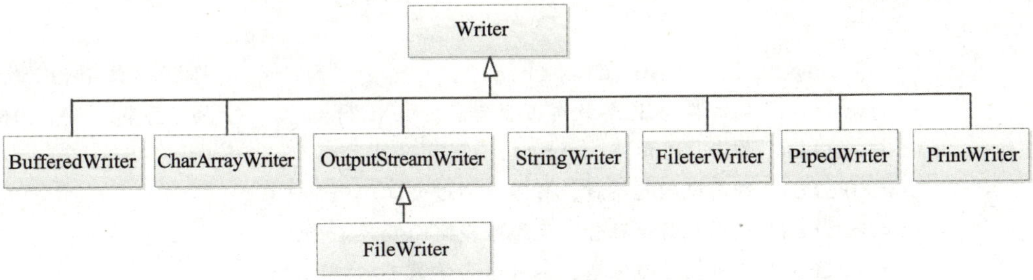

图 10-11　字符输出流的继承结构

Writer类输出流提供的常用方法见表10-5。

表 10-5　Writer 类的常用方法

序号	方法名称	功　能
1	public Writer append(char c) throws IOException	将指定字符添加到文件后面
2	public void write(int c) throws IOException	将指定的字符 c 写入到当前输出流中，如果占用两个字节，高位字节被忽略
3	public void write(String str) throws IOException	将指定的字符串 str 写入指定的输出流
4	public void write(String str, int off,int len)throws IOException	将指定的字符串 str，从 off 位置开始，取长度为 len 的子串写入当前输出流中
5	public void write(char[] cbuf) throws IOException	将字符数组 cbuf 写入当前输出流中
6	public abstract void write(char[] cbuf,int off,int len) throws IOException	将指定的字符数组 cbuf，从 off 位置开始，取长度为 len 的字符写入到输出流
7	public abstract void flush() throws IOException	将输出缓冲区中的内容写入到文件中
8	public abstract void close() throws IOException	关闭当前输出流，释放系统资源

FileWriter类没有扩充父类的功能，使用FileWriter输出流进行写文件操作，必须先实例化输出流对象。FileWriter提供了四个常用构造方法：

- public FileWriter(File file)throws IOException；
- public FileWriter(String fileName) throws IOException；
- public FileWriter(File file,boolean append)throws IOException；
- public FileWriter(String fileName,boolean append)throws IOException。

其中，append参数如果为true，表示在原来文件内容的后面添加新的内容。

使用字符输出流对象对文件进行写操作的步骤与使用字节输出流对象的基本相同。解决问题7使用字符输出流向文件写内容。

解决问题7 将《七律·人民解放军占领南京》及内容保存到文件“src\poe.txt”中。

```
package file.lztd.com ;
import java.io.File ;
import java.io.FileWriter ;
import java.io.IOException ;
public class FileWriterDemo {
    public static void main(String[] args) {
        File file = new File("src\\poe.txt") ; // 当前工程下的 src 目标文件实例化为文件对象
        FileWriter fw = null ;
        try {
            fw = new FileWriter(file,true) ;                    // 将文件对象实例化为输出流对象
            fw.write("《七律·人民解放军占领南京》\r\n") ;       // 写字符串，\r\n 为回车换行
            fw.write(" 作者：毛泽东 \r\h");
            fw.write(" 钟山风雨起苍黄，百万雄师过大江。\r\n") ;
            fw.write(" 虎踞龙盘今胜昔，天翻地覆慨而慷。\r\n") ;
            fw.write(" 宜将剩勇追穷寇，不可沽名学霸王。\r\n") ;
            fw.write(" 天若有情天亦老，人间正道是沧桑。\r\n") ;
        } catch(IOException e) {
            e.printStackTrace() ;
        } finally {
            try {
                fw.close() ;
            } catch (IOException e) {
                e.printStackTrace() ;
            }
        }
    }
}
```

程序运行结束以后，可以通过资源管理器打开目标的文件夹，找到文件并打开，解决问题7的程序运行结果如图10-12所示。

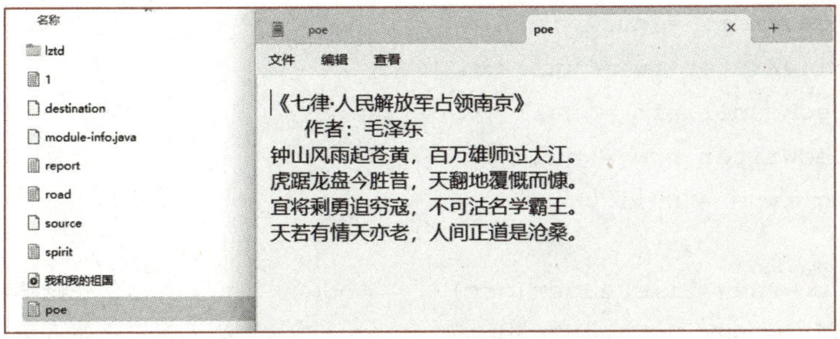

图 10-12　解决问题 7 的程序运行结果

3. 使用字符缓冲流复制文件

字符缓冲流的功能也是为文件的读写提供缓冲区，避免频繁对硬盘进行操作，提高读写的效率。字符缓冲流也分为输入缓冲流（BufferedReader）和输出缓冲流（BufferedWriter）。与字节缓冲流不同的是，字符缓冲流它提供了一些特别的方法，BufferedReader类提供了readLine()方法，可以读取一行内容，BufferedWriter提供了newLine()方法，可以生成一个新的行。使用这样的方法，可以非常方便地对文件进行读写操作。解决问题8的程序可以实现文件的复制功能，代码更为简洁。

解决问题8　使用字符缓冲区对象复制文件。

```
package buffer.lztd.com ;                          // 在 Eclipse 中定义自己想要的包
import java.io.BufferedReader ;
import java.io.BufferedWriter ;
import java.io.File ;
import java.io.FileReader ;
import java.io.FileWriter ;
import java.io.IOException ;
public class CopyDemo {
    public static void main(String[] args) {
        File src = new File("src\\source") ; // 实例化源文件，可以自行设置文件路径和文件名
        File des = new File("src") ;          // 实例化目标文件夹，可以自行设置
        if(!src.exists()) {
            throw new RuntimeException(" 源文件不存在 ...") ;
        }
        if(!des.exists()) {                    // 如果目标文件夹不存在
            des.mkdirs() ;                     // 就创建目标文件夹
        }
        File desFile = new File(des,"destination") ; // 实例化目标文件，可以自行设置
        if(!desFile.exists()) {                // 如果目标文件不存在，需要创建一个新文件
            try {
                desFile.createNewFile() ;
            } catch(IOException e) {
                e.printStackTrace() ;
            }
        }
```

```
        FileReader fr = null ;
            FileWriter fw = null ;
        BufferedReader bfr = null ;
        BufferedWriter bfw = null ;
        String type = null ;
        try {
            fr = new FileReader(src) ;                      // 实例化字符输入流
            bfr = new BufferedReader(fr) ;                  // 实例化字符输入缓冲区
            fw = new FileWriter(desFile) ;                  // 实例化字符输出流
            bfw = new BufferedWriter(fw) ;                  // 实例化字符输出缓冲区
            while((type = bfr.readLine()) != null) {        // 读取一行文件内容并判断是否结束
                System.out.println(type) ;
                bfw.write(type) ;                           // 将读取的内容写入缓冲区
                bfw.newLine() ;                             // 生成新的行
                bfw.flush() ;                               // 将缓冲区的内容写入文件
            }
        } catch(IOException e) {
            e.printStackTrace() ;
        } finally {
            try {
                bfr.close() ;                               // 先关闭缓冲区，再关闭文件
                fr.close() ;
                bfw.close() ;
                fw.close() ;
            } catch (IOException e) {
                e.printStackTrace() ;
            }
        }
    }
}
```

解决问题8的程序运行结果略。

四、解决文件显示乱码的问题

计算机的底层使用的是二进制的字节流，使用字符流时，实际上计算机自动进行了字节与字符的转换处理。转换由转换流完成，转换流分为输入转换流（InputStreamReader）和输出转换流（OutputStreamWriter），也可以由程序员根据实际需要人为进行转换，特别是遇到使用了不同编码存储信息时，必须使用转换流进行文件的读取操作，否则会产生乱码。

1. 字符的编码与解码

编码指的是将字符转换成二进制数据的过程；解码指的是将二进制信息转换成字符的过程。计算机进行信息处理时，常用的编码有：

（1）ASCII编码

ASCII码主要用于处理英语和其他西欧语言，它是最通用的单字节编码系统，可以处理的字符包含英文字母的大、小写，阿拉伯数字，西文符号。

（2）ISO 8859-1编码

ISO 8859-1编码是西方国家所使用的编码集，是单字节的字符集。

（3）GB 2312编码

GB 2312是中国国家标准的简体中文字符集，它所收藏的汉字已经覆盖99.75%的使用频率，基本满足了汉字的计算机处理需要，在中国内地和新加坡广泛使用。

（4）GBK编码

Windows默认的编码方式，除了完全兼容GB 2312之外，还对繁体中文、不常用汉字和特殊符号进行了编码。

（5）Unicode编码

一种通用的字符集，每个字符都用2个字节来表示，对于英文字符，采取前面补0的方式实现等长兼容。

（6）UTF-8编码

能够处理不同计算机之间使用网络传输的不同语言和编码的文字。UTF-8使用可变长度字节来存储。例如，使用1个字节存储ASCII码字符，使用2个字节存储重音文字、希腊字母，使用3个字节存储常用汉字，使用4个字节存储辅助平面字符。

将数据写入硬盘实质是在进行编码处理，将数据从硬盘读取实质是在进行解码处理。在进行文件读写操作时，如果编码与解码所使用的编码格式不同，读写的内容就会变成乱码。在Windows操作系统中，如果要使用UTF-8的编码格式进行信息处理，必须要使用转换流明确指定。

2. InputStreamReader 类和 OutputStreamWriter 类

（1）InputStreamReader类

InputStreamReader类是Reader类的直接子类，实现将字节流转换成字符流的功能，它的常用构造方法有两个：

- public InputStreamReader(InputStream in);
- public InputStreamReader(InputStream in,String charsetName) throws

UnsupportedEncodingException。

在第二个构造方法中，使用字符串类型参数charsetName来指定读取文件使用的编码类型。如果不指定，表示使用默认字符集编码方式。charsetName的值可以是UTF-8、ISO 8859-1，如果指定的编码格式不存在，会抛出UnsupportedEncodingException异常。

（2）OutputStreamWriter类

OutputStreamWriter类是Writer类的直接子类，能够实现将字符流转换成字节流输出到字节流对象，它的常用构造方法有两个：

- public OutputStreamWriter(OutputStream out);
- public OutputStreamWriter(OutputStream out,String charsetName)throws。

UnsupportedEncodingException。

在第二个构造方法中，使用字符串类型参数charsetName来指定要写入文件使用的字符编码类型，如果不指定，表示使用默认字符集编码方式。如果指定的编码格式不存在，会抛出UnsupportedEncodingException异常。

在对同一个文件进行操作时，使用的字符集编码要一致，否则会产生乱码。解决问题9使用了不一致的编码格式对文件进行读写操作。

解决问题9 读写同一个文件使用不同编码集。

```
package lztd.io.com ;
import java.io.* ;
public class StreamDemo {
    public static void main(String[] args) {
        File file = new File("d:\\temp") ;
    if(!file.exists()) {                          // 如果文件夹不存在，创建新的文件夹对象。
            file.mkdir() ;
        }
        File destine = new File(file,"\\index.txt") ;
        if(!destine.exists()) {                   // 如果目标文件不存在，创建目标文件对象
            try {
                destine.createNewFile() ;
            } catch (IOException e) {
                e.printStackTrace() ;
            }
        }
        write(destine) ;                          // 写文件
        read(destine) ;                           // 读文件
    }
    public static void write(File file) {        // 定义写文件的方法
        FileOutputStream fos = null ;
        OutputStreamWriter osw = null ;
        BufferedWriter bw = null ;
        try {
            fos = new FileOutputStream(file,true) ;
                                                  // 将目标文件使用输出字节流实例化，允许追加
            osw = new OutputStreamWriter(fos);// 将输出字节流使用默认字符集转换成字符流
            bw = new BufferedWriter(osw) ;       // 将使用字符缓冲区写字符流
            bw.write("人间四月芳飞尽，") ;        // 将内容写入文件
            bw.newLine() ;                        // 生成新的行
            bw.flush() ;
            bw.write("山寺桃花始盛开。") ;
            bw.newLine() ;
            bw.flush() ;
        } catch(IOException e) {
            e.printStackTrace() ;
        } finally {
            try {
```

```
                bw.close() ;    osw.close() ;    fos.close() ;
            } catch (IOException e) {
                e.printStackTrace() ;
            }
        }
    }
    public static void read(File file) {                //定义读文件的方法
        FileInputStream fis = null ;                    //使用字节流实例源文件对象
        InputStreamReader isr = null ;
        BufferedReader br = null ;
        try {
            fis = new FileInputStream(file) ;           //将源文件实例化成字节流对象
            isr = new InputStreamReader(fis, "UTF-8") ;
                                        //使用指定格式UTF-8将字节流转换成字符流
            br = new BufferedReader(isr) ;              //使用输入缓冲区对象读取内容
            String type = null ;
            while((type = br.readLine()) != null) {     //读文件一行内容并判断是否结束
                System.out.println(type) ;
            }
        } catch(UnsupportedEncodingException e) {       //找不到指定字符集抛出异常
            e.printStackTrace() ;
        } catch(IOException e) {
            e.printStackTrace() ;
        } finally {
            try {
                br.close() ;    isr.close() ;    fis.close() ;
            } catch (IOException e) {
                e.printStackTrace() ;
            }
        }
    }
}
```

解决问题9的程序运行结果如图10-13所示，其中，图10-13（a）为资源管理器中打开的文件内容，图10-13（b）为eclipse中运行的结果，说明使用不一致的编码格式产生了乱码。

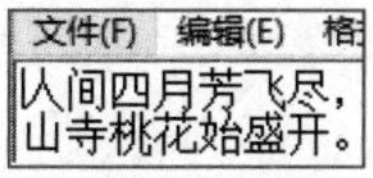

（a）资源管理器中打开的文件内容

（b）eclipse中运行的结果

图 10-13　解决问题 9 的程序运行结果

在读写文件的过程中，要注意文件的编码格式，要避免读写文件过程中产生的乱码问题，需要使用转换流进行编码格式的转换。

五、认识数据流和打印流

数据流分为输入流（DateInputStream）和输出流（DataOutputStream），它提供了一些对Java基本数据类型读写的方法，比如读int、double、boolean数据类型的方法。因为Java数据类型的大小是固定的，在进行基本数据类型的读写操作时，不用担心使用平台的问题。打印流分为字节打印流（PrintStream）和字符打印流（PrintWrite），提供了非常方便的打印功能，可以打印任何数据类型。

1. 利用数据流读写文件

（1）数据输入流DataInputStream类

DataInputStream类实现了DataInput接口，允许应用程序以与机器无关的方式从底层输入流中读取基本Java数据类型，包含有方法：readInt()、readShort()、readLong()、readBoolean()、readByte()、readChar()、readFloat()、readDouble()等方法。另外还提供有一个读取字符串的方法readUTF()。利用DataInputStream实例化对象时，要使用字节输入流对象作为参数。

（2）数据输出流DataOutputStream类

DataOutputStream类实现了DataOutput接口，允许应用程序以与机器无关的方式将Java基本数据类型写入输出流，包含有方法：writeInt()、writeShort()、writeLong()、writeBoolean()、writeByte()、writeChar()、writeFloat()、writeDouble()等方法。另外还提供有一个读取字符串的方法writeUTF()。利用DataOutputStream实例化对象时，要使用字节输出流对象作为参数。

解决问题10的程序是使用数据流的基本方法对文件进行读写操作。

解决问题 10 利用数据流读写文件内容，文件内容主要是基本数据类型和字符串。

```
package lztd.others.com ;
import java.io.* ;
public class DataDemo {
    public static void main(String[] args) {
        String s = "d:" +File.separator + "temp" ;
        File file = new File(s) ;
        if(!file.exists()) {
            file.mkdirs() ;
        }
        File des = new File(file,File.separator + "data.txt" ) ;
        if(!des.exists()) {
            try {
                des.createNewFile() ;
            } catch (IOException e) {
                e.printStackTrace() ;
            } ;
        }
        writeData(file) ;                        // 自定义写数据方法
        readData(file) ;                         // 自定义读数据方法
    }
    public static void writeData(File file) {
        FileOutputStream fos = null ;
        DataOutputStream dos = null ;
        try {
```

```
            fos = new FileOutputStream(file) ;      //使用字节流实例化目标文件对象
            dos = new DataOutputStream(fos) ;       //将字节流实例化为数据流
            dos.writeInt(1000) ;                    //写整型数据
            dos.writeUTF("Hello world !") ;         //写字符串
            dos.writeDouble(3.1415) ;               //写 double 型数据
            dos.flush() ;
        } catch(IOException e) {
            e.printStackTrace() ;
        } finally {
            try {
                dos.close() ;
                fos.close() ;
            } catch (IOException e) {
                e.printStackTrace();
            }
        }
    }
    public static void readData(File file) {
        FileInputStream fis = null ;
        DataInputStream dis = null ;
        try {
            fis = new FileInputStream(file) ;       //使用字节流实例化源文件
            dis = new DataInputStream(fis) ;
            System.out.println("dis.readInt() = " + dis.readInt()) ;    //读取整数据
            System.out.println("dis.readUTF() = " + dis.readUTF()) ;    //读取字符串
            System.out.println("dis.readDouble() = " + dis.readDouble()) ;
                                                    //读取 double 数据
        } catch(IOException e) {
            e.printStackTrace() ;
        } finally {
            try {
                dis.close() ;
                fis.close() ;
            } catch (IOException e) {
                e.printStackTrace() ;
            }
        }
    }
}
```

解决问题10的程序运行结果如图10-14所示，需要注意的是，写数据时的顺序与读取数据的顺序必须保持一致，否则会抛出异常。

```
dis.readInt() = 1000
dis.readUTF() = Hello world !
dis.readDouble() = 3.1415
```

图 10-14 解决问题 10 的程序运行结果

2. 使用打印流输出文件内容

打印流分为字节打印流（PrintStream）和字符打印流（PrintWrite），分别用来打印输出字节和字符，打印流可以向网络打印（输出）数据。与其他的流不同的是，使用打印流中的方法不会抛出异常。打印流最常用的方法是print()和println()方法，在Java1.5以后，增加了printf()方法，使用方法与C语言中的printf()函数一致。

（1）PrintStream类

PrintStream类提供的常用构造方法：

- public PrintStream(File file)throws FileNotFoundException；
- public PrintStream(String fileName)throws FileNotFoundException；
- public PrintStream(OutputStream out)。

前面两个构造方法是将目标文件实例化为打印流对象，打印的内容会保存到文件中，第三个构造方法是向输出流中打印内容，这个构造方法主要用于向网络输出字节。

（2）PrintWriter类

PrintWriter类与PrintStream类基本一致，区别就在于PrintWriter类是打印字符。解决问题11是使用打印流向文件中输出内容。

解决问题 11 利用打印流向文件d:\temp\test.txt中输出内容。

```
package lztd.others.com ;
import java.io.* ;
class Book {                                          //定义需要打印的对象
    private String name ;
    private double price ;
    private String publish ;
    public Book(String name,double price,String publish) {
        this.name = name ;
        this.price = price ;
        this.publish = publish ;
    }
    public String toString() {
        return "书名：" + this.name + "，价格：" + this.price + "，出版社：" + this.publish ;
    }
}
public class PrintDemo {
    public static void main(String[] args) {
        String s = "d:" +File.separator + "temp" ;
        File file = new File(s) ;
        if(!file.exists()) {
            file.mkdirs() ;
        }
        File des = new File(file,File.separator + "test.txt" ) ;
        if(!des.exists()) {
```

```
                try {
                        des.createNewFile() ;
                } catch (IOException e) {
                        e.printStackTrace();
                } ;
        }
        Book b = new Book("Java 程序设计 ",55.8," 铁道出版社 ") ;
        PrintWriter pw = null ;
        try {
                pw = new PrintWriter(des) ;                    // 实例化打印字符流对象
                pw.println("Hello world!") ;                   // 打印字符串
                pw.println(3.14) ;                             // 打印 double 数据
                pw.println(b) ;                                // 打印对象
        } catch(IOException e) {
                e.printStackTrace() ;
        } finally {
                pw.close() ;
        }
    }
}
```

解决问题11的程序运行以后，通过资源管理器找到指定目录打开文件，可以看到图10-15所示的结果。

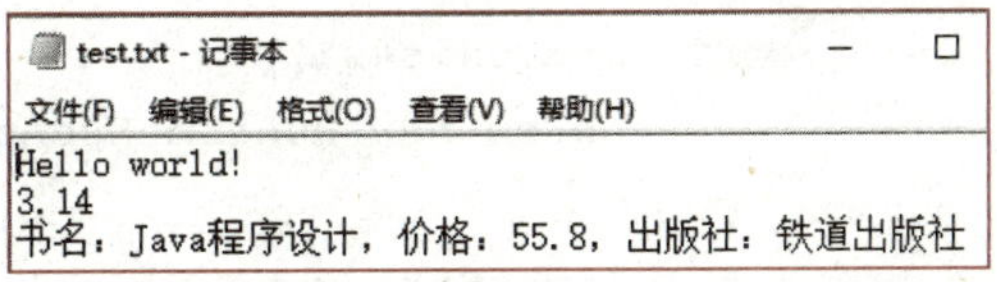

图 10-15 解决问题 11 的程序运行后目标文件中的内容

六、解决不同线程读取文件的通信问题

管道流分为管道输出流（PipedOutputStream）和管道输入流（PipedInputStream），管道流的作用是为两个线程之间进行数据交换提供通道，其中一个线程的管道输出流是另一个线程的管道输入流，它们的关系如图10-16所示。

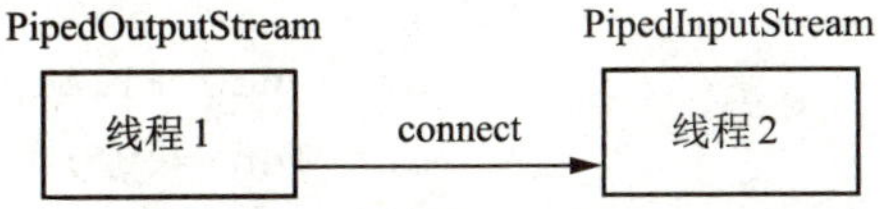

图 10-16 线程间数据交换关系图

使用管道流交换数据，可以按照下面的步骤进行：

（1）分别定义两个线程类，把其中的一个类当作管道流输出，实例化PipedOutputStream对象；另一个当作管道流输入，实例化PipedInputStream对象；

（2）管道输出流使用write()方法向管道中写字节数据；管道输入流使用read()方法从管道中读取数据；

（3）分别实例化线程对象，管道输出流对象使用方法connect()连接管道输入流对象，实现数据通信的功能；

（4）启动线程对象。

解决问题12 利用管道流将硬盘上当前工程中“src\road.txt”文件内容读取以后传递给另一个线程显示。

分析：

（1）定义Send类，实现Runnable接口，重写run()方法，实现读取文件的功能，实例化管道流PipedOutputStream对象；

（2）定义Receive类，实现Runnable接口，重写run()方法，实现从管道中读取数据，需要实例化PipedInputStream对象；

（3）定义一个测试类，实例化Send对象和Receive对象，使用PipedOutputStream的connect()方法将这两个对象进行连接；

（4）启动线程。

代码如下：

```
package lztd.others.com ;
import java.io.* ;
class Send implements Runnable {                              // 定义发送数据的线程类
    private PipedOutputStream pos = null ;
    public Send() {
        pos = new PipedOutputStream() ;                       // 实例化管道输出流对象
    }
    public PipedOutputStream getPos() {
        return pos ;
    }
    public void run() {
        String file = "src" + File.separator + File.separator + "road.txt" ;
        File src = new File(file) ;
        if(!src.exists()) {
            throw new RuntimeException(" 文件不存在 ...") ;
        }
        FileInputStream fis = null ;
        byte []b = new byte[1024] ;
        try {
            fis = new FileInputStream(src) ;                  // 实例化源文件对象
            int len = 0 ;
            while((len = fis.read(b)) != -1) {                // 从文件中读取内容
                pos.write(b,0,len) ;                          // 向管道流中输出数据
            }
        } catch(IOException e) {
            e.printStackTrace() ;
        } finally {
            try {
                pos.close() ;
                fis.close() ;
            } catch (IOException e) {
                e.printStackTrace() ;
            }
        }
    }
```

```
}
class Receive implements Runnable {                    // 定义接收数据的线程类
    private PipedInputStream pis = null ;
    public Receive() {
        pis = new PipedInputStream() ;                 // 实例化输入管道流对象
    }
    public PipedInputStream getPis() {
        return pis ;
    }
    public void run() {
        byte []b = new byte[1024] ;
        int len = 0 ;
        try {
            while((len = pis.read(b)) !=-1) {          // 从管道流中读取数据，并判断是否结束
                System.out.println(new String(b,0,len)) ;
            }
        } catch(IOException e) {
            e.printStackTrace() ;
        } finally {
            try {
                pis.close() ;
            } catch (IOException e) {
                e.printStackTrace() ;
            }
        }
    }
}
public class PipedDemo {
    public static void main(String[] args) {
        Send s = new Send() ;                          // 实例化发送线程对象
        Receive r = new Receive() ;                    // 实例化接收线程对象
        try {
            s.getPos().connect(r.getPis()) ;           // 连接管道
        } catch(IOException e) {
            e.printStackTrace() ;
        }
        new Thread(s).start() ;                        // 实例化线程并启动
        new Thread(r).start() ;
    }
}
```

解决问题12的程序运行结果如图10-17所示，实现了两个不同线程之间进行数据交换的功能。

——坚持党的全面领导是坚持和发展中国特色社会主义的必由之路；
——中国特色社会主义是实现中华民族伟大复兴的必由之路；
——团结奋斗是中国人民创造历史伟业的必由之路；
——贯彻新发展理念是新时代我国发展壮大的必由之路；
——全面从严治党是党永葆生机活力、走好新的赶考之路的必由之路。
“五个必由之路”深刻阐明新时代党和人民奋进历程昭示的重要认识，深刻揭示了新时代中国的“成功密码”。
“五个必由之路”指引着坚定的中国人民沿着新的理论走向新的实践，奋进新征程、夺取新胜利。

图 10-17　解决问题 12 的程序运行结果

任务实施

应用实例——文件的分割与合并

在网络上，为了提高文件下载的速度，往往需要将一个比较大的文件切割成多个小的文件，下载完成以后，再把这些文件碎片拼成与源文件相同的目标文件。

1. 文件分割

可以利用复制文件的思路来切割文件，与复制文件不同的是把一个源文件复制成为多个目标文件，实质是一个输入流对应多个输出流，因此，目标文件的名称会动态发生变化，而且顺序不能乱。同时，为了将来合并文件，需要将一些信息进行持久化，模块三的任务9中所学习到的Properties类可以用来保存文件属性信息。

分割文件的步骤如下：

（1）使用File类实例化将要分割的源文件，并将源文件对象实例化为FileInputStream对象；

（2）目标文件名称采用“名称i”的形式进行组织，其中的i可以通过循环变量进行控制，利用File类实例化目标文件，并将目标文件对象实例化为FileOutputStream对象；

（3）设置要分割的目标文件大小；

（4）从源文件中读取信息到输入流，并使用read()方法从输入流中读取内容放到缓冲区中；使用write()方法将缓冲区中的内容写入目标文件，如果当前目标文件已经写满，重新实例化输出流对象，继续写文件，直至源文件所有内容被分割完；

（5）实例化Properties对象，并将文件的信息保存到文件中，比如源文件的扩展名、碎片文件的扩展名、碎片文件的数量、碎片文件名构成等；

（6）关闭流，释放资源。

解决问题13　文件分割。

需求：当前工程下有“src\我和我的祖国.ogg”，将这个文件分割成100 KB的多个文件，文件扩展名使用.temp，把这些文件保存到d:\temp\music目录中，同时保存分割文件的数量、源文件的名称。

按照分割文件的步骤，编写代码如下：

```
package split.lztd.com ;
import java.io.* ;
import java.util.Properties ;
public class SplitDemo {
   public static void main(String[] args) {
      File src = new File("src\\ 我和我的祖国 .ogg") ;
```

```
        if(!src.exists()) {
            throw new RuntimeException("文件不存在...") ;
        }
        File des = new File("d:\\temp\\music") ;
        if(!des.exists()) {
            des.mkdirs() ;
        }
        int len = split(src,des) ;                          // 分割文件，并获取目标文件数量
        storeProperties(len) ;
    }
    public static void storeProperties(int len) {           // 将文件属性进行保存
        Properties p = new Properties() ;                   // 实例化 Properties 属性对象
        p.setProperty("size", String.valueOf(len)) ;       // 保存文件数量
        p.setProperty("filename", "我和我的祖国.ogg") ;    // 保存源文件名称
        p.setProperty("mergefile", "music") ;               // 保存碎片文件的主文件名
        p.setProperty("ext", ".temp") ;                     // 保存碎片文件的扩展名
        File prop = new File("d:\\temp\\music\\config.properties") ;
                                                            // 保存属性的文件名称
        if(!prop.exists()) {
            try {
                prop.createNewFile() ;
            } catch (IOException e) {
                e.printStackTrace() ;
            }
        }
        OutputStream os = null ;
        try {
            os = new FileOutputStream(prop) ;
            p.store(os, "") ;                               // 将属性保存到文件中
        } catch (IOException e) {
            e.printStackTrace() ;
        } finally {
            try {
                os.close() ;
            } catch(IOException e) {
                e.printStackTrace() ;
            }
        }
    }
    public static int split(File src, File des) {           // 分割文件
        int len = 0 ;
        int i = 0 ;
        FileInputStream fis = null ;
        byte []b = new byte[102400] ;                       // 一次读取 100 KB 的数据
        try {
```

```
                fis = new FileInputStream(src) ;
                while((len = fis.read(b)) != -1) {
                    String file = "\\ 我和我的祖国" + i + ".temp" ;
                    File m = new File(des,file) ;           //动态实例化目标文件对象
                    FileOutputStream fos = new FileOutputStream(m) ;  //实例化目标文件
                    fos.write(b, 0, len) ;                  //将读取的信息一次性写入目标文件
                    fos.close() ;                           //关闭当前目标文件
                    i ++ ;
                }
            } catch(IOException e) {
                e.printStackTrace() ;
            } finally {
                try {
                    fis.close() ;
                } catch (IOException e) {
                    e.printStackTrace() ;
                }
            }
            return i ;
        }
    }
```

解决问题13的程序运行完以后，通过资源管理器找到“d:\temp\music”目录，可以看到图10-18所示的结果。需要特别强调的是，在Properties类的文件中，中文是用Unicode编码来显示。

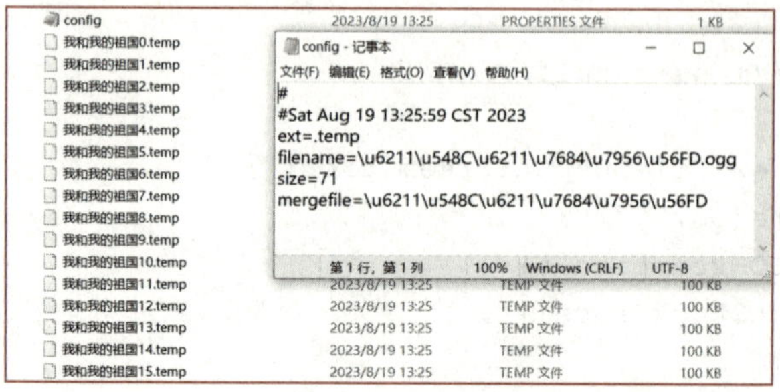

图 10-18　解决问题 13 的程序运行结果

2. 文件合并

将分割后的碎片文件还原成初始文件，实质是多个输入流对应一个输出流。合并文件实现的步骤：

（1）利用Properties类读取属性文件中的内容，获取分割前文件的名称、碎片文件的数量、碎片文件的扩展名、碎片文件名的构成信息；

（2）使用File实例化目标文件对象，并将目标文件对象实例化为输出流，允许追加文件内容；

（3）使用File动态实例化源文件对象（碎片文件），将源文件对象实例化为输入流；

（4）使用read()方法读取输入流中的内容存放到字节数组中，并把字节数组write到输出流中，读取完一个碎片文件，获取下一个源文件目标，直到所有碎片文件内容全部读取完毕；

（5）关闭输出流对象。

解决问题14 合并文件。

合并文件的代码如下所示：

```
package split.lztd.com ;
import java.io.* ;
import java.util.Properties ;
public class SplitDemo {
    public static void main(String[] args) {
        File src = new File("src\\ 我和我的祖国 .ogg") ;
        if(!src.exists()) {
            throw new RuntimeException(" 文件不存在 ...") ;
        }
        File des = new File("d:\\temp\\music") ;
        if(!des.exists()) {
            des.mkdirs() ;
        }
        int len = split(src,des) ;                       // 分割文件，并获取目标文件数量
        storeProperties(len) ;
    }
    public static void storeProperties(int len) {        // 将文件属性进行保存
        Properties p = new Properties() ;                // 实例化 Properties 属性对象
        p.setProperty("size", String.valueOf(len)) ;     // 保存文件数量
        p.setProperty("filename", " 我和我的祖国 .ogg") ;  // 保存源文件名称
        p.setProperty("mergefile", " 我和我的祖国 ") ;     // 保存碎片文件的主文件名
        p.setProperty("ext", ".temp") ;                  // 保存碎片文件的扩展名
        File prop = new File("d:\\temp\\music\\config.properties") ; // 保存属性的文件名称
        if(!prop.exists()) {
            try {
                prop.createNewFile() ;
            } catch (IOException e) {
                e.printStackTrace() ;
            }
        }
        OutputStream os = null ;
        try {
            os = new FileOutputStream(prop) ;
            p.store(os, "") ;                            // 将属性保存到文件中
        } catch (IOException e) {
            e.printStackTrace() ;
        } finally {
            try {
                os.close() ;
            } catch(IOException e) {
                e.printStackTrace() ;
            }
        }
```

```
    }
    public static int split(File src, File des) {     // 分割文件
        int len = 0 ;
        int i = 0 ;
        FileInputStream fis = null ;
        byte []b = new byte[102400] ;                 // 一次读取 100 KB 的数据
        try {
            fis = new FileInputStream(src) ;
            while((len = fis.read(b)) != -1) {
                String file = "\\ 我和我的祖国 " + i + ".temp" ;
                File m = new File(des,file) ;         // 动态实例化目标文件对象
                FileOutputStream fos = new FileOutputStream(m) ; // 实例化目标文件
                fos.write(b, 0, len) ;                // 将读取的信息一次性写入目标文件
                fos.close() ;                         // 关闭当前目标文件
                i ++ ;
            }
        } catch(IOException e) {
            e.printStackTrace() ;
        } finally {
            try {
                fis.close() ;
            } catch (IOException e) {
                e.printStackTrace() ;
            }
        }
        return i ;
    }
}
```

解决问题14的程序运行结束以后，会在指定位置获得一个与原来文件大小一致、类型一致的目标文件，可以通过资源管理器进行查看。

课后实践

1. 编写程序，遍历d:\中的所有目录。

2. 编写程序，将d:\temp目录中的所有扩展名为.txt的文件打印出来。

3. 编写程序，利用字节流将c:\temp目录中的某个指定的文件复制到d:\temp目录中。

4. 从键盘上输入一组信息，将信息以UTF-8的编码格式保存到d:\temp目录中，再将该文件复制到d:\info目录中。

5. 将“d:\sing”下的歌曲“我的祖国”分割成1 000 KB的文件，保存到d:\temp目录下；将该目录下的分割文件合并成为“我的祖国”，保存到d:\music目录中。

模块四

编写可视化界面网络程序

易穷则变，变则通，通则久。开源是Java最显著的特征之一，也是让Java语言保持强大生命力的主要原因。因此，程序员可以自由地访问Java代码，以及添加或修改Java的功能，让Java语言非常从容地拥有大量的、高质量的第三方库，使得Java的功能不断完善，开发者可以非常方便地利用这些资源，加速应用程序的开发过程，提高代码质量和可维护性，给软件生产效率的提升带来巨大价值。本模块的内容详细介绍了如何利用Java语言与集成开发工具Eclipse相结合，利用第三方工具包，开发出具有实际项目功能的网络应用程序，让学习者体验Java语言的网络之“美”，培养学习者的项目开发能力。

任务11 编写一个简单记事本

任务描述

微信、QQ等聊天应用软件，其中的人-机对话都是通过可视化界面实现，可视化界面简便、友好、更容易让人们接受。小龙想利用Java编写一个简单的记事本用来编辑文件，该如何下手呢？

职业能力与目标

◎ 理解图形化界面的开发过程；

◎ 了解两种类型的组件体系框架：AWT和Swing；

◎ 能够编写可视化界面的应用程序；

◎ 能够对可视化界面中的事件进行响应；

◎ 践行社会主义核心价值观。

用户图形界面（graphics user interface，GUI）是实现用户与计算机之间交互的重要途径，通过这种直观的图形界面可以接收用户输入的数据、显示程序运行的结果，使得计算机更加友好。Java的GUI从最初的抽象窗口工具包AWT，到后来的Swing组件，都是为了满足不同时期、不同场景的需求。本章主要介绍Swing组件、事件监听，并运用GUI组件设计图形界面。

知识储备

一、认识图形开发界面

用户与计算机交互的方式有两种，一种是CLI（command line interface），称为命令行交互方式，这种交互方式需要用户记住很多的命令；另一种是GUI，称为图形用户界面，这种方式更加方便、直接。Java为GUI提供的对象都包含在java.awt包和javax.swing包当中，awt包称为重量级组件，需要依赖于操作系统，swing包是纯Java语言编写，不依赖操作系统的功能，可移植性更好。

1. 利用 AWT 组件设计可视化界面

在Java语言的发展初期，用来实现图形化界面的所有组件都封装在java.awt包中，AWT（abstract window tookit）称为抽象窗口工具包，这个包中的类需要调用本地系统中的方法来实现图形化界面，所以称为重量级组件。AWT的体系结构如图11-1所示。

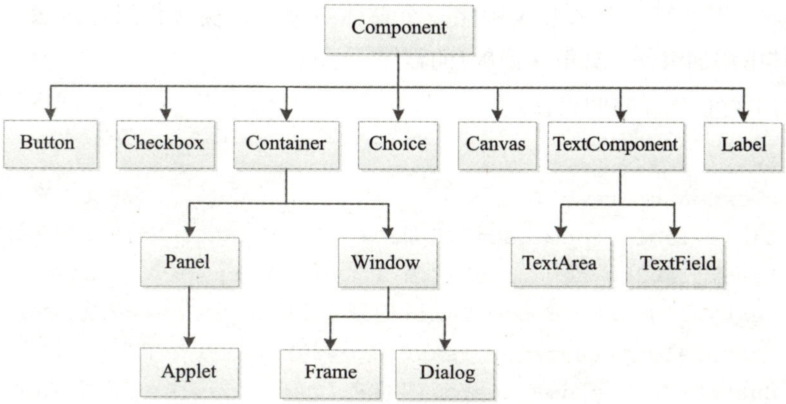

图 11-1　AWT 组件体系结构

Component类是图形界面组件的祖先类，包含有按钮、对话框、容器、文本框、标签等组件对象，但不包含菜单对象。组件是放置在用户界面上的任何东西，AWT中支持的常用组件有标签（label）、文本框（textfield）、文本区域（textarea）、按钮（button）、复选框（checkbox）、单选按钮（choice）、列表框（list）等，每一个组件所提供的方法，请用户自行参考Java帮助文档。

在进行Java可视化界面开发时，所设计的按钮、文本框等组件，都放置在容器Container中。可以实例化容器Container对象，也可以使用它的两个派生类来实例化容器对象。其中Frame类是一个带有边框的独立窗口，Panel类要依附于窗口中，是一个不带边框的区域。通常情况下，首先需要使用Frame类实例化一个独立的窗口对象，然后再往窗体中添加任何的组件，Frame类的常用方法见表11-1。默认情况下，程序运行时，窗体不显示出来，需要使用setVisible()方法来设置窗体的可视状态。

表 11-1　Frame 类的常用方法

序号	方法名称	功能描述	备　注
1	public Frame()throws HeadlessException	构造一个初始状态不可见的窗体对象，没有标题	构造方法
2	public Frame(String title) throws Headless Exception	构造一个初始状态不可见、带标题的新窗体对象	构造方法
3	public Component add(Component comp)	向窗体中添加指定的组件 comp；继承自 Container 类	
4	public String getTitle()	获取窗体的标题名称	普通方法
5	public void setTitle(String title)	设置窗体的标题	普通方法
6	public void setMenuBar(MenuBar mb)	设置窗体的菜单栏	普通方法
7	public void setBounds(int x,int y,int width, int height)	设置窗体的位置（x，y）、大小（width，heigth），继承自 Window 类	普通方法
8	public void setVisible(boolean b)	设置窗体的可见性，参数 b 为 true 表示可见，为 false 表示不可见；继承自 Window 类	普通方法
9	public void dispose()	释放资源，把它们使用的所有内存都将返回到操作系统。继承自 Window 类	普通方法
10	public boolean isFocused()	如果是焦点窗口，则返回 true。继承自 Window 类	普通方法
11	public void addWindowListener(WindowListener l)	指定对象 l 来监听当前窗口产生的关闭、打开等事件，如果事件发生，交给 l 处理；继承自 Window 类	普通方法
12	public void setLayout(LayoutManager mgr)	设置窗体中组件的排列方式，继承自 Container 类	普通方法

向窗体中添加一个组件时，首先要实例化一个窗体对象，再实例化组件对象，通过窗体对象的add()方法实现向窗体中添加组件，如解决问题1的程序所示。

解决问题1 简单可视化界面的设计。

```
import java.awt.* ;
class MyFrame extends Frame {                                  // 定义窗体类 Frame 的子类
    private Label lab1 = new Label("用户名：") ;               // 实例化标签对象
    private Label lab2 = new Label("密　　码：") ;
    private TextField txt1 = new TextField(20) ;               // 实例化文本框对象
    private TextField txt2 = new TextField(20) ;
    private Button btn1 = new Button("提交") ;                 // 实例化按钮对象
    private Button btn2 = new Button("取消") ;
    public MyFrame() {
        setLayout(new FlowLayout()) ;                          // 设置窗体的布局
        add(lab1) ;                                            // 向窗体中添加标签对象
        add(txt1) ;                                            // 向窗体中添加文本框对象
        add(lab2) ;
        add(txt2) ;
        add(btn1) ;                                            // 向窗体中添加按钮对象
        add(btn2) ;
        setBounds(100,100,270,200) ;                           // 设置窗体在屏幕中的位置和大小
        setVisible(true) ;                                     // 将窗体设置为可见
    }
}
public class FrameDemo {
    public static void main(String[] args) {
        new MyFrame() ;                                        // 实例化窗体对象
    }
}
```

解决问题1的程序运行结果如图11-2所示。如果单击“×”按钮，窗体并不会消失。

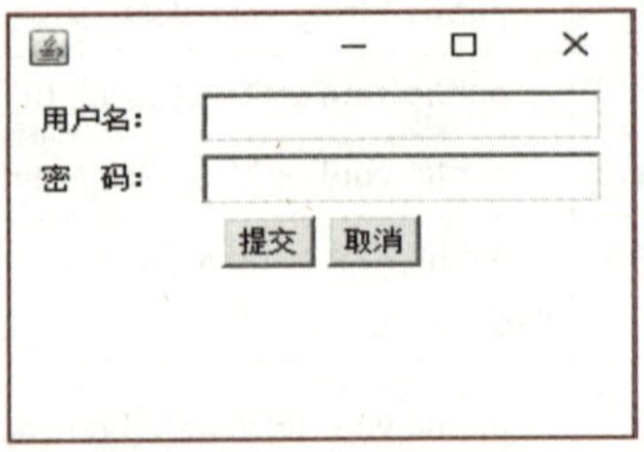

图 11-2　解决问题 1 的程序运行结果

2. 利用 Swing 组件设计可视化界面

Swing是在AWT基础上构建的新图形界面系统，是用Java语言源代码编写而成，与本地操作系统无关，称为轻量级组件，它不但实现了AWT的所有功能，而且进行了大幅度地扩充，提供了一套功能更强、数量更多的GUI组件。

Swing组件的名称与AWT组件名称基本相同，只需要在原来的基础上加上大写字母“J”即可，例如，按钮是JButton、文本框是JTextField等，Swing组件在javax.swing包当中，与AWT相比，具有以下的优点：

（1）轻量级组件。Swing实现的是一个与平台无关的GUI框架，不依赖于本地系统。用AWT设计用户界面时，对本地系统有依赖；

（2）可改变的外观。Swing容器可以加边框，也可以自适应操作系统的外观。AWT只能表示一种外观；

（3）MVC结构。Swing模型的目标是遵循“模型-视图-控制器”体系结构。模型封装了数据和状态的底层表示；

（4）性能更稳定。Swing外观感觉在不同平台上表现一致，并且有能力提供本地窗口系统不支持的其他特性。

Swing中所有的组件都要放置在容器中，主要的容器包括：JFrame、JDialog、JPanel、JScrollPane；

- JFrame是主框架，几乎所有的Java应用程序界面都是在主框架之中设计；
- JDialog是创建对话框窗口的主要类，它必须依附于某个窗口，可以使用此类创建自定义的对话框，也可以调用JOptionPane类中的方法来创建各种标准的对话框；
- JPanel是属于中间层容器，用于将较小的轻量级组件组合在一起；
- JScrollPane用于管理滚动条。

与AWT一样，组件必须依附于容器才能够显示，并完成相应的功能。Swing中的组件类型及使用方法读者自行参考Java帮助文档。解决问题2使用Swing组件实现可视化界面的设计。

解决问题2　使用Swing组件实现可视化界面设计。

```
import java.awt.FlowLayout ;
import javax.swing.* ;
class JMyFrame extends JFrame {                              //定义窗体类Frame的子类
    private JLabel lab1 = new JLabel("用户名：") ;           //实例化标签对象
    private JLabel lab2 = new JLabel("密码：") ;
    private JTextField txt1 = new JTextField(20) ;           //实例化文本框对象
    private JTextField txt2 = new JTextField(20) ;
    private JButton btn1 = new JButton("提交") ;             //实例化按钮对象
    private JButton btn2 = new JButton("取消") ;
    public JMyFrame() {
        setLayout(new FlowLayout()) ;                        //设置窗体的布局
        add(lab1) ;                                          //向窗体中添加标签对象
        add(txt1) ;                                          //向窗体中添加文本框对象
        add(lab2) ;
        add(txt2) ;
        add(btn1) ;                                          //向窗体中添加按钮对象
        add(btn2) ;
        setBounds(100,100,270,200) ;                         //设置窗体在屏幕中的位置和大小
        setVisible(true) ;                                   //将窗体设置为可见
    }
}
public class JFrameDemo {
    public static void main(String[] args) {
        new JMyFrame() ;
    }
}
```

解决问题2的程序运行结果如图11-3所示。

与图11-2相比，按钮的边界是圆形构造，而且，单击“×”按钮，可以关闭窗口。由于组件的类型比较多，如果读者需要使用其他的组件，可以查找相关帮助文档。

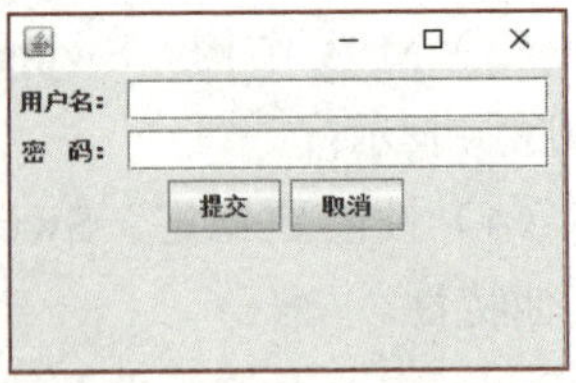

图 11-3　解决问题 2 的程序运行结果

3. 布局管理

组件在窗体（容器）中的排列方式称为布局。Java语言使用布局管理器来管理容器中的组件，组件的摆放位置受容器的布局管理器控制。常见的布局管理器类型有：

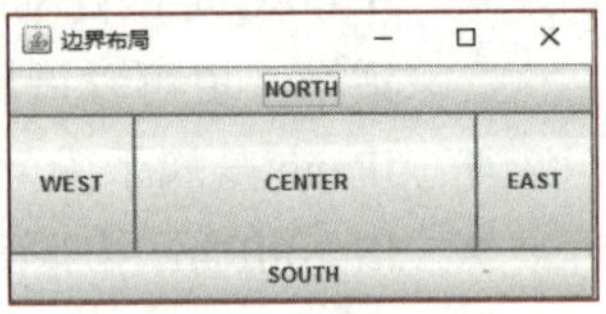

图 11-4　边界布局

- BorderLayout：边界布局。边界布局按照地图方位把容器分为东、南、西、北、中五个区域，为容器添加组件时，必须要指定组件放置的位置，默认情况下放置在CENTER位置，如图11-4所示；
- FlowLayout：流式布局。流式布局也称为顺序布局管理器，是最基本的、容器默认的布局管理器。它的摆放规则是：将组件按照添加的顺序从左到右、从上到下依次摆放，并且会随着容器的大小变化而进行调整，如图11-5所示；
- GridLayout：网格布局。它是以矩形网格形式对容器的组件进行布置，此时的容器被划分成 $M \times N$ 的矩阵，其中 M 代表行数，N 代表列数，如图11-6所示；
- CardLayout：卡片布局。多个组件堆放在一起，同一时刻只有顶层的组件显示出来，如图11-7所示。

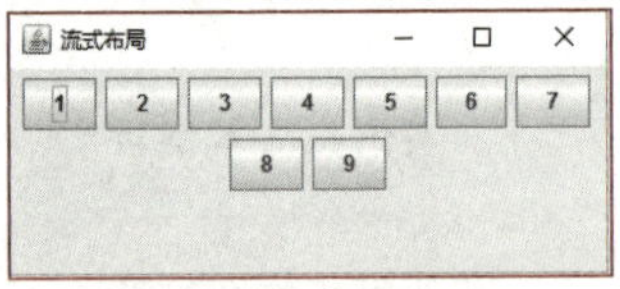

图 11-5　流式布局

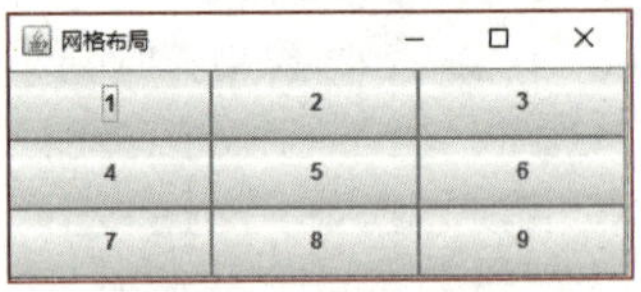

图 11-6　网格布局

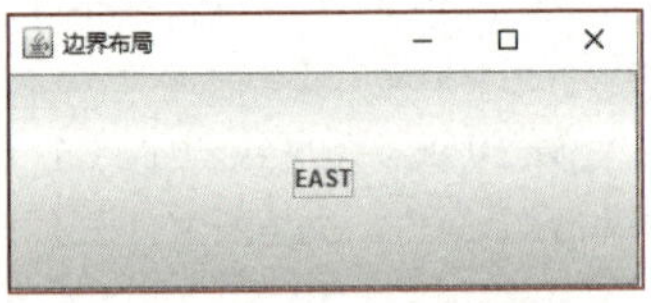

图 11-7　卡片布局

使用代码的方式完成用户界面设计事倍功半。通常情况下，利用eclipse提供的WindowBuilder插件完成界面设计，可以大大提高开发的效率。可以通过Eclipse菜单中的“Help”→“Install New Software…”命令来添加新的插件，打开图11-8所示的对话框。

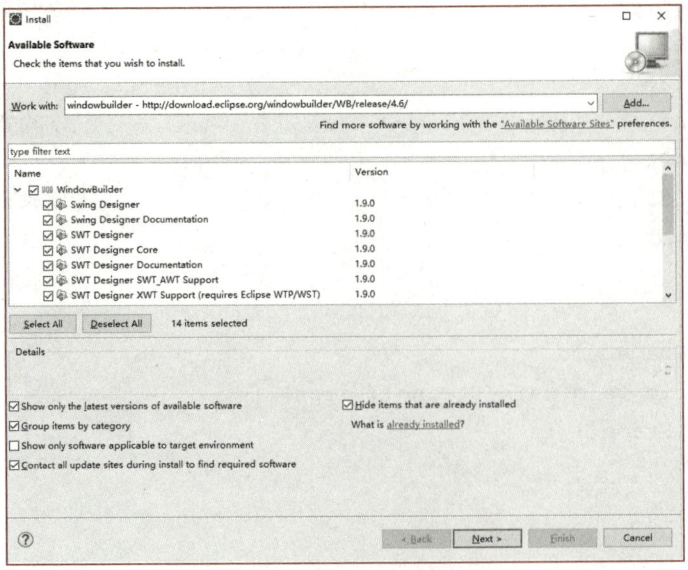

图 11-8　向 Eclipse 中添加新插件

在“Work with”文本框中输入WindowBuilder插件的网址，单击“Add”按钮，在图11-8中会显示WindowBuilder插件所包含的内容，选择所需要的安装包，单击“Next”按钮，完成安装。通过Eclipse的菜单“File”→“New”→“others”选项，打开图11-9所示的对话框。

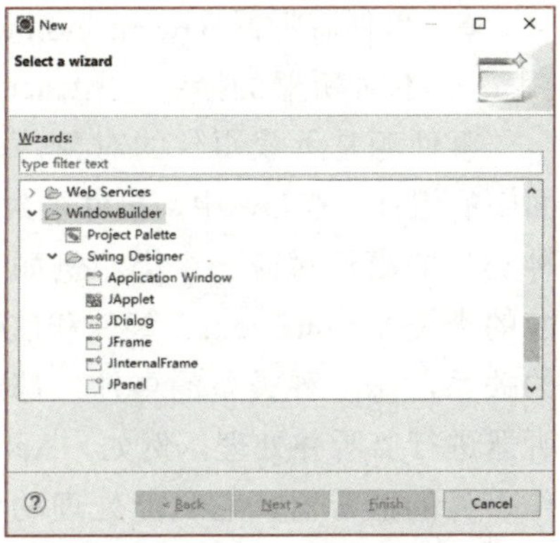

图 11-9　使用 WindowBuilder 插件

选择“JFrame”选项完成相关设置，在Design模式下，可以打开图11-10所示的设计界面。首先设置好窗体的布局，一般为“Absolute Layout”布局，之后就可以将“Palette”栏中的任意组件放置到窗体的任意位置，图11-11是使用WindowBuilder设计的可视化界面。

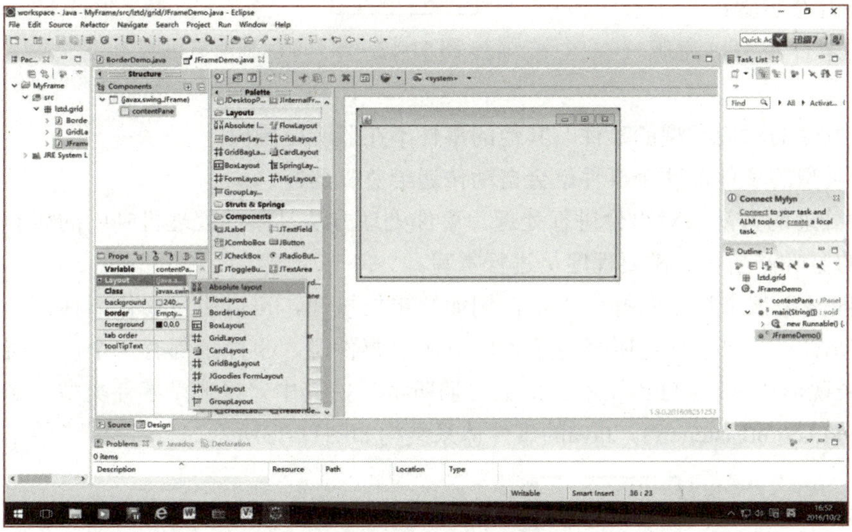

图 11-10　可视化界面设计

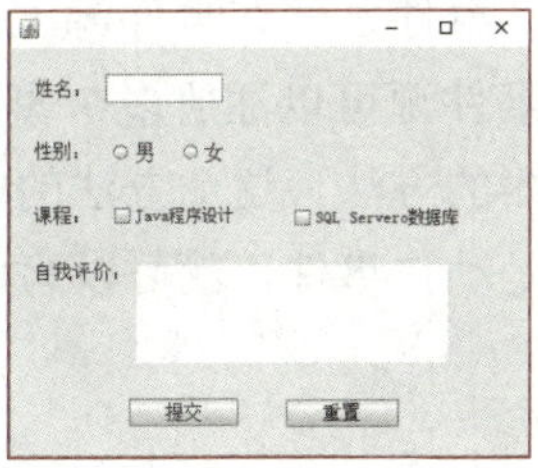

图 11-11　使用 WindowBuilder 设计的可视化界面

二、处理组件产生的事件

向容器中添加组件只是可视化界面设计的第一步，要让组件对用户的鼠标、键盘等操作产生反应，实现既定的功能，必须要进行事件处理。Java的事件处理方法是基于授权事件模型，称之为事件源-监听者机制，它包含事件源、事件、监听器、事件处理这几个要素，分别用来表示：是谁、发生了什么、谁看到了、如何处理。

1. 认识事件监听机制

Java语言中的事件源-监听者机制，主要涉及三类对象：事件、事件源、事件监听器。事件源生成事件，并将事件发送到监听器，监听器收到事件后，就会去处理事件，然后返回。

- 事件（event）：指的是用户对组件的一个操作，称为一个事件，它通过类进行描述。例如，键盘产生的事件是KeyEvent，鼠标产生事件称为MouseEvent事件，按钮上的单击事件称为ActionEvent动作事件；
- 事件源（event source）：指的是事件发生的场所，通过是组件或者鼠标、键盘等；

- 事件监听器（event monitor）：用来接收事件，并对事件进行处理。通常处理事件需要实现事件监听器的接口（listener interface）。

事件源是承载事件的对象，一般是可视化界面中的组件。在Java中，事件被封装成为类，每一种类型的事件对应一个类，例如，动作事件所对应的类是ActionEvent。事件和监听器是一一对应的关系，每一种类型的事件，都有对应类型的监听器进行监听并处理，例如，ActiontListener是动作事件的监听器，它只能处理动作事件。它们三者之间的关系如图11-12所示。

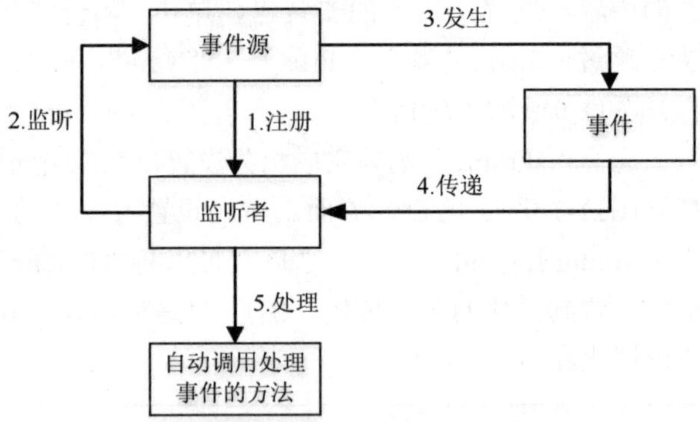

图 11-12　事件源 - 监听者机制

Java中的事件处理包含以下几个步骤：

（1）事件源根据要处理的事件类型，注册一个事件处理监听器；

（2）监听器监视事件源上发生的对应类型的事件，其他的事件不在监听范围内；

（3）当事件源上发生注册类型的事件，这个事件就会自动传递给监听器；

（4）监听器自动调用事件处理的方法，对事件进行处理。事件处理方法是事件处理机制中的核心内容，这些方法都包含在对应的监听器当中，需要程序员进行重写。

事件发生在事件源上，一般是由某个特定的操作引发，例如，单击按钮，可以引发动作事件。一个事件源可以注册多个事件监听器，一个事件监听器也可以监听多个事件源，事件源都有一个注册监听器的方法，这个方法的通用表现形式是：add×××Listener（监听器），其中×××是事件类型，如果是动作事件，就可以写成：addActionListener()。Java的事件体系结构如图11-13所示。

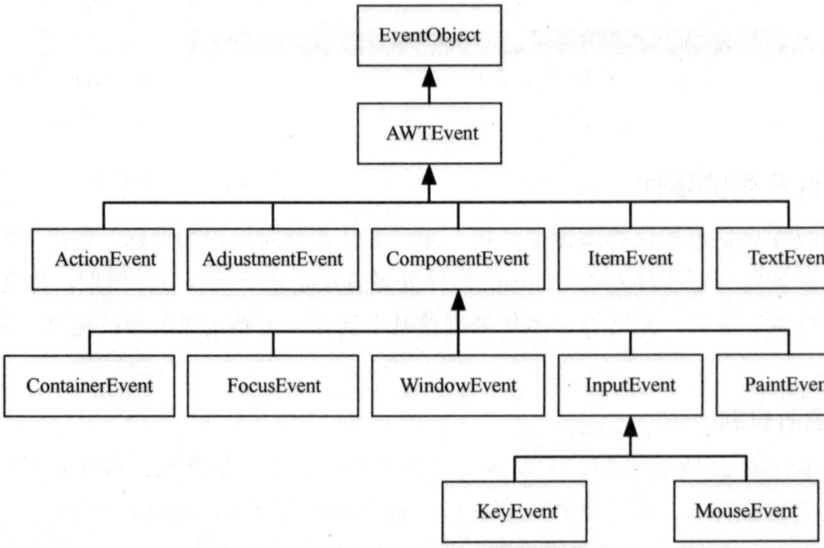

图 11-13　事件体系结构

图11-13列出了Java语言中常用的事件类型，这些类型的事件与事件源的对应关系见表11-2。

表 11-2　事件与事件源的对应关系

序　号	事件类型	说　　明	事　件　源
1	ActtionEvent	动作事件。单击按钮、双击列表框、选中菜单项，会触发动作事件	Button、List、MenuItem、TextField
2	AdjustmentEvent	调整事件。操作滚动条时，会触发此类事件	Scrollbar
3	ComponentEvent	组件变动事件。当组件被移动、隐藏、更改大小时，会触发此类事件	Component
4	ItemEvent	选项事件。使用鼠标单击复选框、列表杠、下拉列表时，会触发此类事件	Checkbox、List、Choice、CheckboxMenuItem
5	FocusEvent	获取或失去焦点事件。当组件获得或者失去键盘焦点时，会触发此类事件	Component
6	KeyEvent	键盘事件。键盘上的某个键被按下或者松开时，会触发此类事件	Component
7	MouseEvent	鼠标事件。当鼠标按下、拖动、单击或者被释放时，会触发此类事件	Component
8	ContainerEvent	容器事件。当组件添加至容器，或者从容器中删除时，会触发此类事件	Component
9	TextEvent	文本事件。在文本框或者文本区域中的文本发生变化时，会触发此类事件	TextField、TextArea
10	WindowEvent	窗体事件。当一个窗体被激活、关闭、最小化、打开或者退出时，会触发此类事件	Window

每一种类型的事件，都有对应的监听器进行监听。监听器是通过实现java.awt.event包中的接口来实现，当事件发生时，事件源把事件传递给监听器，监听器调用对应的方法进行处理。Java系统把消息进行分类，每一类对应一个或多个特定的方法，这些方法定义在不同的监听器接口中。所有的监听器都必须实现监听器接口，重写接口中的方法，才能够实现事件监听和处理的功能。事件与监听器的对应关系见表11-3。

表 11-3　事件与监听器的对应关系

序　号	事件类型	监听器类型	事件处理方法	备　　注
1	ActtionEvent	ActionListener	public void actionPerformed(ActionEvent e)	处理动作事件
2	AdjustmentEvent	AdjustmentListener	public void adjustmentValueChanged(AdjustmentEvent e)	处理调整事件
3	ComponentEvent	ConponentListener	public void componentResized(ComponentEvent e)	处理组件大小改变事件
			public void componentMoved(ComponentEvent e)	处理组件位置改变事件
			public void componentShown(ComponentEvent e)	处理组件可见事件
			public void componentHidden(ComponentEvent e)	处理组件隐藏事件
4	ItemEvent	ItemListener	public void itemStateChanged(ItemEvent e)	处理选项状态改变事件

续表

序　号	事件类型	监听器类型	事件处理方法	备　　注
5	FocusEvent	FocusListener	public void focusGained(FocusEvent e)	处理获得焦点事件
			public void focusLost(FocusEvent e)	处理失去焦点事件
6	KeyEvent	KeyListener	public void keyTyped(KeyEvent e)	处理键入某个键事件
			public void keyPressed(KeyEvent e)	处理按下键的事件
			public void keyReleased(KeyEvent e)	处理释放键的事件
7	MouseEvent	MouseListener	public void mouseClicked(MouseEvent e)	处理鼠标单击事件
			public void mousePressed(MouseEvent e)	处理鼠标按下事件
			public void mouseReleased(MouseEvent e)	处理鼠标释放事件
			public void mouseEntered(MouseEvent e)	处理鼠标进入事件
			public void mouseExited(MouseEvent e)	处理鼠标退出事件
8	ContainerEvent	ContainerListener	public void componentAdded(ContainerEvent e)	处理增加组件事件
			public void componentRemoved(ContainerEvent e)	处理移除组件事件
9	TextEvent	TextListener	public void textValueChanged(TextEvent e)	处理文本改变事件
10	WindowEvent	WindowListener	public void windowActivated(WindowEvent e)	处理活动窗体事件
			public void windowDeactivated(WindowEvent e)	处理非活动窗体事件
			public void windowOpened(WindowEvent e)	处理窗体打开事件
			public void windowClosing(WindowEvent e)	处理窗体关闭事件
			public void windowClosed(WindowEvent e)	处理窗体关闭后事件
			public void windowIconified(WindowEvent e)	处理窗体最小化事件
			public void windowDeiconified(WindowEvent e)	处理窗体由最小化变为正常事件

监听器可以是在本类、外部类实现，也可以由内部类、内部匿名类来实现。

2. 动作事件处理

动作事件是比较常用见的事件，主要是使用鼠标单击按钮、单击菜单等事件源引发，解决问题3的代码是动作事件处理的程序。

解决问题3 制作一个加法器，实现两个数相加，并把结果返回给用户。

分析：

（1）用户界面中包含有这个几组件：4个标签，用来标识被加数、加数、和、结果；2个文本框，分别用来接收用户输入的被加数和加数；1个按钮，用来进行加法计算；

（2）事件源是按钮，因此按钮要注册监听器；

（3）事件的类型是ActionEvent类型，用来监听动作事件的接口是ActionListener接口，将本类当作监听器，实现ActionListener接口，重写actionPerformed()方法；

（4）actionPerformed()方法要实现将两个数进行相加的功能，在进行加法运算之前，需要将判断文本框中输入的数据是否是数值型数据。

代码如下：

```
import java.awt.EventQueue ;
import java.awt.event.* ;
import javax.swing.* ;
import javax.swing.border.EmptyBorder ;
class MyAddFrame extends JFrame implements ActionListener{  //在本类中实现监听器接口
    private JPanel contentPane ;
    private JTextField textField ;
    private JTextField textField_1 ;
    private JLabel label_3 = new JLabel("") ;
    public MyAddFrame() {
        setDefaultCloseOperation(JFrame.EXIT_ON_CLOSE) ;
        setBounds(100, 100, 450, 300) ;
        contentPane = new JPanel() ;
        contentPane.setBorder(new EmptyBorder(5, 5, 5, 5)) ;
        setContentPane(contentPane) ;
        contentPane.setLayout(null) ;
        JLabel label = new JLabel("被加数：") ;
        label.setBounds(70, 42, 54, 15) ;
        contentPane.add(label) ;
        textField = new JTextField() ;
        textField.setBounds(119, 39, 66, 21) ;
        contentPane.add(textField) ;
        textField.setColumns(10) ;
        JLabel label_1 = new JLabel("加数：") ;
        label_1.setBounds(211, 42, 54, 15) ;
        contentPane.add(label_1) ;
        textField_1 = new JTextField() ;
        textField_1.setBounds(252, 39, 66, 21) ;
        contentPane.add(textField_1) ;
        textField_1.setColumns(10) ;
        JButton button = new JButton("加法") ;
        button.setBounds(156, 115, 93, 23) ;
        contentPane.add(button) ;
        button.addActionListener(this) ;              //按钮注册动作事件监听器
        JLabel label_2 = new JLabel("和：") ;
        label_2.setBounds(70, 84, 54, 15) ;
        contentPane.add(label_2) ;
        label_3.setBounds(119, 84, 54, 15) ;
        contentPane.add(label_3) ;
    }
    public void actionPerformed(ActionEvent e) {  //重写动作事件的处理方法，这是核心内容
```

```
        String value1 = textField.getText() ;       //取得被加数
        String value2 = textField_1.getText() ;     //取得加数
        if(value1.matches("\\d{1}\\.{1}\\d{1}")) {  //判断被加数是否是数值型
            throw new RuntimeException("输入的数据不合法...") ;
        }
        if(value2.matches("\\d{1,}\\.{1}\\d{1,}")) { //判断加数是否是数值型
            throw new RuntimeException("输入的数据不合法...") ;
        }
        double value3 = Integer.parseInt(value1) + Integer.parseInt(value2) ;
                                                    //进行加法运算
        label_3.setText(String.valueOf(value3)) ; //显示结果
    }
}
public class AddFrame {
    public static void main(String[] args) {
        EventQueue.invokeLater(new Runnable() {
            public void run() {
                try {
                    MyAddFrame frame = new MyAddFrame() ;
                    frame.setVisible(true) ;
                } catch (Exception e) {
                    e.printStackTrace() ;
                }
            }
        }) ;
    }
}
```

程序的代码是在Eclipse中编写调试，界面是使用Window-Builder来实现，并经过局部调整而获得。解决问题3的程序运行结果如图11-14所示。

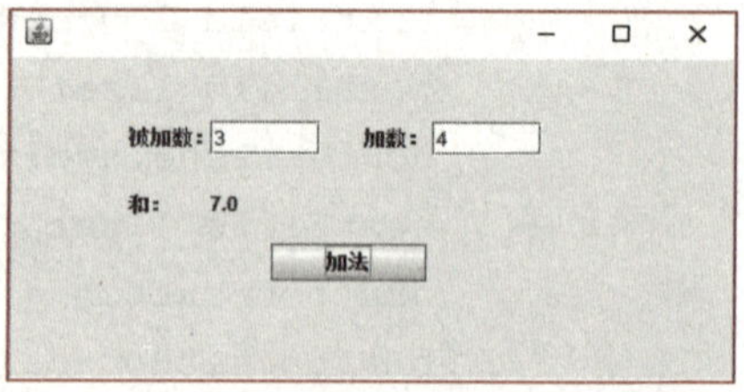

图 11-14　解决问题 3 的程序运行结果

在进行事件处理的过程中，用户需要注册事件的监听器以及编制监听器的处理方法，而监听器的响应是由Java运行时系统完成，无须用户干预。进行事件处理时，要明确三个要素：事件源是谁、是什么类型的事件、监听器响应的方法。

3. 窗体事件处理

如果使用AWT来编写用户图形界面，窗体上的“×”关闭按钮是无效状态，如果要使用关闭按钮能够关闭窗体，需要注册窗体事件监听器，重写窗体事件的方法（以下代码使用EditPlus编写）。

解决问题4　单击窗体的“×”按钮，将窗体关闭。

分析：

（1）事件源是窗体；

（2）事件的类型是窗体事件；

（3）处理的方法是窗体监听器接口中的windowClosed()。

代码如下：

```
import java.awt.* ;
import java.awt.event.* ;
class MyFrame extends Frame implements WindowListener {    //实现窗体监听器
    private Label lab = new Label("单关闭按钮，可以关闭窗口...") ;
    public MyFrame() {
        super("窗体事件处理") ;
        add(lab) ;
        setBounds(100,100,300,200) ;
        setVisible(true) ;
        addWindowListener(this) ;                        //将本类注册为窗体事件监听器
    }
    public void windowClosing(WindowEvent e) {           //重写关闭窗体事件处理方法
        System.exit(0) ;
    }
    public void windowActivated(WindowEvent e) {  //重写窗体事件处理方法，本程序不需要
    }
    public void windowDeactivated(WindowEvent e) {   //重写关闭窗体事件处理方法，本程序不需要
    }
    public void windowOpened(WindowEvent e) {        //重写关闭窗体事件处理方法，本程序不需要
    }
    public void windowClosed(WindowEvent e) {        //重写关闭窗体事件处理方法，本程序不需要
    }
    public void windowIconified(WindowEvent e) {     //重写关闭窗体事件处理方法，本程序不需要
    }
    public void windowDeiconified(WindowEvent e) {   //重写关闭窗体事件处理方法，本程序不需要
    }
}
public class WindowDemo {
    public static void main(String[] args) {
        new MyFrame() ;
    }
}
```

解决问题4的程序运行结果如图11-15所示。

图 11-15　解决问题 4 的程序运行结果

单击窗体的“×”按钮，可以关闭窗体。由于窗体事件监听器接口中包含了7个方法，实现窗体监听器的类要重写这7个方法，即便是这些方法不是程序所需要的处理方法，也必须重写。为了解决这个问题，在Java语言中，提供了抽象类WindowAdapter，这个类实现了窗体事件监听器，重写了所有的窗体事件的方法，且所有方法都不是抽象方法，程序员可以通过

实例化匿名对象的方式来创建窗体事件监听器，提高程序的效率。如解决问题5的程序代码所示，使用WindowAdapter类实现窗体的关闭功能。

解决问题5 使用WindowAdapter类实现关闭窗体。

```
import java.awt.* ;
import java.awt.event.* ;
class MyWin extends Frame {                              // 实现窗体监听器
    private Label lab = new Label("单关闭按钮，可以关闭窗口 ...") ;
    public MyWin() {
        super("窗体事件处理") ;
        add(lab) ;
        setBounds(100,100,300,200) ;
        setVisible(true) ;
        addWindowListener(new WindowAdapter(){    // 实例化匿名对象，仅重写窗体关闭方法
            public void windowClosing(WindowEvent e) {
                System.exit(0) ;
            }
        }) ;
    }
}
public class WindowAdapterDemo {
    public static void main(String[] args)    {
        new MyWin() ;
    }
}
```

解决问题5的程序运行结果和图11-15所示的运行结果完全相同，功能也完全相同，但是代码的效率大大提高了。为了减轻开发者的工作量，在Java中，为具有多个方法的监听器提供了对应类型的适配器类，这些类实现了监听器接口的所有方法，但是不做任何实际的工作，例如，WindowAdapter适配器类实现了窗体事件监听接口WindowListener中的7个方法，用户可以通过扩展适配器类来实现相应的事件处理方法。表11-4是适配器类与事件监听接口的对应关系。

表 11-4　适配器类和事件监听接口的对应关系

序　号	事件监听器接口	适 配 器 类
1	ComponentListener	ComponentAdapter
2	ContainerListener	ContainerAdapter
3	FocusListener	FocusAdapter
4	KeyListener	KeyAdapter
5	MouseListener	MouseAdapter
6	MouseMotionListener	MouseMotionAdapter
7	WindowListener	WindowAdapter

4. 鼠标事件处理

鼠标是基本的输入设备，每一个组件都支持鼠标事件，依据表11-4所示，与鼠标监听器接口相对应的适配器类是MouseAdapter。解决问题6的程序演示了鼠标事件处理。

解决问题6　鼠标事件处理。

需求：在动态捕捉鼠标在窗体中的位置，并通过标签将其坐标值显示出来。

分析：

（1）设计一个窗体类，在窗体中设置布局为BorderLayout，在窗体的SOUTH位置添加一个标签；

（2）事件源是窗体；

（3）事件的类型是鼠标事件，要将窗体注册为鼠标事件监听器；

（4）鼠标进入窗体，要获取鼠标在窗体中的起始位置，处理事件的方法是MouseListener监听器接口中的mouseEntered()方法；鼠标在窗体中移动时，处理事件的方法是MouseMotionListener监听器接口中的mouseMoved()；同一窗体事件，注册多个监听器；

（5）使用MouseEvent类中的getX()和getY()方法，分别获取x坐标和y坐标；

（6）将坐标值转换成字符串，通过标签显示出来。

代码如下：

```
import javax.swing.* ;
import java.awt.* ;
import java.awt.event.* ;
class MouseWin extends JFrame {
    private JLabel lab = new JLabel(" 鼠标事件处理 ...") ;
    private BorderLayout layout = new BorderLayout() ;
    public MouseWin() {
        super(" 鼠标事件处理 ") ;
        setLayout(layout) ;
        add(lab,BorderLayout.SOUTH) ;
        setBounds(200,200,300,200) ;
        setVisible(true) ;
        addMouseListener(new MouseAdapter() {      // 鼠标进入窗体区域时，对标签进行初始化
            public void mouseEntered(MouseEvent e) {
                double x = e.getX() ;
                double y = e.getY() ;
                String s = "X 坐标: " +String.valueOf(x) + "Y 坐标: " + String.valueOf(y) ;
                lab.setText(s) ;

            }
        }) ;
        addMouseMotionListener(new MouseMotionAdapter() { // 监听鼠标在窗体中移动事件
            public void mouseMoved(MouseEvent e) {
                double x = e.getX() ;
                double y = e.getY() ;
                String s = "X 坐标: " +String.valueOf(x) + "   Y 坐标: " + String.valueOf(y) ;
                lab.setText(s) ;
```

```
            }
        }) ;
        addWindowListener(new WindowAdapter() {
            public void windowClosing(WindowEvent e) {
                System.exit(0) ;
            }
        }) ;
    }
}
public class MouseDemo {
    public static void main(String[] args) {
        new MouseWin() ;
    }
}
```

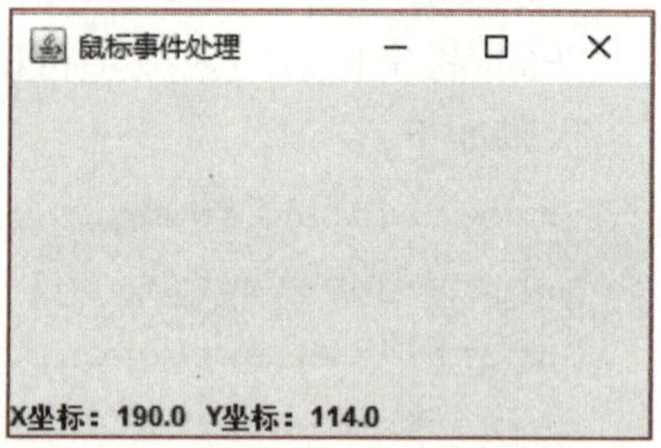

图 11-16　解决问题 6 的程序运行结果

解决问题6的程序运行结果如图11-16所示。

监听鼠标移动、拖动事件的监听器是MouseMotionListener接口，这个接口中包含有两个方法：

- public void mouseMoved(MouseEvent e)：处理鼠标移动事件；
- public void mouseDragged(MouseEvent e)：处理鼠标拖动事件。

5. 键盘事件处理

如果要获取键盘上是哪个键被按下，就需要使用键盘事件监听器进行处理。键盘事件类KeyEvent中包含有静态常量来表示每一个键的值，表示形式为VK_键，例如，数字键“1”的值为VK_1。KeyEvent类中有三个常用方法：

- public char getKeyChar()：获取相应的键值，返回一个字符；
- public int getKeyCode()：获取相应键的ASCII值，返回整型值；
- public static String getKeyText(int keyCode)：将键值当作字符串返回给调用者。

解决问题7　文本框只允许接收数字，若输入非数字，通过标签显示信息，并禁止文本框接收非数字值。

分析：

（1）事件源是文本框；

（2）界面中有两个组件，1个文本框，1个标签；

（3）事件是键盘事件，当键盘上的某个键按下时，需要进行处理，响应的方法是keyTyped()；

（4）禁止文本框接收数字，可以使用KeyEvent类的父类InputEvent中的consume()方法。

代码如下：

```
import java.awt.FlowLayout ;
import java.awt.event.KeyAdapter ;
import java.awt.event.KeyEvent ;
import javax.swing.JButton ;
import javax.swing.JFrame ;
import javax.swing.JLabel ;
```

```
import javax.swing.JTextField ;
class KeyWin extends JFrame {
    private JTextField txt = new JTextField(20) ;
    private JLabel lab = new JLabel("          ") ;
    public KeyWin() {
        super("键盘事件处理") ;
        setLayout(new FlowLayout()) ;
        add(txt) ;
        add(lab) ;
        setBounds(200,200,300,200) ;
        setVisible(true) ;
        txt.addKeyListener(new KeyAdapter(){                    //注册键盘事件监听器
            public void keyTyped(KeyEvent e) {                  //处理键盘事件
                char key = e.getKeyChar() ;
                if(!(key >= KeyEvent.VK_0 && key <= KeyEvent.VK_9)) {
                                                                //判断是否按下非数字键
                    lab.setText("按下了非数字键，禁止接收") ;
                    e.consume() ;                               //禁止接收非数字键
                }
            }
        }) ;
    }
}
public class KeyDemo {
    public static void main(String[] args) {
        new KeyWin() ;
    }
}
```

解决问题7的程序运行结果如图11-17所示。如果用户按下键盘上的数字键，在文本框中会显示出来，如果按下的是非数字键，标签会提示信息，同时禁止文本框接收键盘上输入的值。

如果要使用组合键，用户可以查找KeyEvent类的父类InputEvent中的相关方法。

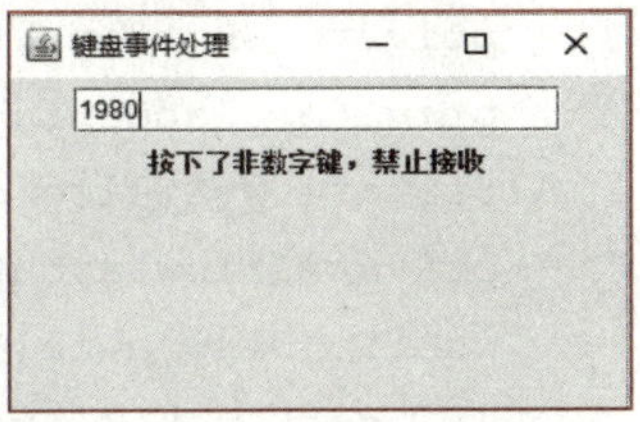

图 11-17　解决问题 7 的程序运行结果

三、设计对话框

对话框是人机可视化交互界面中的一个重要元素，通过对话框，可以获得提示信息，也可以通过对话框，接收用户输入的数据。一般情况下，对话框是依赖于某个窗口，当窗口关闭时，对话框随之消失。对话框中可以添加任意的其他组件，它也属于容器。对话框可以分为自定义对话框、系统对话框、文件对话框。

1. 自定义对话框

Swing组件中的对话框由JDialog类构造，自定义对话框分为无模式和有模式两种情况。无模式对话框是指当弹出对话框后，可以从当前对话框切换到其他组件界面进行相应的操作。有模式对话框是指当对话框弹出以后，只能在该对话框中进行操作，无法切换到其他界面，只有当有模式对话框关闭以后，才能够进行其他组件界面的操作。通过以下的构造方法来实例化对话框对象：

- public JDialog()：构造一个没有标题的无模式对话框；
- public JDialog(Frame owner)：构造一个没有标题的无模式对话框，对话框隶属于owner窗体；
- public JDialog(Frame owner,boolean modal)：构造一个指定所有者owner，参数modal指定是否为有模式的对话框；
- public JDialog(Frame owner,String title)：构造一个指定所有者owner，有标题无模式的对话框；
- public JDialog(Frame owner,String title,boolean modal)：构造一个指定所有者owner，有标题，参数modal指定是否为有模式的对话框。

解决问题8 在窗体中创建一个按钮，当单按钮时，弹出一个有模式的对话框，对话框标题为“数据输入对话框”，在对话框中包含有一个文本框和一个确定按钮，输入数据以后，单击“确定”按钮，关闭对话框，把数据提交给窗体的标签显示出来。

分析：

（1）窗体中包含一个“打开对话框”按钮，一个标签，布局为FlowLayout；

（2）构造一个隶属当前窗体的有模式对话框；

（3）在对话框中添加一个文本框，一个“确定”按钮；

（4）窗体中的按钮注册动作事件，当单击按钮时，对话框可见性设置为true；

（5）对话框中的“确定”按钮注册动作事件，如果单按钮，将文本框中的内容返回给窗体对象；由于对话框要与窗体中的标签对象交换数据，定义对话框类时，最好定义成为窗体的内部类。

代码如下：

```
import java.awt.FlowLayout ;
import java.awt.event.* ;
import javax.swing.* ;
class DialogWin extends JFrame implements ActionListener {
                                        //定义窗体对象，实现动作事件监听器接口
    private JButton btn = new JButton("打开对话框") ;
    private JLabel lab = new JLabel("                    ") ;
    private MyDialog dialog = null ;
    private FlowLayout layout = new FlowLayout() ;
    public DialogWin() {
        setLayout(layout) ;
        setBounds(200,200,300,200) ;
        setVisible(true) ;
        add(btn) ;
        add(lab) ;
        dialog = new MyDialog(this,"数据输入对话框",true) ;
                                        //实例化对话框，对话框隶属于当前窗体
        btn.addActionListener(this) ;       //按钮对象注册动作事件
        addWindowListener(new WindowAdapter() {
```

```
                public void windowClosing(WindowEvent e) {
                    System.exit(0) ;
                }
            }) ;
        }
        public void actionPerformed(ActionEvent e) {            // 重写动作事件处理的方法
            dialog.setVisible(true) ;                           // 显示对话框
        }
        // 定义内部对话框类，实现动作事件监听器接口
        class MyDialog extends JDialog implements ActionListener {
            private JButton btn = new JButton(" 确定 ") ;
            private JTextField txt = new JTextField(20) ;
            public MyDialog(JFrame frm,String title,boolean modal) {
                super(frm,title,modal) ;
                setBounds(220,250,250,100) ;
                setVisible(false) ;
                setLayout(new FlowLayout()) ;
                add(txt) ;
                add(btn) ;
                btn.addActionListener(this) ;
            }
            public void actionPerformed(ActionEvent e) { // 处理对话框中的按钮产生的动作事件
                String s = txt.getText() ;
                lab.setText(s) ;
                setVisible(false) ;
            }
        }
    }
    public class DialogDemo {
        public static void main(String[] args) {
            new DialogWin() ;
        }
    }
```

解决问题8的程序运行结果如图11-18所示。

图 11-18　解决问题 8 的程序运行结果

2. 系统对话框

系统对话框有警告/提示信息对话框、文件选择器对话框、颜色选择对话框。下面对这几个对话框做简单介绍。

（1）JOptionPane类

JOptionPane类提供了很多的方法，但常用的有三个静态对话框调用方法，利用这三个静态方法可以创建三种类型的有模式对话框。

- public static int showConfirmDialog(Component parentComponent,Object message)：创建一个

信息确认对话框，包含Yes、No、Cancel按钮，返回值是用户选择的按钮值，“No”按钮的值为1，“Yes”按钮的值为0，“Cancel”按钮的值为-1。该方法会抛HeadlessException异常。程序员可以根据需要设置对话框的标题、显示的按钮。下列语句表示创建一个带有“是”“否”“取消”按钮的信息提示对话框，如图11-19所示。

```
JOptionPane.showConfirmDialog(this, "文本已经修改，是否要保存？","信息确认对话框",
JOptionPane.YES_NO_CANCEL_OPTION) ;
```

- public static String showInputDialog(Component parentComponent,Object message)：创建一个输入信息对话框，返回对话框中输入的文本内容。下列语句可以创建一个信息输入对话框，如图11-20所示。

```
JOptionPane.showInputDialog(this, "") ;
```

- public static void showMessageDialog(Component parentComponent,Object message)：消息对话框。下列语句可以创建一个具有指定按钮的消息对话框，如图11-21所示。

```
JOptionPane.showMessageDialog(this, "文本删除后不可恢复") ;
```

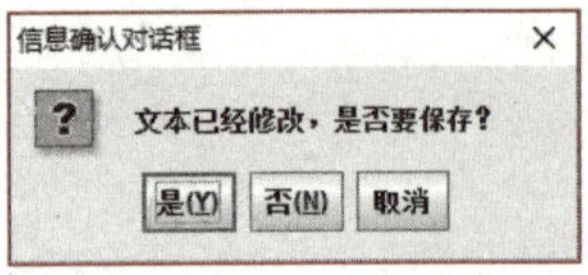

图 11-19　信息确认对话框

图 11-20　信息输入对话框

图 11-21　消息对话框

（2）JFileChooser类

JFileChooser类可以创建一个文件对话框，主要使用的文本对话框有打开文件对话框showOpenDialog()、保存文件对话框showSaveDialog()。除了这两个方法外，获取当前文件对话框的目录以及获取选择的文件是常用的方法：

- public File getCurrentDirectory()：获取文件对话框包含的当前目录名称；
- public File getSelectedFile()：获取文件对话框中选择的文件名；
- public String getName(File f)：获取指定文件的文件名。

具体的使用方法在后面的内容中介绍。

3. JColorChooser 类

JColorChooser类静态方法showDialog()可以创建一个颜色对话框，方法的定义格式如下：

- public static Color showDialog(Component component,String title,Color initialColor)：创建一个颜色对话框，返回选中的颜色，如图11-22所示。下列语句创建一个颜色对话框：

```
JColorChooser.showDialog(this, "Color", Color.RED) ;
```

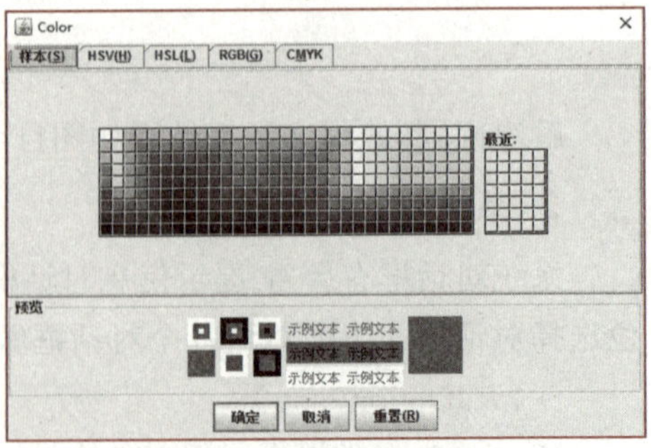

图 11-22　颜色对话框

任务实施

应用实例——开发简单记事本

记事本是一个比较经典的可视化界面设计案例，利用通过学习记事本的开发，可以将可视化界面设计、对话框、菜单、文件操作的知识串联起来。

1. 菜单的设计

Java语言中的菜单包含有：菜单栏（menuBar）、菜单（menu）、菜单项（menuitem），菜单栏是菜单容器，可以放置很多的菜单，菜单中可以添加很多的菜单项，如图11-23所示。

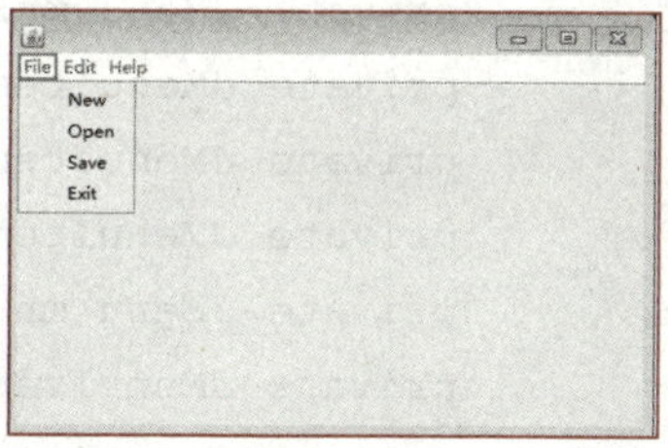

图 11-23　菜单栏及菜单、菜单项

图11-23中的File、Edit、Help是菜单，它们放置的位置是菜单栏，New、Open称为菜单项。使用WindowBuilder可以非常轻松地设计出可视化界面的菜单。菜单项是事件源，通常情况下产生事件的是动作事件。

2. 记事本设计要求

记事本只有一个文本区域，在编辑文本时，如果一页不能显示所示内容，可以在文本区域的右边添加一个滚动条；在记事本中有菜单File、Open、Save和Exit，File菜单中包含New菜单项，能够新建一个空白区域；Open菜单项可以打开一个存在的txt文件；Save可以将文本区域中的内容保存到一个新的文件中；Exit菜单只有Exit菜单项是退出记事本程序，简单记事本的效果如图11-24所示。

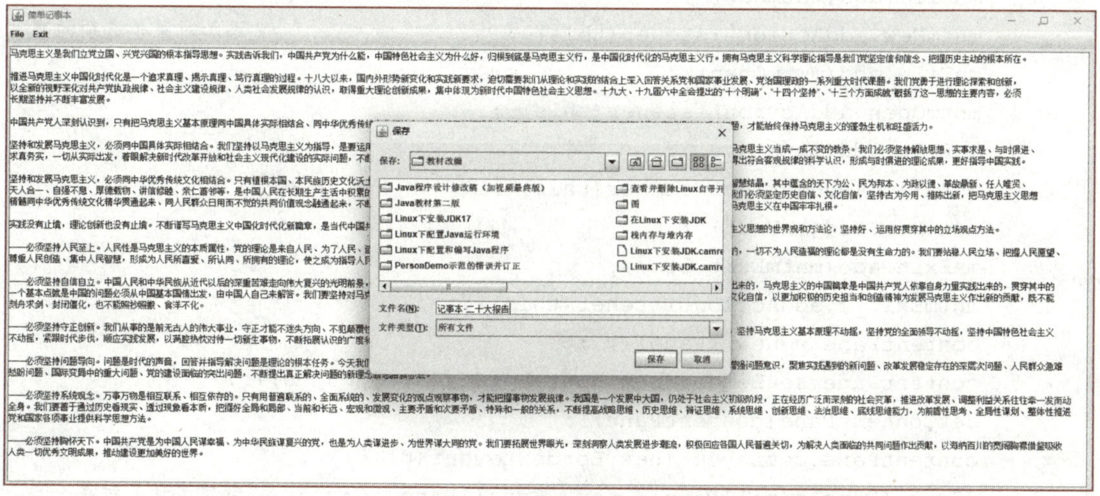

图 11-24　简单记事本的效果

当文本区域中的内容发生改变，退出程序或新建文本时，都要提醒用户是否需要保存文本。程序的代码如解决问题9所示。

解决问题9　简单记事本代码。

```
import java.awt.* ;
import java.awt.event.* ;
import java.io.* ;
```

```
import javax.swing.* ;
import javax.swing.border.EmptyBorder ;
class MenuFrame extends JFrame implements ActionListener,KeyListener {
                                                        //设计窗体的界面
    private JPanel contentPane ;
    private boolean flag = false ;                      //标注内容是否被修改
    private JMenuBar menuBar = new JMenuBar() ;         //添加菜单栏
    private JMenu mnFile = new JMenu("File") ;          //添加"文件"菜单项
    private JMenuItem mntmNew = new JMenuItem("New") ;  //在文件菜单下增加选项
    private JMenuItem mntmOpen = new JMenuItem("Open") ;
    private JMenuItem mntmSave = new JMenuItem("Save") ;
    private JMenu mnExit = new JMenu("Exit") ;          //添加"退出"菜单项
    private JMenuItem mntmExit_1 = new JMenuItem("Exit") ;
    private JTextArea textArea = new JTextArea() ;      //添加文本框
    private JFileChooser dialog = new JFileChooser() ;  //添加对话框
    public MenuFrame() {
        super("简单记事本") ;
        setDefaultCloseOperation(JFrame.EXIT_ON_CLOSE) ;//设置窗体"关闭"按钮有效
        setBounds(100, 100, 600, 500) ;
        setJMenuBar(menuBar) ;
        menuBar.add(mnFile) ;
        mnFile.add(mntmNew) ;
        mntmNew.addActionListener(this) ;               //添加对菜单选项的事件监听
        mnFile.add(mntmOpen) ;
        mntmOpen.addActionListener(this) ;
        mnFile.add(mntmSave) ;
        mntmSave.addActionListener(this) ;
        menuBar.add(mnExit) ;
        mnExit.add(mntmExit_1) ;
        mntmExit_1.addActionListener(this) ;
        contentPane = new JPanel() ;
        contentPane.setBorder(new EmptyBorder(5, 5, 5, 5)) ;
        setContentPane(contentPane) ;
        contentPane.setLayout(new BorderLayout(0, 0)) ;
        JScrollPane scrollPane = new JScrollPane() ;    //创建滚动条对象
        //设置为垂直滚动条
        scrollPane.setHorizontalScrollBarPolicy(ScrollPaneConstants.HORIZONTAL_
SCROLLBAR_NEVER) ;
        contentPane.add(scrollPane, BorderLayout.CENTER) ;
        scrollPane.setViewportView(textArea) ;
        textArea.addKeyListener(this) ;
    }
```

```
    public void keyTyped(KeyEvent e) {      //对键盘进行监听，有键被按下，说明内容有修改
         flag = true ;
    }
    public void keyReleased(KeyEvent e) {}
    public void keyPressed(KeyEvent e) {}
    public void actionPerformed(ActionEvent e) { //弹出对话框，文件内容修改是否存盘
        if(e.getSource() == mntmNew) {
            if(flag) {
                int choose = JOptionPane.showConfirmDialog(this, "内容已经修改，
是否保存？") ;
                if(choose == 0) {
                    int save = dialog.showSaveDialog(this) ;
                    File dir = dialog.getCurrentDirectory() ;
                    File name = dialog.getSelectedFile() ;
                    String file = dialog.getName(name) ;
                    if(save == 0) {
                        NoteFile note = new NoteFile(dir,file) ;
                        String content = textArea.getText() ;
                        note.save(content) ;
                    }
                }
            }
            textArea.setText("") ;
            flag = false ;
        }
        if(e.getSource() == mntmOpen) {            //弹出对话框，选择需要打开的文件
            int open =dialog.showOpenDialog(this) ;
            if(open == 0) {
                File dir = dialog.getCurrentDirectory() ;
                File name = dialog.getSelectedFile() ;
                String file = dialog.getName(name) ;
                NoteFile f = new NoteFile(dir,file) ;
                textArea.setText(f.Open()) ;
            }
        }
        if(e.getSource() == mntmSave) {            //是否保存文件
            int save = dialog.showSaveDialog(this) ;
            if(save == 0) {
                File dir = dialog.getCurrentDirectory() ;
                File name = dialog.getSelectedFile() ;
                String file = dialog.getName(name) ;
                NoteFile f = new NoteFile(dir,file) ;
```

```
                f.save(textArea.getText()) ;
            }
        }
        if(e.getSource() == mntmExit_1) {              //退出时，询问是否保存文件
            if(flag) {
                int choose = JOptionPane.showConfirmDialog(this, "内容已经修改，
    是否保存？ ") ;
                if(choose == 0) {
                    int save = dialog.showSaveDialog(this) ;
                    File dir = dialog.getCurrentDirectory() ;
                    File name = dialog.getSelectedFile() ;
                    String file = dialog.getName(name) ;
                    if(save == 0) {
                        NoteFile note = new NoteFile(dir,file) ;
                        String content = textArea.getText() ;
                        note.save(content) ;
                    }
                } else if(choose == 1) {
                    System.exit(0) ;
                }
            } else {
                System.exit(0) ;
            }
        }
    }
}
class NoteFile {                                       //对文件进行操作的类
    private File dir = null ;
    private String name = null ;
    private File file = null ;
    public NoteFile(File dir,String name) {            //新建文件
        this.dir = dir ;
        this.name = name ;
        file = new File(this.dir,this.name) ;
    }
    public boolean save(String content) {              //保存文件
        FileOutputStream fos = null ;
        BufferedOutputStream bos = null ;
        try {
            fos = new FileOutputStream(file) ;
            bos = new BufferedOutputStream(fos) ;
            bos.write(content.getBytes()) ;
```

```
        } catch(Exception e) {
        } finally {
            try {
                bos.close();
                fos.close();
            } catch (IOException e) {
                e.printStackTrace() ;
            }
        }
        return false ;
    }
    public String Open() {                                    //打开文件
        FileInputStream fis = null ;
        BufferedInputStream bis = null ;
        StringBuffer content = new StringBuffer() ;
        try {
            fis = new FileInputStream(file) ;
            bis = new BufferedInputStream(fis) ;
            byte []b = new byte[1024] ;
            int len = 0 ;
            while((len = bis.read(b)) != -1) {
                content.append(new String(b,0,len)) ;
            }
        } catch(Exception e) {
        } finally {
            try {
                bis.close() ;
                fis.close() ;
            } catch (IOException e) {
                e.printStackTrace() ;
            }
        }
        return new String(content) ;
    }
}
public class NotePad {                                        //启动程序
    public static void main(String[] args) {
        EventQueue.invokeLater(new Runnable() {
            public void run() {
                try {
                    MenuFrame frame = new MenuFrame() ;
                    frame.setVisible(true) ;
```

```
                    } catch (Exception e) {
                        e.printStackTrace() ;
                    }
                }
            }) ;
        }
}
```

需要特别说明，由于JDK9之后，使用Eclipse编写Java程序时，增加了module-info.java文件，该文件的作用是配置编写本项目所需要使用的除了java.base以外的其他包，如图11-25所示，否则在编写代码的时候会产生语法错误，主要是找不到需要引用的包。

图 11-25　Eclipse 中显示的部分包的名称截图

本书不对该文件作详细解释，主要掌握他的使用方法。该文件的结构中，模块的名称必须同工程的名称相同，在模块中添加一条语句，requires java.desktop即可。具体格式如下：

```
module Photo {                          //Photo 即是本项目工程的名称
    requires java.desktop ;             //java.desktop 是本项目中需要使用的包所在目录名称
}
```

课后实践

1. 设计图11-26所示的界面。
2. 设计图11-27所示的界面，并实现对两个数的加法功能。

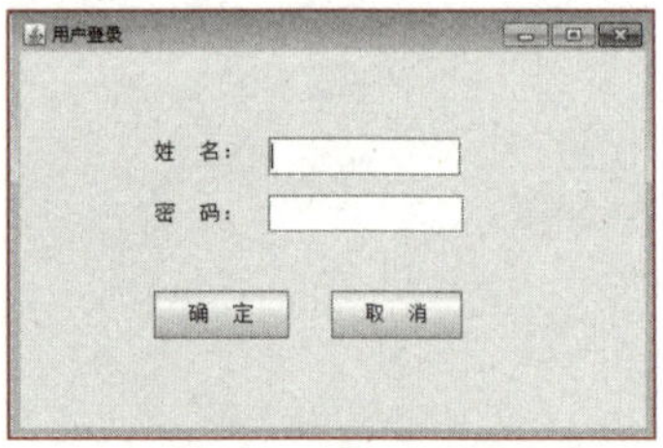

图 11-26　题 1 的样图

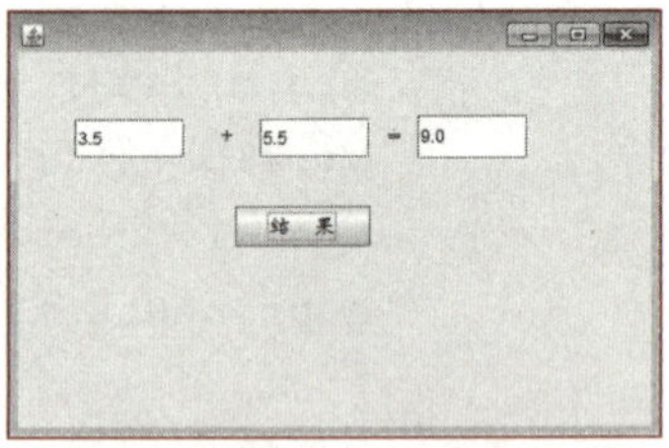

图 11-27　题 2 的样图

3. 设计一个界面，利用标签显示鼠标移动的位置信息，如图11-28所示。
4. 设计一个界面，能够将打开的文件内容显示在文本区域内，如图11-29所示。

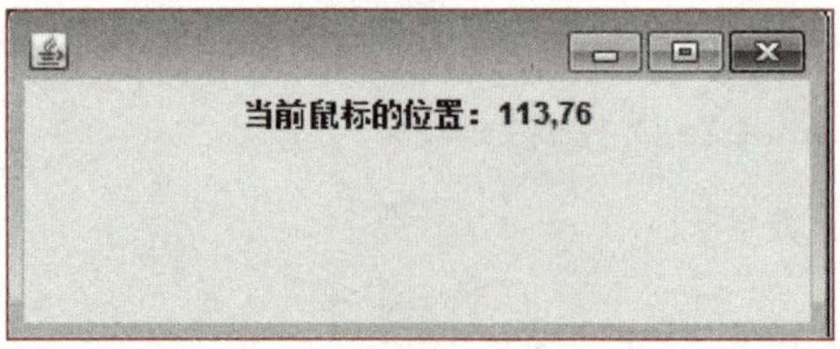

图 11-28　题 3 的样图

图 11-29　题 4 的样图

任务12 编写网络聊天室

任务描述

经过一段时间的学习后，小龙想用Java编写一个可视化界面网络聊天程序，能够实现多用户同时登录，完成身份的认证，相互之间能够发送消息，能够显示登录的用户名称。

职业能力与目标

◎ 掌握网络编程的基本要素；
◎ 能够完成基于TCP的网络编程；
◎ 能够完成基于UDP的网络编程；
◎ 具备良好的网络规范意识；
◎ 树立新发展理念。

Java提供了强大的网络支持功能，在Java程序中，可以直接给网络中的其他计算机发送数据和接收来自网络中的数据，实现网络中不同计算机之间的数据共享。在Java的java.net包中，包括了一系列的网络类，合理使用这些类，可以轻松实现基于TCP或者UDP的编程。

知识储备

一、认识网络编程

网络编程指的是通过编写网络应用程序，实现不同计算机之间的通信，达到交换数据，实现数据共享的目的。网络编程的实质还是数据传递，只不过是在不同计算机之间传递数据。因此，实现网络编程的前提是保证计算机之间有物理连接通道，这个通道可以是有线介质连接，也可以是无线介质连接。网络中的计算机通过IP地址进行唯一标识。

1. 什么是网络 IP 和域名

IP地址是由一串数字构成，目前使用最广泛的是IPv4协议，由于IPv4资源已经接近枯竭，新版本的IPv6正在推广使用过程中。IPv4协议中规定，每个IP地址是由4个字节构成，每个字节的取值范围为0~255。不同字节之间使用“.”号进行分隔，如“192.168.0.1”，网络中的每一台计算机都有一个唯一的IP地址。在网络编程中，通常使用 “127.0.0.1”来表示本地主机的IP地址。

IP地址由数字构成，不便于记忆，在网络中引入了另外一个概念——域名，如www.qq.com。既可以使用IP地址表示网络中的某一台计算机，也可以用域名表示网络中的某台计算机。但是，在网络中实际传递信息时，都是以IP地址作为标识，所以，需要将域名转换成IP地址，才能够找到目标主机。实现这一功能转换的服务器称为DNS服务器，或者称为域名解析器。通常使用“//localhost”表示本地主机名。

2. 什么是网络协议与端口

在计算机的通信过程中，把发送信息的计算机称为源，接收信息的计算机称为目标。为了能够让目标计算机还原发送源的信息，需要统一信息的传输格式，就好像两个不同地域的人使用普通话进行交流一样。对数据格式进行约定的规则称为协议。Java中使用的通信协议有TCP和UDP。

TCP是transmission control protocol的缩写，称为传输控制协议。TCP类似于打电话，在进行通信之前要建立一条通路且在整个通信过程中，这条通路一直是处于连接状态，通信结束以后，链路被释放。TCP最大的优点是保证了数据的可靠传输。

UDP是 user datagram protocol的缩写，称为用户数据报协议。与TCP最大的不同之处是不需要建立专门的连接线路，类似于发短信，它提供的是一种非常简单、高效的传输服务，属于不可靠传输。发送端只负责数据的发送，不保证数据是否被成功接收以及数据是否正确。

同一台计算机在同一时间可能会运行多个网络应用程序，为了避免不同程序之间的冲突，引入了端口的概念。端口类似于一个总公司有前台总机号码和分机号码，其中总机号码相当于IP地址，分机号码相当于端口。同一个端口在同一个时间内只能有一个网络应用程序占用，否则会产生冲突。端口采用数字进行编号，范围是0~65 535，其中0~1 023为系统保留使用。在进行网络编程时，一般建议不要使用1 024以下编号的端口。

注 意：

端口仅仅是程序设计层面的逻辑概念，不是实际存在的物理实体，特别要区别于网卡的连接端口。

在网络通信中，第一次主动发起通信的程序称为客户端（client），等待连接的程序称为服务器（server）。一旦通信建立，客户端和服务器端完全一样，没有本质区别。因此，网络编程中的程序分为客户端和服务器端，这种网络编程结构称为客户/服务器结构，也称为Client/Serve结构，或者C/S结构。

二、基于 TCP 的网络编程

网络应用是Java语言取得成功的领域之一，它已经成为现在Internet上最流行的一种编程语言。JDK提供的网络类发起均存放在java.net包中，使用其中的哪些类取决于需要处理的通信协议。基于TCP的应用程序可以使用Socket类和ServerSocket类；基于UDP的应用程序可以使用DatagramPacket、DatagramSocket类；基于HTTP和FTP等协议直接访问URL资源的应用程序可使用URL、URLConnection类等。

1. 利用 InetAddress 类获取本机信息

InetAddress类是Java对IP地址的封装类。此类没有提供public构造方法，但是提供有一些返回此类对象的静态方法，来获取InetAddress实例对象。InetAddress类的常用方法见表12-1。

表 12-1　InetAddress 类的常用方法

序号	方法名称	功　能
1	public static InetAddress getLocalHost()throws UnknownHostException	获取本地主机名
2	public static InetAddress getByName(String host) throws UnknownHostException	用指定的主机名获取 InetAddress 实例化对象
3	public static InetAddress getByAddress(byte[] addr) throws UnknownHostException	用指定的 IP 地址获取 InetAddress 实例对象
4	public static InetAddress getByAddress(String host,byte[] addr) throws UnknownHostException	指定 IP 地址和主机名，获取一个 InetAddress 实例化对象
5	public String getHostAddress()	获取当前 InetAddress 对象的 IP 地址
6	public String getHostName()	获取当前 InetAddress 对象的主机名
7	public byte[] getAddress()	返回此 InetAddress 对象的原始 IP 地址。结果按网络字节顺序：地址的高位字节位于 getAddress()[0] 中

InetAddress类中封装了IP地址和主机名，可以使用对应的方法来获取IP地址和主机名，如解决问题1的程序所示。

解决问题1　实例化InetAddress对象，获取指定计算机的IP地址和主机名。

```
import java.net.* ;
public class InetAddressDemo {
    public static void main(String[] args) throws UnknownHostException {
        //以网易主机名获取一个 InetAddress 实例化对象
        InetAddress net1 = InetAddress.getByName("www.163.com") ;
        System.out.println("获取网易的实例化对象...") ;
        System.out.println("网易的 IP 地址: " + net1.getHostAddress()) ;
        System.out.println("网易的主机域名: " + net1.getHostName()) ;
        //以本地主机获取一个 InetAddress 实例化对象
        InetAddress local = InetAddress.getLocalHost() ;
        System.out.println("获取本地主机的实例化对象...") ;
        System.out.println("本地主机的 IP 地址: " + local.getHostAddress()) ;
        System.out.println("本地主机名称: " + local.getHostName()) ;   }
}
```

解决问题1的程序运行结果如图12-1所示。其中，“网易的IP地址”是网易网站在Internet中的IP地址，而“本地主机的IP地址”是用户所使用的计算机的IP地址。

```
获取网易的实例化对象...
网易的IP地址: 222.218.45.216
网易的主机域名: www.163.com
获取本地主机的实例化对象...
本地主机的IP地址: 192.168.1.102
本地主机名称: student
```

图 12-1　解决问题 1 的程序运行结果

2. Socket 类和 ServerSocket 类

C/S结构的程序既需要编写服务器端运行的程序，还需要编写客户端运行的程序。在编写网络程序过程中，除了要保证服务器端与客户端之间有物理连接之外，在软件层面也必须建立逻辑连接，实现这一连接的功能称为套接字（socket）。在Java中，基于TCP实现网络通信的套接字类有两个，分别是ServerSocket类和Socket类，Socket类用来创建客户端的套接字对象，服务器端的ServerSocket类实例化对象主要是用来监听来自客户端的连接，如果监听到来自客户端的Socket对象，服务器端同样会获得一个Socket对象，与客户端的Socket对象建立连接。

3. 简单 Socket 编程

建立Socket连接是实现网络程序的基础，实现数据传输是网络程序的实质，客户端/服务器端的数据交换如图12-2所示。

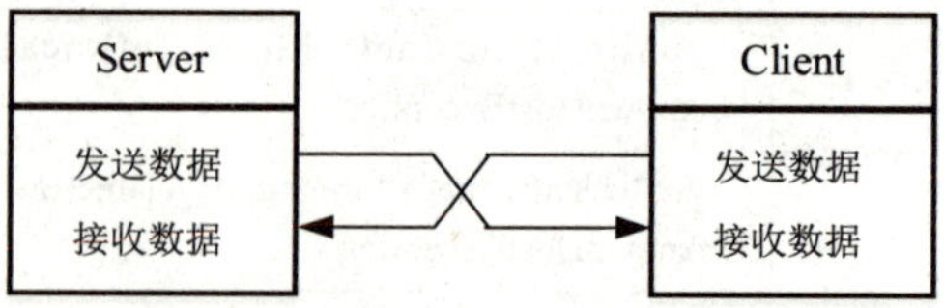

图 12-2　客户端 / 服务器数据交换示意图

由图12-2可知，在进行数据交换时，Server端发送数据，Client客户端接收数据；客户端Client发送数据，Server端接收数据。

无论一个Socket通信程序有多么复杂，其基本结构都是一样的，包括以下五个基本步骤：

（1）在服务器端实例化一个ServerSocket对象，并使用accept()方法来进行监听；

（2）用服务器端的IP地址和端口号作为参数，在客户端实例化一个Socket对象；

（3）使用Client/Server两端的Socket对象，打开输入输出数据流；

（4）Client/Server按照一定的协议，进行数据的读写操作；

（5）关闭输入输出数据流、Socket。

ServerSocket类和Socket类的常用方法见表12-2。

表 12-2　ServerSocket 和 Socket 类的常用方法

序号	方法名称	功　能	所　属　类
1	public ServerSocket(int port)throws IOException	以指定的端口号为参数，实例化一个服务器端的套接字	ServerSocket
2	public Socket accept()throws IOException	监听并接收来自客户端的套接字对象，并且返回一个 Socket 对象。未接收到客户端的 Socket 对象之前，一直处于阻塞状态	ServerSocket
3	public Socket(InetAddress address,int port) throws IOException	以指定的 IP 和端口号为参数，实例化一个客户端的 Socket 对象	Socket
4	public Socket(String host,int port) throws UnknownHostException,IOException	以指定的主机名和端口号为参数，实例化一个客户端的 Socket 对象	Socket
5	public OutputStream getOutputStream() throws IOException	获取 Socket 对象的输出流，返回 OutputStream 流对象	Socket
6	public InputStream getInputStream() throws IOException	获取 Socket 对象的输入流，返回 InputStream 流对象	Socket

解决问题2是一个简单的网络程序，客户端发送“Hello world”，服务器端接收数据，并返回“@Hello world”字符串给客户端。

解决问题2　基于TCP的简单网络程序。

（1）服务器端程序

```
import java.io.* ;
import java.net.* ;
public class ServerDemo {
    public static void main(String[] args) throws IOException {
        ServerSocket server = new ServerSocket(10000) ;
```

```
                                          // 指定端口实例化 ServerSocket 对象
        Socket server_socket = server.accept() ;  // 监听并等待
        // 服务器端打开 Socket 对象的输入流
        InputStreamReader isr = new InputStreamReader(server_socket.getInputStream()) ;
        BufferedReader br = new BufferedReader(isr) ;
        String data = br.readLine() ;             // 从网络中读取数据流
        System.out.println(" 接收到来自客户端的信息: " + data) ;
        // 实例化从服务器端向网络输出数据的输出流
        PrintStream prn = new PrintStream(server_socket.getOutputStream()) ;
        prn.print("@" + data +"\n") ;             // 向网络中输出数据
        // 关闭资源
        br.close() ;              isr.close() ;
        server_socket.close() ;   server.close() ;
    }
}
```

（2）客户端程序

```
import java.io.* ;
import java.net.* ;
public class ClientDemo {
    public static void main(String[] args) throws UnknownHostException, IOException {
        // 以指定的 IP 地址和端口号为参数，在客户端实例化 Socket 对象
        Socket client = new Socket(InetAddress.getByName("127.0.0.1"),10000) ;
        // 实例化向服务器端输出数据流对象
        PrintStream prn = new PrintStream(client.getOutputStream()) ;
        prn.print(" 不忘初心 牢记使命 \n") ;
        // 实例化向网络读取数据流的对象
        InputStreamReader isr = new InputStreamReader(client.getInputStream()) ;
        BufferedReader br = new BufferedReader(isr) ;
        String ret = br.readLine() ;              // 读取数据
        System.out.println(ret) ;
        br.close() ;                              // 关闭资源
        isr.close() ;
        client.close() ;
    }
}
```

客户端程序和服务器端程序需要分别编写、分别运行，而且要先运行服务器端程序，可以在同时打开两个console来分别显示服务器端和客户端的程序结果。解决问题2的程序运行结果如图12-3所示。

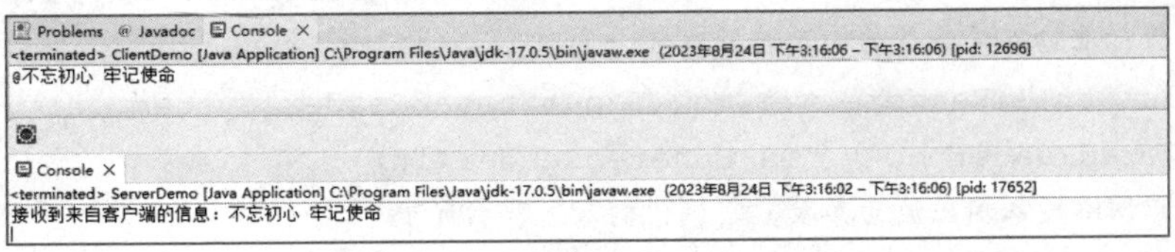

图 12-3　解决问题 2 的程序运行结果

解决问题2的程序，服务器端程序和客户端程序都属于顺序结构程序，每条语句只执行一次就结束了，如果需要服务器端多次接收来自同一个客户端的信息，要加上循环控制语句。对解决问题2的程序进行改造，接收客户端从键盘上输入的信息，当客户端发出“end”字符串时，服务器和客户端程序退出，如解决问题3的程序所示。

解决问题3 可以多次接收/发送信息的TCP网络程序。

（1）服务器端程序

```
import java.io.* ;
import java.net.* ;
public class ServerDemo {
    public static void main(String[] args) throws IOException {
        ServerSocket server = new ServerSocket(10000) ;
        Socket server_socket = server.accept() ;
        InputStreamReader isr = new InputStreamReader(server_socket.getInputStream()) ;
        BufferedReader br = new BufferedReader(isr) ;
        PrintStream prn = new PrintStream(server_socket.getOutputStream()) ;
        //使用打印流输出数据
        String data  ;
        //从网络上接收数据，直到接收到"end"为止
        while(!(data = br.readLine()).equalsIgnoreCase("end")) {
            System.out.println("接收到来自客户端的信息：" + data) ;
            prn.print("@" + data +"\n") ;                   //向网络中输出数据
        }
        System.out.println("网络对话结束 ...") ;
        //关闭资源
        br.close() ;
        isr.close() ;
        server_socket.close() ;
        server.close() ;
    }
}
```

（2）客户端程序

```
import java.io.* ;
import java.net.* ;
public class ClientDemo {
    public static void main(String[] args) throws UnknownHostException, IOException {
        Socket client = new Socket(InetAddress.getByName("127.0.0.1"),10000) ;
        //将标准输入设备作为输入流的参数
        InputStreamReader in = new InputStreamReader(System.in) ;
        BufferedReader br = new BufferedReader(in) ;
        //以网络输入输出流为参数，实例化输入流和打印流
        InputStreamReader isr = new InputStreamReader(client.getInputStream()) ;
```

```
        BufferedReader read = new BufferedReader(isr) ;
        PrintStream prn = new PrintStream(client.getOutputStream()) ;
        String msg ;
        // 接收从键盘上输入的数据，直到输入 "end" 时，程序结束
        while(!(msg = br.readLine()).equalsIgnoreCase("end")) {
            prn.print(msg + "\n") ;
            String ret = read.readLine() ;
            System.out.println(ret) ;
        }
        prn.println("end") ;
        // 关闭资源
        br.close() ;
        in.close() ;
        read.close() ;
        isr.close() ;
        client.close() ;
    }
}
```

解决问题3的程序运行结果如图12-4所示。

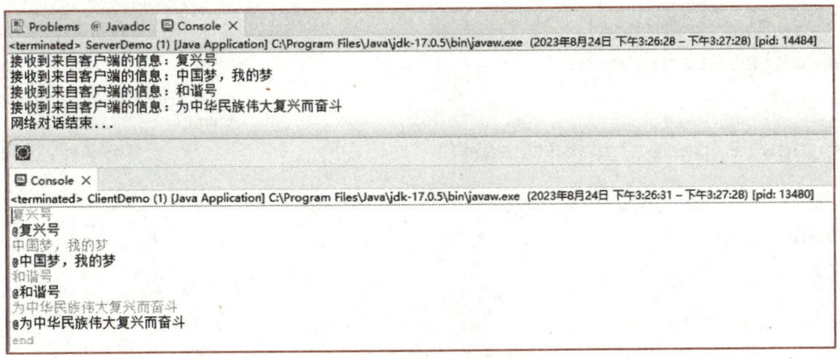

图 12-4　解决问题 3 的程序运行结果

4. 多线程 Socket 编程

解决问题3的程序中，服务器端程序只有在接收到客户端发送来的消息以后，才会继续往下执行，这样的设计思路不符合实际的应用需求。由于接收消息和发送消息属于两个独立的功能，在同一个程序中要实现两个独立的功能，最好的解决办法是采用多线程技术。针对于聊天室，由于服务器端接收到消息以后，需要把接收到的消息发送给客户端，因此，服务器端的接收信息线程与发送信息线程需要进行通信，通信的功能由管道输入流PipedInputStream和管道输出流PipedOutputStream实现；而客户端的接收功能和发送功能之间不需要进行通信。服务器端与客户端的信息交换流程如图12-5所示。

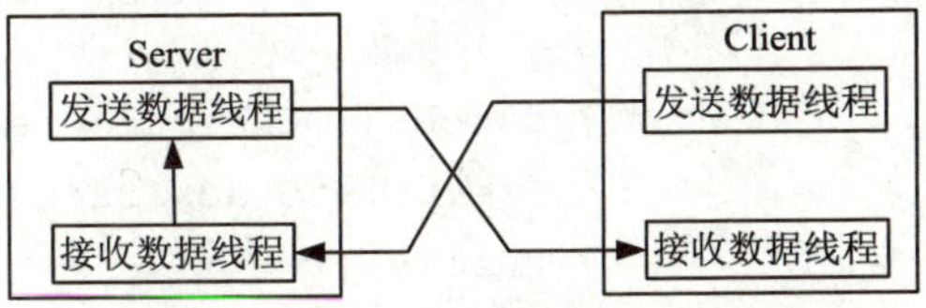

图 12-5　服务器端和客户端的信息交换流程

解决问题4 编写多线程服务器/客户端网络程序信息传送程序。

（1）服务器端

服务器端程序包含有接收数据线程、发送数据线程和服务器启动程序，其中发送数据线程中的数据来自接收线程。

①接收数据线程。

```
import java.io.* ;
import java.net.* ;
//服务器接收信息线程
public class ServerReceive implements Runnable {
    private InputStreamReader fis = null ;
    private BufferedReader br = null ;
    private Socket receive = null ;
    private PipedOutputStream pos = null ;
    public ServerReceive(Socket receive) {
        this.receive = receive ;
        try {
            fis = new InputStreamReader(this.receive.getInputStream()) ;
                                                        //从网络客户端获取输入信息
            br = new BufferedReader(fis) ;
        } catch (IOException e) {
            e.printStackTrace() ;
        }
        pos = new PipedOutputStream() ;                 //创建管道输出流
    }
    public void run() {
        String msg = null ;
        try {
            while((msg = br.readLine()) != null) {      //从网络中读取信息
                System.out.println("接收到客户端信息: " + msg);
                pos.write(msg.getBytes()) ;
                                    //将网络中接收到的信息通信管道流传递给发送线程
                if("end".equals(msg)) {                 //输入"end"结束
                    break ;
                }
            }
        } catch (IOException e) {
            e.printStackTrace() ;
        } finally {
            try {
                pos.close() ;
                fis.close() ;
                receive.close() ;
```

```
            } catch (IOException e) {
                e.printStackTrace() ;
            }
        }
    }
    public PipedOutputStream getPos() {
        return pos ;
    }
}
```

②发送数据线程。

```
import java.io.* ;
import java.net.* ;
//定义服务器端发送信息线程，发送的信息来自服务器的接收线程
public class ServerSend implements Runnable {
    private PrintWriter ps = null ;
    private Socket send = null ;
    private PipedInputStream pis = null ;
    public ServerSend(Socket send) {
        this.send = send ;
        try {
            ps = new PrintWriter(this.send.getOutputStream()) ;
                                                    //实例化向网络输出的输出流
        } catch (IOException e) {
            e.printStackTrace() ;
        }
        pis = new PipedInputStream() ;              //实例化管道输入流
    }
    public PipedInputStream getPis() {
        return pis ;
    }
    public void run() {
        byte [] msg = new byte[1024] ;
        int len = 0 ;
        try {
            while((len = pis.read(msg)) !=-1) {   //从服务器接收信息线程管道中读取字节流
                String s = new String(msg,0,len) ;
                ps.print("@" + s + "\n") ;         //向网络客户端输出信息
                ps.flush() ;
                if("end".equals(s)) {
                    System.out.println("谈话结束...") ;
                    break ;
```

```
                }
            }
            send.close() ;
        } catch (IOException e) {
            e.printStackTrace() ;
        } finally {
            try {
                pis.close() ;       ps.close() ;
            } catch (IOException e) {
                e.printStackTrace() ;
            }
        }
    }
}
```

③服务器程序。

```
import java.io.* ;
import java.net.* ;
public class Server {
    public static void main(String[] args) throws Exception, IOException {
        ServerSocket server = new ServerSocket(9000) ;
        Socket client = null ;
        client = server.accept() ;
        ServerReceive receive = new ServerReceive(client) ;
        ServerSend send = new ServerSend(client) ; //服务器端实例化接收信息
        receive.getPos().connect(send.getPis()) ;
                                        //接收数据线程和发送数据线程建立管道连接
         new Thread(receive).start() ;              //实例化线程对象，并启动接收线程
         new Thread(send).start() ;                 //实例化线程对象，并启动发送线程
    }
}
```

（2）客户端程序

客户端的程序有三个，接收数据线程、发送数据线程和客户端启动程序。

①接收数据线程。

```
import java.io.* ;
import java.net.* ;
public class ClientReceive implements Runnable {
    private Socket client = null ;
    private InputStreamReader is = null ;
    private BufferedReader br = null ;
    public ClientReceive(Socket client) {
        this.client = client ;
```

```
        try {
            //利用网络输入流对象为参数，实例化输入字符流对象
            is = new InputStreamReader(this.client.getInputStream()) ;
            br = new BufferedReader(is) ;
        } catch (IOException e) {
            e.printStackTrace() ;
        }
    }
    public void run() {
        String msg = null ;
        try {
            while((msg = br.readLine()) != null) {          //读取来自网络输入信息
                System.out.println(msg) ;                   //输出信息
                if("end".equals(msg)) {
                    break ;
                }
            }
            client.close() ;
        } catch (IOException e) {
        } finally {
            try {
                br.close() ;        is.close() ;
                System.out.println("谈话结束...") ;
                System.exit(0) ;
            } catch (IOException e) {
                e.printStackTrace() ;
            }
        }
    }
}
```

②发送数据线程。

```
import java.io.* ;
import java.net.* ;
public class ClientSend implements Runnable{
    private PrintWriter ps = null ;
    //实例化从键盘输入信息的输入字符流对象
    private InputStreamReader isr = new InputStreamReader(System.in) ;
    private BufferedReader br = new BufferedReader(isr) ;
    private Socket client = null ;
    public ClientSend(Socket client) {
        this.client = client ;
```

```
        try {
            ps = new PrintWriter(this.client.getOutputStream()) ;
                                                    // 实例化向网络输出的打印流对象
        } catch (IOException e) {
            e.printStackTrace() ;
        }
    }
    public void run() {
        String msg = null ;
        try {
            while((msg = br.readLine()) != null) {        // 接收来自键盘的信息
                ps.print(msg +"\n") ;                     // 向网络中输出信息
                ps.flush() ;
                if("end".equals(msg)) {
                    break ;
                }
            }
            client.close() ;
        } catch (IOException e) {
            e.printStackTrace() ;
        } finally {
            System.exit(0) ;
        }
    }
}
```

③客户端程序。

```
import java.io.IOException ;
import java.net.* ;
public class Client {
    public static void main(String[] args) throws Exception, IOException {
        Socket client = new Socket(InetAddress.getLocalHost(),9000) ;
        ClientSend send = new ClientSend(client) ;
        ClientReceive receive = new ClientReceive(client) ;
        new Thread(send).start() ;
        new Thread(receive).start() ;
    }
}
```

解决问题4的程序运行结果如图12-6所示。

虽然程序的运行结果与解决问题3没有区别，但接收信息和发送信息是两个独立的线程，相互不影响，只受线程的调度影响。特别针对聊天室程序，一个客户端可以同时接收信息和发送信息。

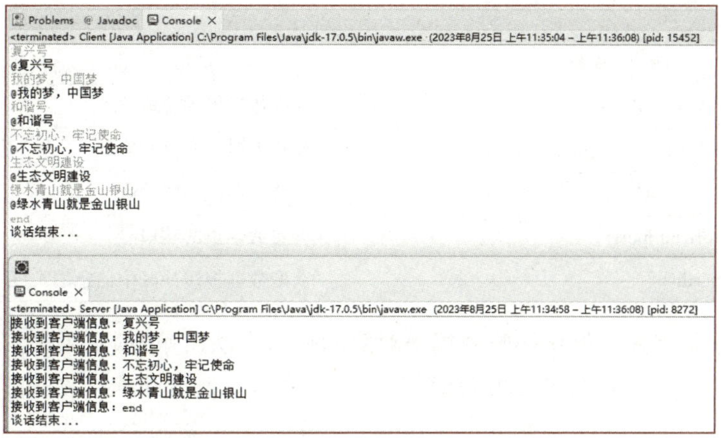

图 12-6　解决问题 4 的程序运行结果

三、基于 UDP 的网络编程

UDP是无连接的协议，在网络中传输的信息是以数据报为基本单位，它包含有目的地址、源地址和需要传输的信息，每个数据报的大小限定为64 KB以内。因为无须在发送方和接收方建立专门连接，所以数据报在网上可以以任何可能的路径传往目的地，但无法保证目的地址一定能够接收到数据报。UDP在网络游戏、视频会议等应用领域中显示出了强大的威力。与UDP相关联的两个类：DatagramSocket类和DatagramPacket类，分别用来封装UDP和UDP数据报。

1. 认识 DatagramPacket 和 DatagramSocket

使用UDP编写网络程序，发送信息的一端称为发送端，接收信息的一端称为接收端。无论是在发送端还是在接收端，首先都要建立一个DatagramSocket对象，用来接收或者发送数据报。DatagramPacket类用来实例化数据报对象，是UDP传输的基本单位。DatagramSocket类和DatagramPacket类的常用方法见表12-3。

表 12-3　DatagramSocket 类和 DatagramPacket 类的常用方法

序号	方法名称	功能	所属类
1	public DatagramSocket(int port)throws SocketException	以本地主机指定的端口号为参数，实例化一个 UDP 套接字对象	DatagramSocket
2	public DatagramSocket(int port,InetAddress laddr) throws SocketException	以指定的主机和端口为参数，实例化一个 UDP 套接字对象	DatagramSocket
3	public void connect(InetAddress address,int port)	将此套接字对象连接到指定地址的套接字对象和端口	DatagramSocket
4	public void receive(DatagramPacket p)throws IOException	接收数据报对象	DatagramSocket
5	public void send(DatagramPacket p)throws IOException	发送数据报对象	DatagramSocket
6	public InetAddress getInetAddress()	获取此套接字的主机地址	DatagramSocket
7	public DatagramPacket(byte[] buf,int length)	接收指定长度为 length 的数据报，存放到缓冲区 buf 中	DatagramPacket
8	public DatagramPacket(byte[] buf,int length, InetAddress address,int port)	用来将指定的缓冲区中的信息发送到指定的地址和端口	DatagramPacket

续表

序号	方法名称	功　　能	所　属　类
9	public InetAddress getAddress()	获取数据报的源地址	DatagramPacket
10	public void setAddress(InetAddress iaddr)	设置数据报的目的地址	DatagramPacket
11	public void setData(byte[] buf)	设置数据报的缓冲区	DatagramPacket
12	public void setPort(int iport)	设置数据报的端口号	DatagramPacket
13	public int getLength()	获取数据报缓冲区中信息的长度	DatagramPacket

表12-3中的第6项是用来实例化接收数据报对象的构造方法，第7项是用来实例化发送数据报对象的构造方法。一般情况下，编写UDP的网络程序，要分别编写发送端和接收端的程序，包含以下几个步骤：

（1）发送端发出数据的步骤

①实例化DatagramSocket套接字对象；

②定义要发送的数据；

③实例化发送数据的数据报对象DatagramPacket，并指定接收端的地址和端口号；

④发送数据报；

⑤关闭资源。

（2）接收端接收数据的步骤

①实例化DatagramSocket套接字对象；

②实例化接收数据的数据报对象DatagramPacket；

③接收数据报；

④处理数据；

⑤关闭资源。

2. 利用简单数据报编写网络程序

使用UDP，从键盘上输入内容，并将内容发送到指定的主机。接收端接收到信息以后，将信息显示在屏幕上，并获取数据报的源地址。

解决问题5 利用简单数据报编写服务器/客户端信息回显程序。

由UDP编程的步骤可知，需要分别编写发送端和接收端程序，由于接收端收到信息以后，还需要将信息返回给发送端，所以发送端既发送信息也接收信息；接收端既接收信息也发送信息。

（1）接收端程序

```
import java.net.DatagramPacket ;
import java.net.DatagramSocket ;
public class UDPReceive {
    public static void main(String[] args) throws Exception {
        DatagramSocket rec = new DatagramSocket(8000) ;
                                    // 指定接收端的端口，并实例化 UDP 对象
        String msg = null ;
        byte [] r = new byte[1024] ;          // 定义接收数据的缓冲区
        // 实例化接收数据报的对象，并将接收到的数据存入缓冲区中
```

```
        DatagramPacket packet = new DatagramPacket(r,r.length) ;
        while(true) {
            rec.receive(packet) ;                          //接收数据报
            System.out.println("接收到来自:" + packet.getAddress() + "的信息...") ;
                                                           //获取数据报的源地址
            msg = new String(r,0,packet.getLength()) ;    //将接收到的信息转换成字符串
            System.out.println(msg) ;
            if("end".equals(msg)) {
                break ;
            }
        }
    }
}
```

（2）发送端程序

```
import java.io.BufferedReader ;
import java.io.InputStreamReader ;
import java.net.DatagramPacket ;
import java.net.DatagramSocket ;
import java.net.InetAddress ;
public class UDPSend {
    public static void main(String[] args) throws Exception {
        //实例化接收信息的主机地址，与接收端的IP地址要一致
        InetAddress ip = InetAddress.getByName("127.0.0.1") ;
        //实例化发送信息的UDP套接字，指定端口为9000
        DatagramSocket send = new DatagramSocket(9000) ;
        //实例化从键盘接收信息的字节流对象
        InputStreamReader isr = new InputStreamReader(System.in) ;
        BufferedReader br = new BufferedReader(isr) ;
        while(true) {
            String msg = br.readLine() ;          //从键盘上接收信息
                                   //实例化数据报对象，并将接收端的IP地址指定为参数
            send.send(new DatagramPacket(msg.getBytes(), msg.getBytes().
length,ip,8000)) ;
            if("end".equals(msg)) {               //设定结束的条件
                break ;
            }
        }
    }
}
```

在运行时，先运行接收端程序，再运行发送端程序。解决问题5的程序运行结果如图12-7所示。

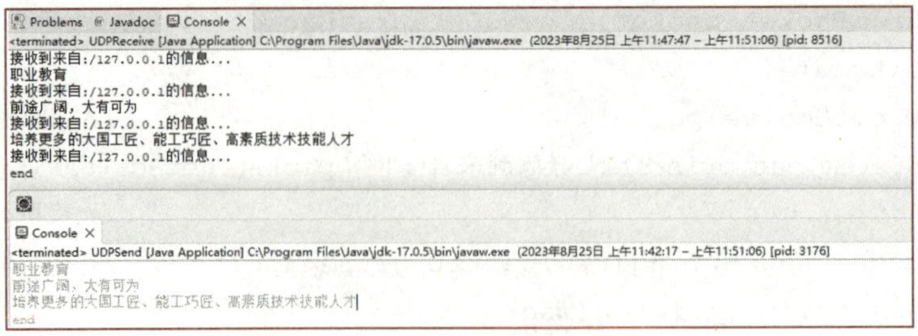

图 12-7　解决问题 5 的程序运行结果

在实例化DatagramSocket对象时，如果使用同一台计算机运行接收端程序和发送端程序，需要保证DatagramSocket中的端口号不能相同，否则会产生资源冲突。在发送端使用DatagramPacket实例化发送数据报对象时，要保证发送端口号与接收端的端口号一致，否则无法接收到数据。

TCP的ServerSocket类中accept()方法一次只能接收一个来自客户端的连接，直至资源释放为止，而UDP的DatagramSocket类中的receive()方法接收到一个发送端的数据之后，可以再次接收来自其他发送端发送来的数据。

利用UDP实现多台计算机进行聊天的功能。服务器端一个DatagramSocket对象的receive()方法可以接收来自任何发送端发送来的数据，因此，服务器端不需要多线程。而客户端需要发送数据，也需要接收数据，为了保证发送数据与接收数据相互不影响，需要采用多线程技术。读者可以参照多线程的TCP程序进行改写。

任务实施

应用实例——简单网络聊天室开发

1. 需求分析

使用TCP编写简单聊天室，在服务器端有启动程序、接收信息线程、发送信息线程；在客户端有登录界面、服务器连接、主聊天室、接收信息线程、发送信息线程。简单聊天室程序通信各部分之间的业务关系如图12-8所示。

图12-8中的粗线表示管道流对象，细线表示程序启动的先后顺序关系。聊天室的通信流程如下：

（1）启动服务器，服务器启动服务器端的接收信息线程和发送信息线程，由于接收到的信息还需要发送给所有客户端，因此，在接收信息线程和发送信息线程之间需要建立管道流；

（2）启动客户端的主登录界面，登录以后，启动客户端；

（3）客户端通过Socket对象与服务器端建立连接，同时，启动聊天室主界面；

（4）聊天室主界面启动客户端的发送信息线程和接收信息线程，由于主界面中的聊天信息需要通过服务器发送给所有在线客户，以及需要显示自己及他人发送的聊天信息，所以要在客户端发送信息线程、接收信息线程之间建立管道流对象；

（5）聊天室主界面发送的信息，通过服务器传递给所有在线用户，实现通信功能。

客户端程序可以同时运行多次，每次运行都将以线程的形式单独存在。由于没有使用数据库功能，用户登录界面只是具有演示功能，用户可以结合数据库来修改程序，实现验证功能。用来保存在线用户的数据结构是Map集合，通过向Map集合中添加数据和删除数据，实现在线用户的记录功能。

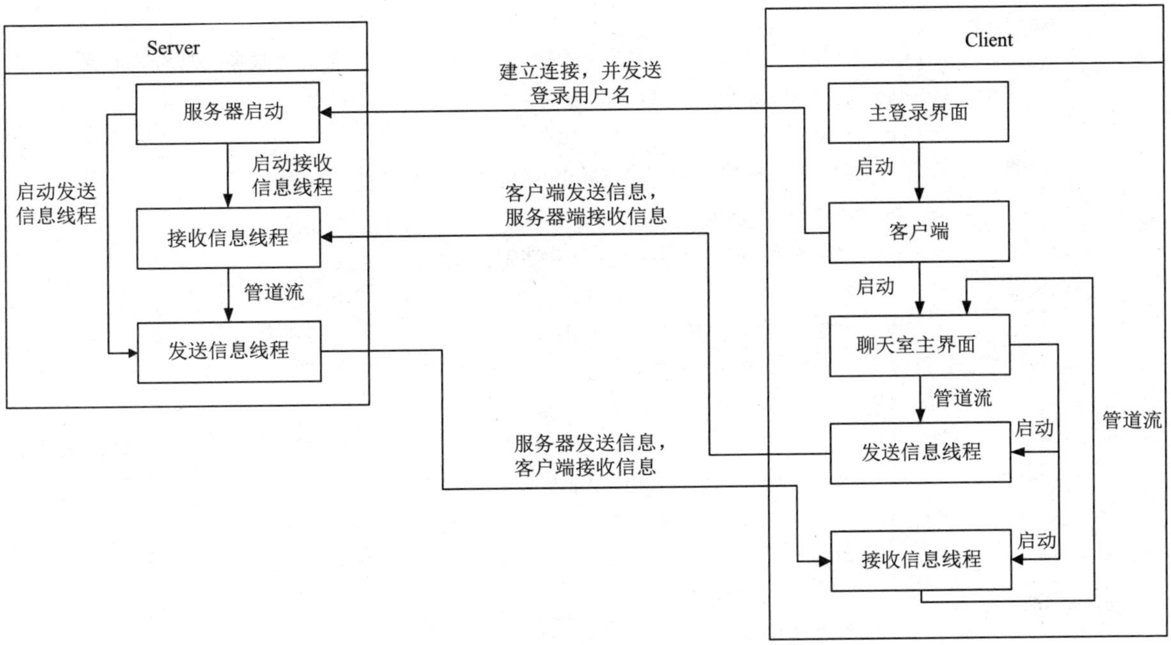

图 12-8　简单聊天室程序通信各部分之间的业务关系

2. 代码实现

服务器端有三个类：服务器启动类、接收信息线程、发送信息线程；

客户端有五个类：主登录界面、客户端连接程序、主聊天室界面、接收信息线程、发送信息线程。

（1）服务器端

①服务器启动类。

作用：实例化服务器端的网络监听器，监听客户端的请求；启动服务器端的发送信息线程和接收信息线程，实现两个线程的管道流连接，其中接收信息线程是管道输出流、发送信息线程是管道输入流。

```
import java.io.IOException ;
import java.net.* ;
import java.util.* ;
//服务器端启动程序
public class TalkServer {
    private static final int SERVER_PORT = 9000 ;
    private static Socket socket = null ;              //定义服务器端套接字对象
    private static ServerSocket server = null ;        //定义服务器端网络监听器对象
    private static ReceiveThread  r = null ;           //定义服务器端接收线程对象
    private static SendThread s = null ;               //定义服务器端发送信息线程对象
    private static Thread t1 = null ;                  //定义线程启动对象
    private static Thread t2 = null ;
    private static Map<String,Socket> list = new HashMap<String,Socket>() ;
                                                       //统计连接服务器的对象数量

    private static String name ;
    public static void main(String []args)    {
```

```
        try {
            server = new ServerSocket(SERVER_PORT) ;    // 实例化服务器监听器对象
            System.out.println("服务器启动 ......") ;
            while(true)    {
                // 监听客户端的连接，每次连接都获得一个独立的 Socket 对象
                socket = server.accept() ;
                r = new ReceiveThread(socket) ;
                login() ;                                 // 登录
                s = new SendThread(socket , list) ; // 实例化线程
                t1 = new Thread(r) ;
                t2 = new Thread(s) ;
                try    {                                  // 连接服务器端发送线程和接收线程
                    r.getPos().connect(s.getPis()) ;
                } catch  (Exception e)    {    }
                start() ;                                 // 启动给当前客户端的服务
            }
        } catch (IOException e)    {    }
    }
    public static void start() {
        try {
            s.sendName() ;
        } catch (IOException e) {
            e.printStackTrace() ;
        }
        t1.start() ;
        t2.start() ;
    }
    public static void login() throws IOException {
                                    // 获取登录名信息，并将登录名保存到 Map 集合中
        name = r.read() ;
        System.out.println(name + "登录") ;
        list.put(name,socket) ;
    }
}
```

②服务器接收信息线程。

作用：接收来自客户端的信息，并将信息输出到管道流中，传递给发送信息线程。

```
import java.io.* ;
import java.net.Socket ;
//服务器端接收信息线程
public class ReceiveThread implements Runnable {
    private Socket socket = null ;            // 定义套接字对象
    private PipedOutputStream pos = null ; // 定义管道输出流，与服务器端发送信息线程建立管道
```

```
    private BufferedReader in = null ;
    public ReceiveThread(Socket socket)    {
        this.socket = socket ;                        //获取服务器端的套接字对象
        this.pos = new PipedOutputStream() ; //实例化管道输出流对象
        try {
            //实例化从客户端接收信息的流对象
            in = new BufferedReader(new InputStreamReader(socket.getInputStream())) ;
        } catch (IOException e) {
            e.printStackTrace() ;
        }
    }
    public PipedOutputStream getPos() {
        return this.pos ;     }

    public String read() throws IOException {  //从网络中读取信息方法
        String msg = in.readLine() ;
        return msg ;
    }
    //向服务器端发送信息线程的管道中发送信息
    public void sendPiped(String msg) throws IOException {
        pos.write(msg.getBytes()) ;
    }
    @Override
    public void run() {
        try {
            while(true)     {
                String msg = read() ;          //从网络中读取信息
                System.out.println("收到：" + msg) ;
                sendPiped(msg) ;                //写入管道中
            }
        } catch (IOException e) {
            Thread.interrupted() ;          //客户端连接中断，将服务器上的服务线程关闭
        }
    }
}
```

③服务器端发送信息线程。

作用：实现登录用户信息的保存，将每个客户发送到服务器端的信息，转发给所有在线的客户端；实现在线用户的统计。

```
import java.io.* ;
import java.net.Socket ;
import java.util.* ;
//服务器端发送信息线程
```

```
public class SendThread implements Runnable {
    private Socket socket = null ;              //定义套接字对象
    private PipedInputStream pis = null ;
                            //定义管道输入流，以便从服务器端接收信息线程中接收信息
    private Map<String,Socket> list = new HashMap<String,Socket>() ;  //在线用户统计
    private byte[] buf = new byte[1024] ;
    private Collection<String> name = new ArrayList<String>() ;
    private PrintStream out = null ;            //定义向客户端发送信息的输出流对象
    public SendThread(Socket socket,Map<String,Socket> list) {
        this.socket = socket ;                  //获取服务器端的网络连接对象
        this.pis = new PipedInputStream() ;     //实例化输入管道对象
        this.list = list ;                      //获取服务器端的在线人员名称
    }
    public PipedInputStream getPis() {
        return this.pis ;
    }
    //从服务器端接收信息线程的管道中读取信息
    public String readPiped() throws IOException {
        int len = pis.read(buf) ;
        String msg = new String(buf,0,len) ;
        return msg ;
    }
    //向所有在线用户的客户端发送信息
    public void send(String msg) throws IOException {
        Collection <Socket> set = list.values() ;          //获取在线用户网络连接
        Iterator<Socket> it = set.iterator() ;             //遍历在线用户
        while(it.hasNext()) {
            out = new PrintStream(it.next().getOutputStream()) ;
                                                           //实例化向客户端发送信息的对象
            out.println(msg) ;                             //发送信息
            out.flush() ;                                  //刷新缓冲区
        }
    }
    //将所有在线用户的名称发送给客户端
    public void sendName() throws IOException {
        String s = null ;
        name = list.keySet() ;                             //获取在线用户名称
        Iterator<String> it = name.iterator() ;
        while(it.hasNext()) {
            s = it.next() ;
            send(s + "%LOGIN%" + "\n") ;                   //识别登录名和信息
        }
    }
```

```
    public void setList(Map<String,Socket> list) {
        this.list = list ;
    }
    @Override
    public void run() {
        try {
            while(true) {
                String msg = null ;
                msg = readPiped() ;              // 从服务器接收信息线程的管道中读取信息
                if(!msg.endsWith("%EXIT%")) {    // 如果不是退出信息，将信息发给客户端
                    send(msg) ;
                } else {
                    String temp = msg.substring(0, msg.length() - "%EXIT%".length()) ;
                    list.remove(temp) ;
                    sendName() ;
                }
            }
        } catch(IOException e) {
            Thread.interrupted() ;               // 如果退出，将线程中断
        }
    }
}
```

（2）客户端

①主登录界面程序。

作用：登录程序，但没有用户身份验证的功能。可以启动客户端资源以及启动主聊天室界面。采用eclipse的WindowBuilder进行初始设计。

```
import java.awt.EventQueue ;
import javax.swing.* ;
import javax.swing.border.EmptyBorder ;
import java.awt.Font ;
import java.awt.event.ActionListener ;
import java.awt.event.ActionEvent ;
// 客户端启动程序，登录界面
public class Login extends JFrame {          // 使用 WindowBuilder 设计可视化界面
    private JPanel contentPane ;
    private JTextField textField ;
    private static TalkClient talk = null ;
    private JPasswordField passwordField ;
    public static void main(String[] args) {
        EventQueue.invokeLater(new Runnable() {
            public void run() {
                try {
```

```
                Login frame = new Login() ;
                frame.setVisible(true) ;
            } catch (Exception e) {
                e.printStackTrace() ;
            }
        }
    });
}
public Login() {
    setTitle("\u7528\u6237\u767B\u5F55") ;
    setDefaultCloseOperation(JFrame.EXIT_ON_CLOSE) ;
    setBounds(100, 100, 450, 300) ;
    contentPane = new JPanel() ;
    contentPane.setBorder(new EmptyBorder(5, 5, 5, 5)) ;
    setContentPane(contentPane) ;
    contentPane.setLayout(null) ;
    JLabel label = new JLabel("\u7528\u6237\u540D\uFF1A") ;
    label.setFont(new Font(" 楷体 ", Font.PLAIN, 15)) ;
    label.setBounds(91, 60, 72, 29) ;
    contentPane.add(label) ;
    JLabel label_1 = new JLabel("\u5BC6  \u7801\uFF1A") ;
    label_1.setFont(new Font(" 楷体 ", Font.PLAIN, 15)) ;
    label_1.setBounds(91, 103, 72, 29) ;
    contentPane.add(label_1) ;
    textField = new JTextField() ;
    textField.setBounds(173, 60, 113, 29) ;
    contentPane.add(textField) ;
    textField.setColumns(10) ;
    JButton button = new JButton("\u767B  \u5F55") ;
    //登录按钮处理程序
    button.addActionListener(new ActionListener() {
        public void actionPerformed(ActionEvent arg0) {
            String name = textField.getText() ;     //获取登录名
            talk = new TalkClient(name) ;            //启动登录连接，记录登录名
            talk.setMSG(name) ;                      //将登录名发送给服务器
            talk.send() ;
            setVisible(false) ;
            talk.start() ;                           //启动聊天室主界面
        }
    });
    button.setFont(new Font(" 楷体 ", Font.PLAIN, 15)) ;
    button.setBounds(70, 169, 93, 29) ;
    contentPane.add(button) ;
```

```
        JButton button_1 = new JButton("\u9000  \u51FA") ;
        button_1.setFont(new Font(" 楷体 ", Font.PLAIN, 15)) ;
        button_1.setBounds(229, 169, 93, 29) ;
        contentPane.add(button_1) ;
        passwordField = new JPasswordField() ;
        passwordField.setBounds(173, 103, 113, 29) ;
        contentPane.add(passwordField) ;
    }
}
```

②客户端连接服务器程序。

作用：连接服务器，启动客户端的发送信息线程、接收信息线程。

```
import java.io.IOException ;
import java.net.Socket ;
public class TalkClient  {                              // 客户端连接程序
    private  Socket socket = null ;
    private ReceiveClient receive = null ;              // 定义接收信息线程
    private SendClient send = null ;                    // 定义发送信息线程
    private Talk talk = null ;                          // 定义聊天室主界面
    private Thread chart = null ;                       // 定义聊天室启动线程
    public TalkClient(String name) {
        try {
            socket = new Socket("127.0.0.1",9000) ;     // 连接到指定服务器
            receive = new ReceiveClient(socket) ;       // 实例化客户端接收线程
            send = new SendClient(socket) ;             // 实例化客户端发送线程
            talk = new Talk(name,this) ;                // 实例化聊天室界面
            chart = new Thread(talk) ;                  // 实例化聊天室线程
            talk.setVisible(true) ;
            connect() ;                                 // 连接客户端发送、接收信息与主聊天室界面
        } catch (Exception e) {
            e.printStackTrace() ;
            kill() ;
            System.exit(0) ;
        }
    }
    public void setMSG(String msg) {                    // 设置要发送的信息
        send.setMSG(msg) ;
    }
    public void send() {                                // 发送信息
        send.send() ;
    }
    public void start () {                              // 启动线程
        receive.start() ;
```

```
        send.start() ;
        chart.start() ;
    }
    public void connect() throws IOException {      //连接客户端与聊天室主界面
        talk.getPos().connect(send.getPis()) ;
        receive.getPos().connect(talk.getPis()) ;
    }
    public void kill() {                            //退出当前线程
        receive.interrupt() ;
        send.interrupt() ;
        chart.interrupt() ;
    }
}
```

③客户端聊天室主界面。

作用：聊天室界面，可以接收到每个在线用户发送的信息，并显示在屏幕上；显示所有在线用户数量。采用eclipse的WindowBuilder进行初始设计。

```
import java.awt.event.* ;
import java.io.* ;
import javax.swing.* ;
import javax.swing.border.EmptyBorder ;
import java.awt.Font ;
//聊天室主界面，使用 WindowBuilder 进行界面设计
public class Talk extends JFrame implements Runnable {
    private JPanel contentPane ;
    private JTextField textField ;
    private PipedOutputStream pos = null ;
    private PipedInputStream pis = null ;
    private String msg ;
    private String name ;
    private TalkClient chart = null ;
    private JTextArea textArea = new JTextArea() ;
    private JTextArea textArea_1 = new JTextArea() ;
    public Talk(String name,TalkClient chart) {   //获取客户端的登录名和网络连接信息
        this.name = name ;
        this.chart = chart ;
        pos = new PipedOutputStream() ;     //与客户端的发送信息线程建立管道输出流对象
        pis = new PipedInputStream() ;      //与客户端的接收信息线程建立管道输入流对象
        setTitle("\u804A\u5929\u5BA4") ;
        setDefaultCloseOperation(JFrame.EXIT_ON_CLOSE);
        setBounds(100, 100, 529, 320) ;
        setVisible(false) ;
        contentPane = new JPanel() ;
```

```
        contentPane.setBorder(new EmptyBorder(5, 5, 5, 5)) ;
        setContentPane(contentPane) ;
        contentPane.setLayout(null) ;
        JScrollPane scrollPane = new JScrollPane() ;
        scrollPane.setBounds(10, 10, 343, 206) ;
        contentPane.add(scrollPane) ;
        textArea.setFont(new Font("宋体", Font.PLAIN, 15)) ;
        textArea.setEditable(false) ;
        scrollPane.setViewportView(textArea) ;
        textField = new JTextField() ;
        textField.setBounds(10, 226, 274, 30) ;
        contentPane.add(textField) ;
        textField.setColumns(10) ;
        JButton button = new JButton("\u53D1\u9001") ;
        //单发送按钮以后，将信息通过管道输出流，发送给客户端的发送信息线程
        button.addActionListener(new ActionListener() {
            public void actionPerformed(ActionEvent arg0) {
                msg = name + ":" + textField.getText() ; //获取文本框中的信息
                textField.setText("") ;
                try {
                    sendPiped(msg) ;                    //发送给客户端发送信息线程
                } catch (IOException e) {
                    e.printStackTrace() ;
                }
            }
        });
        button.setBounds(294, 226, 71, 30) ;
        contentPane.add(button) ;
        JScrollPane scrollPane_1 = new JScrollPane() ;
        scrollPane_1.setBounds(361, 38, 122, 178) ;
        contentPane.add(scrollPane_1) ;
        textArea_1.setFont(new Font("宋体", Font.PLAIN, 15)) ;
        textArea_1.setEditable(false) ;
        scrollPane_1.setViewportView(textArea_1) ;
        JLabel label = new JLabel("\u5728\u7EBF\u7528\u6237\u5217\u8868\uFF1A") ;
        label.setBounds(363, 15, 120, 15) ;
        contentPane.add(label) ;
        //关闭窗口以后，将当前退出的用户信息发送给服务器
        addWindowListener(new WindowAdapter() {
            public void windowClosing(WindowEvent e) {
                try {
                    chart.setMSG(name + "%EXIT%") ;
                    chart.send() ;
```

```
                    Thread.sleep(200) ;
                } catch (Exception e1) {
                    e1.printStackTrace() ;
                }
            }
        }) ;
    }
    public PipedOutputStream getPos() {
        return pos ;
    }
    public PipedInputStream getPis() {
        return pis ;
    }
    public String readPiped() throws IOException {
                                    // 从客户端接收信息线程的管道输出中读取信息
        byte[] b = new byte[1024] ;
        int len = pis.read(b) ;
        return new String(b, 0, len) ;
    }
    // 向客户端发送信息线程的管道输入流中写入信息
    public void sendPiped(String msg) throws IOException {
        pos.write(msg.getBytes()) ;
    }
    public void run() {
        while (true) {
            try {
                String str = readPiped() ;          // 读取客户端接收到的信息
                // 如果是登录信息，将信息显示到在线用户列表中
                if (str.endsWith("%LOGIN%")) {
                    String [] name = str.split("%LOGIN%") ;  // 取出登录用户
                    textArea_1.setText("") ;
                    for(int i = 0 ; i <name.length ; i++) {  // 将登录用户列表
                        textArea_1.append(name[i] + "\n") ;
                    }
                } else {
                    textArea.append(str + "\n") ;
                                    // 如果不是登录信息，将信息显示到聊天界面
                }
            } catch (IOException e) {
            }
        }
    }
}
```

④客户端发送信息线程。

```
import java.io.* ;
import java.net.Socket ;
//客户端发送信息线程
public class SendClient extends Thread {
    private Socket socket = null ;                          //定义套接字对象
    private PrintStream out = null ;                        //定义输出流对象
    private String msg = null ;
    //实例化管道对象，以便从客户端接收信息线程中接收信息
    private PipedInputStream pis = new PipedInputStream() ;
    public SendClient(Socket socket) {
        this.socket = socket ;                              //获取客户端的套接字对象
        try {
            //实例化向网络中输出信息的输出流对象
            out = new PrintStream(socket.getOutputStream()) ;
        } catch (IOException e) {
            e.printStackTrace() ;
        }
    }
    public PipedInputStream getPis() {
        return pis ;
    }
    public void setMSG(String msg) {                        //设置要输出的信息
        this.msg = msg ;
    }
    public void send() {                                    //向网络中输出信息
        out.println(msg) ;
        out.flush() ;
    }
    @Override
    public void run() {
        byte b[] = new byte[1024] ;
        int len = 0 ;
        try {
            while (true) {
                len = pis.read(b) ;                         //从客户端接收信息线程的管道中读取信息
                msg = new String(b,0,len) ;
                send() ;                                    //将信息发送给服务器
                System.out.println(msg) ;
            }
        } catch (IOException e) {
            e.printStackTrace() ;
```

```
        } finally {
            System.exit(0) ;
        }
    }
}
```

⑤客户端接收信息线程。

```
import java.io.* ;
import java.net.Socket ;
public class ReceiveClient extends Thread {   // 客户端接收信息线程
    private Socket socket = null ;
    private BufferedReader in = null ;
    private PipedOutputStream pos = null ;
    public ReceiveClient(Socket socket){   // 构造方法
        this.socket = socket ;              // 从客户端启动程序中获得 Socket 实例对象
        pos = new PipedOutputStream() ;     // 建立与主聊天室的管道信息
        try {
            // 实例化从网络中接收字节流的流对象
            in = new BufferedReader(new InputStreamReader(socket.getInputStream())) ;
        } catch (IOException e) {
            e.printStackTrace() ;
        }
    }
    public String read() {                  // 从网络中读取信息
        String msg = null ;
        try {
            msg = in.readLine() ;
        } catch (IOException e) {
            System.exit(0) ;
        }
        return msg ;
    }
    public PipedOutputStream getPos() {
        return pos ;
    }
    // 向管道中发送信息，由主聊天室界面接收
    public void sendPiped(String msg) throws IOException {
        pos.write(msg.getBytes()) ;
    }
    @Override
    public void run() {
        try {
```

```
            while(true)    {
                //调用从网络中读取信息的方法，获取服务器端发来的信息
                String str = read() ;
                if(str == null)     {
                    break ;
                }
                sendPiped(str) ;                   //将信息通过管道，发送给主聊天室界面
            }
        } catch (IOException e)     {

        } finally {
            System.exit(0) ;
        }
    }
}
```

先运行服务器端的TalkServer.java（只运行一次），再运行客户端的Login.java（可以多次运行），解决问题6的程序运行结果如图12-9所示，服务器端只需要进行信息处理，没有显示结果。

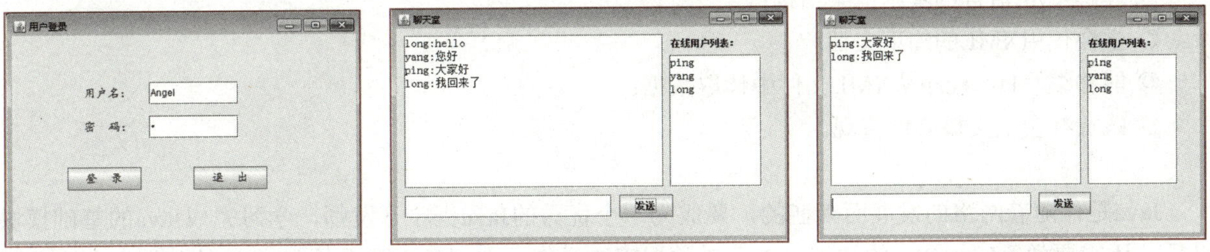

（a）登录界面　　（b）聊天界面1　　（c）聊天界面2

图 12-9　解决问题 6 的程序运行结果

可视化界面是使用WindowBuilder功能实现的，适当进行了调整。读者可以在Eclipse中同时运行多次Login.java程序，也可以打开多个CMD命令行模式窗口，分别运行Login.java程序，每次运行都是一个独立的用户。

注 意：

需要在module-info.java文件中添加语句：requires java.desktop ;。

课后实践

1. 利用TCP编写程序：

（1）只监听一个客户端的网络程序，在客户端从键盘上输入信息后，由服务器加上“@”以后，回显给客户端；

（2）监听多个客户端的网络程序，在客户端从键盘上输入的信息后，由服务器加上“@”以后，回显给所有客户端。

2. 利用文件分割技术，使用UDP将文件从客户端传递到服务器端。

任务13 利用Java读取XML数据

任务描述

Java语言的强大功能主要体现在网络应用程序设计的能力，能够非常方便地与网页交换数据，小龙想要用Java编写程序来读取XML网页上的数据，应该怎么做呢？

职业能力与目标

◎ 理解XML语言的基本框架结构；
◎ 学会使用XML的约束文档；
◎ 能够编写Java程序从XML文件中读取数据；
◎ 践行社会主义核心价值观。

Java是伴随着网络的发展而兴盛的，要成为一个优秀的Java程序开发师，学习完成Java的基础模块以后，还需要学习Java Web的知识，以及对数据库的操作。本任务主要介绍与XML的数据读取，帮助大家了解Java的实际应用，更多的XML知识，请参考相关的书籍。

知识储备

一、XML 语言的初步应用

XML是extensible markup language的缩写，也即可扩展标记语言，这是标准的定义。根据其命名可以看出，他的核心是“标记”，他的强大功能来自于可扩展性，也就是用户可以根据自己需求，定义任何想要的“符号”。

1. 认识 XML 语言

通俗地说，标记语言就是使用某种“记号”来表示特殊信息的语言。例如，我们在学习的时候，对重点知识加上某种符号，以示区分。只不过这样的符号并不能够被计算机理解。如果以计算机能够理解的“符号”进行标识，这就是标记语言。为了解决不同系统文档格式不同的问题，IBM公司把这种标记语言，称为通用标记语言（generalized markup language，GML）。之后，GML被国际标准化组织采纳为数据存储和交换的国际标准，称为标准通用标记语言（standard generalized markup language, SGML）。

HTML（hypertext markup language）是一种专门用于格式化Web数据的语言，是SGML语言的一种应用。HTML使用各种定义好的标记分别标识和格式化不同的网页元素，可使用的标记是固定的、预先定义好的元素标记，用来标识一般用途的网页元素。HTML的重点在于数据的显示，而不关心所描述信息的结构性，缺乏对文档数据含义的确切描述，不能满足对各类信息进行存储、传递和搜索的需要。为了解决HTML语言的不足，程序员开始致力于研究一种新的标记语言，就是可扩展标记语言（XML），在1998年，XML1.0成为W3C推荐的标准。本教材的重点不是介绍HTML和XML语言，有兴趣的读者可以参考相关的书籍进行学习。

XML是专门用于在Internet中存储和传送信息标记语言。他的最主要的两个特点是良好的可扩展性，以及数据内容与显示样式分离。XML允许程序开发人员根据具体的情况制定各种适合实际问题需要的标记语言，并且可以通过与CSS、HTML相结合，实现对页面的样式管理。可以使用记事本等一般的文本编辑工具来编写XML文档，通过浏览器显示结果。

解决问题1　一个用于在网页显示图书信息XML文件。

```
<?xml version = "1.0" encoding = "UTF-8" ?>
<!-- 文件名: 例 13-1-->
< 图书 >
    < 书名 > 习近平新时代中国特色社会主义思想概论 </ 书名 >
    < 主编 > 本书编写组 </ 主编 >
    < 单价 >26.00</ 单价 >
    < 出版社 > 高等教育出版社、人民教育出版社 </ 出版社 >
</ 图书 >
```

利用浏览器打开这个文件，就可以看到如图13-1所示的结果。

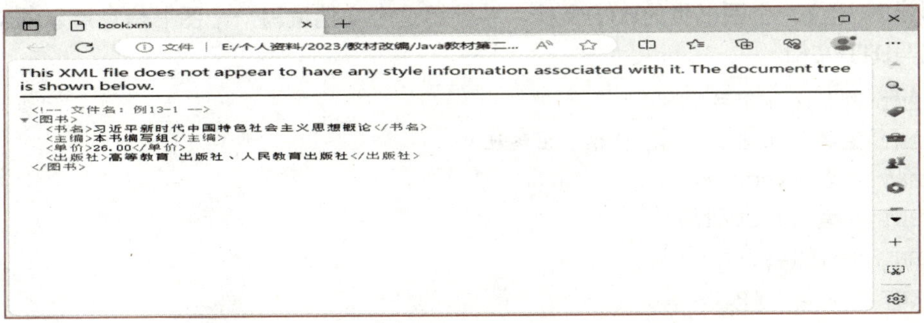

图 13-1　利用浏览器打开 xml 文件的结果

对XML程序做几点说明，以便帮助读者能够更好地理解、应用XML语言，设计符合开发需求的程序，以更好地满足数据存储、传递、查询。

（1）第一行“<?xml version = "1.0" encoding = "gb2312" ?>”是有关XML的声明，包括XML规范版本和编码字符集。这部分必不可少，并且必须写在程序的第一行。

（2）XML标记一般是成对出现，从“<标识>”开始，以“</标识>”结束。每一个程序有一个根标记，根标记必须存在且唯一。在解决问题1中的根标记为“<图书>…</图书>”，在根标记下包含了所有下层子元素。

（3）包含在根标记中的其他标记一般都是子标记，如“<书名>…</书名>”“<主编>… </主编>”

“<单价>…</单价>”“<出版社>…</出版社>”。标记可以嵌套，也就是子标记还可以包含自己的子标记。

（4）标记名是用户根据描述数据的需要，由自己定义。数据定义格式受DTD（document type definition，文档类型定义）或者XML Schema（XML模式定义）的约束。

XML的最主要优势是实现不同数据源之间的数据交换和传输，减少交换数据时的复杂性，且XML中的数据还可以被不同的程序读取，本书主要介绍利用Java读取XML数据。

2. 编写合格的 XML 程序

XML是用于描述、组织数据的，要恰当地构造具有嵌套、符合基本语法规范的XML数据，以及对数据进行显示、查找、排序等操作，必须要有一套技术作为支撑。这些技术主要包含用于规范和验证XML文档的DTD技术或者XML Schema技术、解决标记重名的名称空间技术、用于格式化显示XML文档的CSS和XSL样式技术、用于访问XML文档的DOM技术，以及XML的超级链接理论——XPath、XLink和XPointer等。

1）DTD约束及其应用

DTD是描述XML文档结构的一种常见方法，它用于定义文档的逻辑结构，规定文档中能够包含哪些元素、元素的属性、元素的排列方式/顺序、元素能够包含的内容等。使用XML编写程序，通常都要指出定义其结构的DTD文档，并与DTD文档相比较，这一过程称为有效性验证。如果XML文档符合DTD中的约束，这个文档就被认为是有效的，否则就是无效的。换而言之，可以把DTD看作是某一个或某一类XML的模板，他可以是一个独立的文件，也可以在XML文档中直接定义。其基本结构如下所示：

```
<!ELEMENT 元素名称 类型>
```

解决问题2 定义一个图书类的DTD文档，并使用这个文档编写一个图书信息展示的XML文件。

（1）编写DTD文档

```
<!ELEMENT 图书馆 (图书+)>
<!ELEMENT 图书 (书名,主编,价格,出版社) >
<!ELEMENT 书名 (#PCDATA)>
<!ELEMENT 主编 (#PCDATA)>
<!ELEMENT 价格 (#PCDATA)>
<!ELEMENT 出版社 (#PCDATA)>
```

注意：

第一行表示定义一个名为“图书馆”的元素，这个元素是根元素，它包含一个或者多个“图书”元素。第二行表示定义一个“图书”元素，它是“图书馆”的子元素，包含有“书名”“主编”“价格”“出版社”等几个子元素，而且元素的顺序不能变更。第三行至第六行用于定义“图书”的子元素。

（2）引用DTD文档约束XML程序

```
<?xml version="1.0" encoding="UTF-8"?>
<!DOCTYPE 图书馆 SYSTEM "BookDTD.dtd">
<图书馆>
    <图书>
```

```
            <书名>习近平新时代中国特色社会主义思想概论</书名>
            <主编>本书编写组</主编>
            <价格>26.00</价格>
            <出版社>高等教育出版社 人民教育出版社</出版社>
        </图书>
        <图书>
            <书名>开天辟地</书名>
            <主编>吴钰</主编>
            <价格>36.00</价格>
            <出版社>东方出版社</出版社>
        </图书>
        <图书>
            <书名>百年大党与中国道路</书名>
            <主编>沈传亮</主编>
            <价格>48.00</价格>
            <出版社>中央党校出版社</出版社>
        </图书>
    </图书馆>
```

说　明:

①语句<!DOCTYPE 图书馆 SYSTEM "BookDTD.dtd">表示引入已经定义好的DTD文档，在本例中，定义的DTD文档和XML文档同处于当前工程的“src/”目录下。“SYSTEM”表示DTD约束是本地文档。

②根据DTD文档的定义，“图书馆”是根目录，有且只有一个根目录。这样的描述同现实生活相一致，一个图书馆包含有很多的图书，每一本图书有很多的信息。

③在这个XML文档中引入BookDTD.xsd文件约束以后，只能够使用该DTD文档中定义的标识，超出这个约束所定义的标识，程序会报错。

DTD约束最大的不足在于不能够对数据类型进行约束，例如，一本书的价格一般情况下是数值类型，在实际的使用过程，可以使用任意的数据类型作为“价格”的值，不符合实际的应用需求。

2）XMLSchema约束及其应用

XML Schema约束的作用同DTD约束的作用基本相同，它的最大优势是可以对数据类型进行约束，如果在编写XML程序中，某个元素的值的类型与约束文档定义的类型不一致，就会报错。XML Schema文档本身也是使用XML语言来编写，因此，他也可以扩展，并且符合XML的规范。

解决问题3　定义一个网上影院的XML Schema约束文档，并且利用该文档编写一个XML程序。

（1）编写XML Schema约束文档

```
<?xml version="1.0" encoding="UTF-8"?>
<schema xmlns = "http://www.w3.org/2001/XMLSchema"
        targetNamespace = "http://www.example.org/MovieXMLSchema"
        elementFormDefault = "qualified">
    <element name = "网上影院">
```

```
        <complexType>
            <sequence maxOccurs = "unbounded">
                <element name = " 电影 ">
                    <complexType>
                        <sequence>
                            <element name = " 片名 " type = "string" />
                            <element name = " 主演 " type = "string" />
                            <element name = " 票价 " type = "double" />
                        </sequence>
                    </complexType>
                </element>
            </sequence>
        </complexType>
    </element>
</schema>
```

说 明：

①<Schema>标识中包含有多个属性值：

- xmlns = "http://www.w3.org/2001/XMLSchema"表示该约束文档中使用的元素，都是由http://www.w3.org/2001/XMLSchema规范所定义，如complexType、sequence、element、type、name等元素，一般不需要更改。
- targetNamespace = "http://www.example.org/MovieXMLSchema"表示为本约束文档所定义的元素（网上影城、电影、片名、主演、票价）设定目标名称空间，目标空间的名称为http://www.example.org/MovieXMLSchema，引用本约束文档的XML程序的"xmlns"属性的值要与这个目标名称空间相一致。
- elementFormDefault = "qualified"表示引用这个Schema的XML文档元素和数据类型都有名称空间限制。

②<complexType>：表示该结点是一个复杂结构的元素，包含有子元素。

③<sequence>：表示定义元素顺序，当前结点下的子元素按照固定的顺序排列。

④<element name="to" type="string"/>：表示为简单类型元素，有两个属性，name用来定义标识的名称，type用来定义可以使用的数据类型，XML Schema内置了44种简单类型的数据，常用的有string、int、boolean、float、double、date等。

（2）使用XML Schema约束编写XML程序

```
<?xml version="1.0" encoding="UTF-8"?>
< 网上影院 xmlns = "http://www.example.org/MoviesXMLSchema"
      xmlns:xsi="http://www.w3.org/2001/XMLSchema-instance"
      xsi:schemaLocation = "http://www.lztd.cn/Movies MovieXMLSchema.xsd" >
    < 电影 >
        < 片名 > 建党伟业 </ 片名 >
        < 主演 > 刘烨 李沁 冯远征 周润发 陈坤 </ 主演 >
```

```
        <票价>35.00</票价>
    </电影>
    <电影>
        <片名>建军大业</片名>
        <主演> 刘烨 朱亚文 黄志忠</主演>
        <票价>50.00</票价>
    </电影>
    <电影>
        <片名>建国伟业</片名>
        <主演> 唐国强 张国立 许晴</主演>
        <票价>65.00</票价>
    </电影>
    <电影>
        <片名>长征</片名>
        <主演> 唐国强 刘劲 郑强</主演>
        <票价>65.00</票价>
    </电影>
</网上影院>
```

将本示例中的两个文件同时保存在当前工程的src目录下。

说明：

①<网上影院>是当前XML程序的根结点，有几个常用属性，他们的含义分别是：

- xmlns = "http://www.lztd.cn/Movies"表示当前的XML文档要符合“http://www.lztd.cn/Movies”的命名空间，与所引用的XML Schema文件中targetNameSpace属性所定义目标名称空间相一致。
- xmlns:xsi="http://www.w3.org/2001/XMLSchema-instance"是所有XML实例文档固有的名称空间，这也是W3C的名称空间，这个名称空间一般映射到前缀xsi。
- xsi:schemaLocation = "http://www.lztd.cn/Movies MovieXMLSchema.xsd"指定本XML文档名称空间为所引用的XML Schema约束为targetNameSpace所指定的目标命名空间，使用前缀名xsi，以及指定xsd约束文档的文件名为MovieXMLSchema.xsd。

②<电影>是<网上影院>的子结点，可以有多个子结点，受指定的xsd文档约束。

③<片名>、<主演>、<票价>：是简单元素，按照指定的xsd约束文档所设置的顺序、数据类型提供对应的数据。

二、利用 Java 读取 XML 文档的数据

XML文档提供的数据可以利用其他的程序设计语言来读取，Java程序也可以读取XML文件的数据，主要使用的技术是DOM。

1. 使用 DOM 技术访问 XML 文档

DOM（document object model，文档对象模型）定义了访问和处理XML文档的标准方法。DOM是一种与语言和平台无关的接口标准，为各种语言的程序员提供了统一的对象、属性、方法和事件。

DOM以树状层次结构存储XML文档中的所有数据，每一个结点都是一个相应的对象，其结构与XML文档的层次结构相对应，因此，当XML解析器将XML文档加载到内存时，根据文档的逻辑结构生成一棵对应的DOM结点树。通用的处理步骤如下：

（1）导入DOM包，使用SAXReader对象的构造方法创建一个XML文档解析器。

（2）利用SAXReader对象的read()方法，解析一个指定的XML文档，并将解析后的对象保存为Document对象，生成为DOM结点树。

（3）通过Document对象的getRootElement()方法，获得根元素，将根元素保存到Element对象中。需要特别强调的是，解析XML文档中的结点都是Element对象，根元素有且只有一个，每一个根元素可以有多个子元素，每一个子元素还可以包含子元素，视所解析的XML文档而定。

DOM技术所使用的对象，通常由第三方提供，目前通用的外部包是DOM4J，因此，在编写Java程序时，首先要将这个包导入到当前工程中。本书使用的操作XML文档的方法来自DOM4J，见表13-1，更多的方法可以参考帮助文档。

表 13-1　读取 XML 文档数据的重要方法

序号	构造方法名	功　能
1	public SAXReader()	创建一个 XML 解析器对象，来自 SAXReader 类
2	public Document read(File file)	读取指定的 XML 文件，返回 Document 对象，来自 SAXReader 类
3	public Document read(InputStream in)	读取指定的 XML 流文件，返回 Document 对象，来自 SAXReader 类（其他的 read() 方法，可以参考帮助文档）
4	public Element getRootElement()	获取指定 XML 文件的根结点，返回 Element 对象，来自 Document 接口
5	public Element element(String name)	获取由 name 指定的元素，返回 Element 对象，来自 Element 接口
6	public List<Element> elements()	获取当前结点的所有子元素，但不包含孙子元素，返回 Element 对象的链表，来自 Element 接口
7	public List<Element> elements(String name)	获取当前结点的指定子元素，但不包含孙子元素，返回 Element 对象的链表，来自 Element 接口
8	public String elementText(String name)	获得指定的简单元素的属性值，来自 Element 接口
9	public String elementTextTrim(String name)	获得指定的简单元素的属性值，并去掉前后的空格，来自 Element 接口

解决问题4　读取BookDTDDemo.xml文档中的图书信息，并利用图书信息创建“Book”对象，将创建的图书对象保存到链表中。

（1）分析：

①准备工作：需要将解决问题2导入到本项目中；需要编写一个Book类（略）。

②按照DOM技术要求，编写Java程序。

（2）代码如下（其他的辅助文件代码略）：

```
import book.lztd.com.* ;                 // 导入事先编写好的 Book 类所在的包
import java.io.File ;
import java.util.* ;
import org.dom4j.* ;                     // 导入第三方 DOM 技术包（需要先下载，并导入到本项目中）
import org.dom4j.io.SAXReader ;          // 导入 DOM 技术包中的 SAXReader 解析器
```

```java
public class XMLDemo {
    public static void main(String []args) {
        SAXReader readXML = new SAXReader() ;     //1. 定义并创建 XML 解析器对象
        //XML 中可能存在多本书，使用链表保存对象 " 书 "
        List <Book> listBook = new <Book>ArrayList() ;
        Book book = null ;
        try {
            //2. 将指定的 XML 文件读取为 Document 对象
            Document file = readXML.read(new File("src/BookDTDDemo.xml")) ;
            Element root = file.getRootElement() ; //3. 从文档中读取根结点
            List <Element> son = root.elements() ;
                                    //4. 读取根结点中的所有直接子结点，保存到链表
            System.out.println("----------- 读取 XML 程序中的数据 -------------") ;
            for(Element element :son) {                       //5. 遍历链表
                // 读取子结点中的每个元素值，并创建为 Book 对象
                book = new Book(element.elementText(" 书名 "),element.elementText(" 主编 "),
                    Double.valueOf(element.elementText(" 价格 ")),
                    element.elementText(" 出版社 ")) ;
                System.out.println(book.toString()) ;
                System.out.println("-------------------------------------") ;
                listBook.add(book) ;                          //6. 将书保存到链表中
            }
        } catch (Exception e) {
            // TODO Auto-generated catch block
            e.printStackTrace() ;
        }
    }
}
```

解决问题4的程序运行结果如图13-2所示。

```
--------------------读取XML程序中的数据--------------------
书名：习近平新时代中国特色社会主义思想概论
主编：本书编写组
价格：26.0
出版社：高等教育出版社 人民教育出版社
------------------------------------------------------------
书名：开天辟地
主编：吴钰
价格：47.0
出版社：东方出版社
------------------------------------------------------------
书名：百年大党与中国道路
主编：邱颖
价格：48.0
出版社：中共中央党校出版社
------------------------------------------------------------
```

图 13-2　解决问题 4 的程序运行结果

2. 检索 XML 文档中的信息

XPath是在XML文档中查找信息的技术，通过XML中的元素和属性的名称进行定位，可以查找指定的结点信息。XPath的工作方式同DOM技术基本相同，也是把XML文档存储为一个树状结构的数据，树中的每个元素称为一个结点，树的根被称为文档结点或者根结点。通用的处理步骤：

（1）导入外部jar包（DOM4J和jaxen），使用SAXReader对象创建XML文档解析器（注：当前最新版本的jaxen包为2.0版本，建议使用最新版本的jar包。如果要导入旧版本的jaxen包，一般需要利用解压缩文件，把这个包中的“w3c”文件夹删除，否则会引发错误）。

（2）通过SAXReader对象的read()方法，读取XML文档，按照XML文档的结构，以树状结构保存对应的元素。解析后的对象使用Document保存。

（3）使用Document对象的selectNodes(String path)方法，检索指定的信息。参数path用来指定要查找的信息在XML中的路径，常用的指定路径的方式有四种，见表13-2。

表 13-2　查找 XML 文档中结点信息的四种路径

序号	路径类型	格　式	说　明	示　例
1	绝对路径	/ 根元素 / 子元素 / 孙子元素	查找根元素下指定的子元素，及指定子元素的孙子元素，还可以继续往下一级子元素定位	/ 图书馆 / 图书 / 书名
2	相对路径	./ 子元素 / 孙子元素	从当前位置来开始，查找指定的子元素及孙子元素，需要指定当前元素的名称	./ 书名

3	全文检索	// 元素名称
		// 元素名称 / 子元素名称
		// 元素名称 // 子元素名称
			全文检索指定的“元素名称”
			全文检索指定元素名称下的指定的一级“子元素名称”
			全文检索指定元素名称下的所有指定“子元素名称”
				// 姓名
				// 图书 / 书名
				// 图书 // 姓名

4	属性查找	//@ 属性名
		// 元素名 [@ 属性名]
		// 元素名 /[@ 属性名 =“属性值”
			全文搜索指定的属性名
			全文搜索包含指定属性名的元素
			全文搜索指定属性值的元素，如果为字符串类型，需要使用转义的双引号
				//@id
				// 出版社 [@ 姓名]
				// 图书 [@id=3]

本书主要是简单介绍Java程序读取、查询XML文档中的数据信息，更多的功能，读者可以根据个人的需要去学习相关的参考书籍。一般情况下，程序员可以与项目组的其他人员进行分工合作，不需要单独去编写DTD或者XML Schema约束文档，也可以在网上下载他人共享的约束文档，程序员可以专注程序设计，以提高项目开发效率。

解决问题5　利用XML检索技术，利用四种方式在网上书城中查询信息。

（1）导入外部包：右击项目名称，选择“Build Path”→“Configure Build Path…”命令，在打开的对话框中选择“Libraries”标签，选择“Modulepath”，再选择右边的“Add External JAR…”按钮，打开对话框以后，找到dom4j.jar包和jaxen.jar包所在的位置，选择好以后，单击“Apply and Close”按钮，完成外部包的导入。

（2）编写代码如下：

```
import java.io.File ;
import java.util.List ;
import org.dom4j.* ;
import org.dom4j.io.* ;
public class XPathDemo {
    public static void main(String []args) throws Exception {
        SAXReader saxReader = new SAXReader() ;              // 创建解析器对象
        File file = new File("src/BookDTDDemo.xml") ;        // 创建要解析的文件对象
        Document document = saxReader.read(file) ;           // 读取 XML 文件
        //1. 使用绝对路径对 BookDTDDemo.xml 文件进行搜索，查找 "/ 图书馆 / 图书 / 书名 " 的结点
        List<Node> nodes = document.selectNodes("/ 图书馆 / 图书 / 书名 ") ;
        System.out.println("***************** 使用绝对路径查找 *****************") ;
        for(Node node :nodes) {
```

```
        Element name = (Element)node ;
        System.out.println(name.getName() + ": " + name.getTextTrim()) ;
        System.out.println("----------------------------------------") ;
    }
    //2.使用相对路径对BookDTDDemo.xml文件进行搜索
    //a.以根元素为当前位置，查找"./图书/书名"和"./书名"
    Element nodeCurrent = document.getRootElement() ; //获得根元素为当前结点
    nodes = nodeCurrent.selectNodes("./图书/书名") ;    //从根元素开始的位置查找
    System.out.println("*********使用相对路径查找，以根元素为当前位置**********") ;
    for(Node node :nodes) {
        Element name = (Element)node ;
        System.out.println(name.getName() + ": " + name.getTextTrim()) ;
        System.out.println("----------------------------------------") ;
    }
    List <Node> secondeNodes = nodeCurrent.selectNodes("./图书") ;
    //b.将根元素中的"图书"元素取出，并以"图书"作为当前元素，进行遍历
    System.out.println("*********使用相对路径查找，当前元素为图书元素*********") ;
    for(Node node :secondeNodes) {                        //遍历"图书"结点
        Node name = node.selectSingleNode("./书名") ;
                                        //从当前"图书"元素开始的位置查找
        Element element = (Element) name ;
        System.out.println(element.getName() + ": " + element.getTextTrim()) ;
        System.out.println("----------------------------------------") ;
    }
    //3.全文检索
    //a.全文检索"姓名"，格式为"//姓名"
    nodes = document.selectNodes("//姓名") ;            //全文检索"姓名"
    System.out.println("***************使用全文检索'姓名'***************") ;
    for(Node node :nodes) {                               //遍历"姓名"结点
        Element element = (Element) node ;
        System.out.println(element.getName() + ": " + element.getTextTrim()) ;
        System.out.println("----------------------------------------") ;
    }
    //b.全文检索"图书"中的一级元素"书名"
    nodes = document.selectNodes("//图书/书名") ;
                                        //全文检索"图书"结点下的一级元素"书名"
    System.out.println("*****使用全文检索'图书'元素下的一级子元素'书名'*****") ;
    for(Node node :nodes) {                               //遍历"书名"结点
        Element element = (Element) node ;
        System.out.println(element.getName() + ": " + element.getTextTrim()) ;
        System.out.println("----------------------------------------") ;
    }
```

```
        //c. 全文检索 " 图书 " 中的子结点 " 书名 "
        nodes = document.selectNodes("// 图书 // 姓名 ") ;
                                                    // 全文检索 " 图书 " 结点下的一级元素 " 书名 "
        System.out.println("********** 使用全文检索 ' 图书 ' 元素下的 ' 姓名 '**********") ;
        for(Node node :nodes) {                     // 遍历 " 姓名 " 结点
            Element element = (Element) node ;
            System.out.println(element.getName() + ": " + element.getTextTrim()) ;
            System.out.println("------------------------------------------------") ;
        }
        //4. 查找指定的属性名称
        //a. 查找指定的属性名称 "//@ 属性名称 "
        nodes = document.selectNodes("//@id") ;             // 全文检索属性名 "ID"
        System.out.println("**************** 查找指定的属性 'ID'****************") ;
        for(Node node :nodes) {                             // 遍历 "ID" 属性
            Attribute element = (Attribute) node ;          // 将当前结点转换成属性类型对象
            System.out.println(element.getName() + ": " + element.getValue()) ;
            System.out.println("------------------------------------------------") ;
        }
        //b. 查找包含指定属性的元素 "// 元素名 [@ 属性 ]"
        nodes = document.selectNodes("// 出版社 [@ 名称 ]") ;
                                                    // 全文检索包含属性名为 " 名称 " 的元素
        nSystem.out.println("************ 查找包含指定属性 ' 名称 ' 的元素 ************") ;
        for(Node node :nodes) {                                 // 遍历指定的元素
            Element element = (Element) node ;                  // 取出元素
            Attribute att = element.attribute(" 名称 ") ;       // 取出元素的属性
            System.out.println(element.getName() + ": " + att.getValue()) ;
            System.out.println("------------------------------------------------") ;
        }
        //c. 查找包含特定属性值的元素 "// 元素名 [@ 属性 = 值 ]"
        nodes = document.selectNodes("// 图书 [@id=3]") ;       // 全文检索属性名 "ID"
        System.out.println("******* 查找指定属性 'ID' 的值为 '3' 的 ' 图书 ' 元素 *******") ;
        for(Node node :nodes) {                                 // 遍历 "ID" 属性
            Element element = (Element) node ;                  // 取出元素
            Attribute att = element.attribute("id") ;           // 取出元素的属性
            System.out.println(element.getName() + "id = " + att.getValue() +
" 书名: " + element.elementTextTrim(" 书名 ")) ;
            System.out.println("------------------------------------------------") ;
        }
        //c. 查找包含特定属性值的元素 "// 元素名 [@ 属性 = 值 ]"
        // 全文检索属性名 " 名称 = 中共中央党校出版社 " 的元素
        nodes = document.selectNodes("// 出版社 [@ 名称 =\" 中共中央党校出版社 \"]") ;
```

```
            System.out.println("*** 查找指定属性 ' 名称 ' 的值为 ' 中共中央党校出版社 ' 的 ' 出
版社 ' 元素 ***") ;
            for(Node node :nodes) {                          // 遍历 "ID" 属性
                Element element = (Element) node ;           // 取出元素
                Attribute att = element.attribute(" 名称 ") ;   // 取出元素的属性
                System.out.println(element.getName() + ": " + att.getValue()) ;
                System.out.println("----------------------------------------") ;
            }
        }
    }
```

其中，对解决问题2的DTD约束文档作了适当修改，解决问题5的程序运行结果如图13-3所示。

```
******************************使用绝对路径查找******************************
书名：习近平新时代中国特色社会主义思想概论
---------------------------------------------
书名：开天辟地
---------------------------------------------
书名：百年大党与中国道路
---------------------------------------------
书名：新时代治国理政的哲学逻辑
---------------------------------------------
********************使用相对路径查找，以根元素为当前位置********************
书名：习近平新时代中国特色社会主义思想概论
---------------------------------------------
书名：开天辟地
---------------------------------------------
书名：百年大党与中国道路
---------------------------------------------
书名：新时代治国理政的哲学逻辑
---------------------------------------------
```

```
********************使用相对路径查找，当前元素为图书元素********************
书名：习近平新时代中国特色社会主义思想概论
---------------------------------------------
书名：开天辟地
---------------------------------------------
书名：百年大党与中国道路
---------------------------------------------
书名：新时代治国理政的哲学逻辑
---------------------------------------------
******************************使用全文检索'姓名'******************************
姓名：金星
---------------------------------------------
姓名：复兴
---------------------------------------------
姓名：俊龙
---------------------------------------------
姓名：俊龙
```

```
********************使用全文检索'图书'元素下的一级子元素'书名'********************
书名：习近平新时代中国特色社会主义思想概论
---------------------------------------------
书名：开天辟地
---------------------------------------------
书名：百年大党与中国道路
---------------------------------------------
书名：新时代治国理政的哲学逻辑
---------------------------------------------
*************************使用全文检索'图书'元素下的'姓名'*************************
姓名：金星
---------------------------------------------
姓名：复兴
---------------------------------------------
姓名：俊龙
---------------------------------------------
姓名：俊龙
---------------------------------------------
```

```
*************************查找包含指定属性'名称'的元素*******************
出版社： 高等教育出版社  人民教育出版社
---------------------------------------------
出版社： 东方出版社
---------------------------------------------
出版社： 中共中央党校出版社
---------------------------------------------
出版社： 中共中央党校出版社
---------------------------------------------
*************查找指定属性'ID'的值为'3'的'图书'元素*************
图书id = 3   书名：百年大党与中国道路
---------------------------------------------
*************查找指定属性'名称'的值为'中共中央党校出版社'的'出版社'元素*******
出版社：中共中央党校出版社
---------------------------------------------
出版社：中共中央党校出版社
```

图 13-3　解决问题 5 的程序运行结果

使用Eclipse编写Java程序读取XML文档中的数据，使用外部jar包前，需要在module-info.java文件中要添加引用语句，表示本项目要加载外部的相关包，代码如下：

```
module XML {
    requires org.dom4j ;
    requires org.jaxen ;
}
```

注　意：

如果在XML程序中使用了xmlns命名空间，在使用XPath技术检索XML文档时，要将命名空间加入到XPath表达式中，否则使用selectNodes()或selectSingleNode()方法无法查询到结果。具体的代码，请参考相关资料。

任务实施

应用实例——编写网络红色歌曲信息查询程序

编写一个红色歌曲的XML文档，使用DTD约束文件规范格式，至少包含歌名、作词、作曲、演唱等元素，这些元素是歌曲元素的子元素，其中歌曲元素包含在媒体库当中。编写Java程序，能够实现利用歌曲数据创建歌曲对象，并保存到列表中。同时，利用XPath技术实现对歌名的检索。

1. 需求分析

（1）编写一个DTD约束文档，根据DTD约束文档的格式，编写一个XML文件；

（2）按照读取XML文件的步骤，读取XML文档中的数据；

（3）按照XPath检索方法，实现全文检索“歌名”和按照指定的“属性”名称检索歌曲。

2. 编写代码

（1）编写DTD约束文档，将文件命名为“SongDTD.dtd”。

```
<?xml version="1.0" encoding="UTF-8"?>
<!ELEMENT 红色歌曲库 (歌曲+)>                    //根目录名为"红色歌曲库"
<!ELEMENT 歌曲 (歌名,作词,作曲,演唱)>           //媒体库中包含很多的"歌曲"
<!ELEMENT 歌名 (#PCDATA)>                        //歌曲中包含有歌名、作词、作曲、演唱
<!ELEMENT 作词 (#PCDATA)>
<!ELEMENT 作曲 (#PCDATA)>
<!ELEMENT 演唱 (#PCDATA)>
<!ATTLIST 歌曲 id CDATA #REQUIRED>               //歌曲设置有属性"id"和"name"
<!ATTLIST 歌曲 name CDATA #REQUIRED>
```

（2）利用DTD约束文档编写XML程序，文件包含10首歌曲，文件名为SongList.xml。

```
<?xml version="1.0" encoding="UTF-8"?>
<!DOCTYPE 红色歌曲库 SYSTEM "SongDTD.dtd">
<红色歌曲库>
    <歌曲 id="1" name="我的祖国">
        <歌名>我的祖国</歌名>
        <作词>乔羽</作词>
        <作曲>刘炽</作曲>
        <演唱>郭兰英</演唱>
    </歌曲>
    <歌曲 id="2" name="东方红">
        <歌名>东方红</歌名>
        <作词>李有源、李增正、李锦旗</作词>
        <作曲>李涣之</作曲>
        <演唱>李有源</演唱>
    </歌曲>
    <歌曲 id="3" name="保卫黄河">
        <歌名>保卫黄河</歌名>
```

```
        <作词>光未然</作词>
        <作曲>冼星海</作曲>
        <演唱>曹丁</演唱>
    </歌曲>
    <歌曲 id="4" name="咱们工人有力量">
        <歌名>咱们工人有力量</歌名>
        <作词>马可</作词>
        <作曲>马可</作曲>
        <演唱>霍勇</演唱>
    </歌曲>
    <歌曲 id="5" name="唱支山歌给党听">
        <歌名>唱支山歌给党听</歌名>
        <作词>姚筱舟</作词>
        <作曲>朱践耳</作曲>
        <演唱>任桂珍</演唱>
    </歌曲>
    <歌曲 id="6" name="在希望的田野上">
        <歌名>在希望的田野上</歌名>
        <作词>陈晓光</作词>
        <作曲>施光南</作曲>
        <演唱>杨淑清</演唱>
    </歌曲>
    <歌曲 id="7" name="春天的故事">
        <歌名>春天的故事</歌名>
        <作词>蒋开儒、叶旭全</作词>
        <作曲>王佑贵</作曲>
        <演唱>刘绍文</演唱>
    </歌曲>
    <歌曲 id="8" name="走进新时代">
        <歌名>走进新时代</歌名>
        <作词>蒋开儒</作词>
        <作曲>印青</作曲>
        <演唱>张也</演唱>
    </歌曲>
    <歌曲 id="9" name="不忘初心">
        <歌名>不忘初心</歌名>
        <作词>朱海</作词>
        <作曲>舒楠</作曲>
        <演唱>韩磊、谭维维</演唱>
    </歌曲>
    <歌曲 id="10" name="我的中国心">
        <歌名>我的中国心</歌名>
        <作词>黄霑</作词>
```

```
        < 作曲 > 王福龄 </ 作曲 >
        < 演唱 > 张明敏 </ 演唱 >
    </ 歌曲 >
</ 红色歌曲库 >
```

（3）导入dom4j和jaxen包，并在module-info.java配置环境。

```
module XMLSong {
    requires org.dom4j ;
    requires org.jaxen ;
}
```

（4）编写Song类，命名为Song.java。

```
package bean.lztd.com ;                    // 使用 Eclipse 编写程序，包的名称可以自己命名
public class Song {
    private String name ;                  //Song 类包含四个参数，与 XML 文档的结构相对应
    private String songWriter ;
    private String composer ;
    private String singer ;
    public Song() { }                      // 创建无参构造方法
    public Song(String name, String songWriter, String composer, String singer) {
                                           // 创建有参构造方法
        this.name = name ;
        this.songWriter = songWriter ;
        this.composer = composer ;
        this.singer = singer ;
    }
    // 创建 Setter 和 Getter
    public String getName() {
        return name ;
    }
    public void setName(String name) {
        this.name = name ;
    }
    public String getSongWriter() {
        return songWriter ;
    }
    public void setSongWriter(String songWriter) {
        this.songWriter = songWriter ;
    }
    public String getComposer() {
        return composer ;
    }
    public void setComposer(String composer) {
        this.composer = composer ;
```

```
    }
    public String getSinger() {
        return singer ;
    }
    public void setSinger(String singer) {
        this.singer = singer ;
    }
    @Override
    public String toString() {
        return "歌曲名称: " + name + "    作词: " +
            songWriter + "    作曲: " + composer + "    演唱: " + singer ;
    }
}
```

（5）编写程序读取XML文件中的数据。

```
package xml.lztd.com ;                  //使用Eclipse编写程序，可以任意命名包的名称
import bean.lztd.com.Song ;             //导入Song类
import java.io.* ;
import java.util.* ;
import org.dom4j.* ;                    //导入dom4j中的相关类
import org.dom4j.io.* ;                 //导入dom4j中的文件操作类
public class XMLSong {
    @SuppressWarnings("resource")
    public static void main(String []args) throws Exception {
                                        //对文件操作可能会产生异常
        SAXReader saxReader = new SAXReader() ;          //创建一个解析器对象
        File file = new File("src/RedSongList.xml") ;    //创建一个要解析的文件对象
        Document document = saxReader.read(file) ;
                                        //将XML文档解析，并保存到document对象中
        Element root = document.getRootElement() ;       //获取根元素
        List <Element> elements = root.elements() ;      //获取根元素下的子元素
        List <Song> songList = new ArrayList<Song>() ;
                                        //创建Song链表，保存Song对象
        readSong(songList,elements) ;                    //读取XML文档中的数据
        String choice ;
        while(true) {                                    //检索XML文档
            System.out.println("在XML文档中查找歌曲，请选择查询方式(1-3)....") ;
            System.out.println("1.全文查找所有歌曲名称") ;
            System.out.println("2.查找指定的歌曲名称") ;
            System.out.println("3.退出") ;
            Scanner in = new Scanner(System.in) ;
            String path ;
            choice = in.next() ;
```

视频

Java读取XML文档数据

```
            switch(choice) {
                case "1" :
                    path = "//歌名" ;                    //全文检索"歌名"
                    searchAll(path,document) ;
                    break ;
                case "2" :
                    System.out.println("请输入歌曲名称：") ;
                    String name = in.next() ;
                    path = "//歌曲[@name=\"" + name + "\"]";
                                                          //按照name属性查找指定的歌曲
                    search(path,document) ;
                    break ;
                case "3" :                                //退出系统
                    System.out.println("欢迎再次使用...") ;
                    System.exit(0) ;
                default :
                    System.out.println("请重新输入...") ;
                    continue ;
            }
        }
    }
    private static void searchAll(String path, Document document) {
                                                          //检索XML中所有歌曲
        // TODO Auto-generated method stub
        List <Node> nodes = new ArrayList<Node>() ;
        nodes = document.selectNodes(path) ;
        System.out.println("-----------------找到所有歌曲--------------------") ;
        for(Node node :nodes) {
            Element element = (Element) node ;
            System.out.println(element.getName() + " : " + element.getTextTrim()) ;
        }
    }
    private static void search(String path,Document document) {
                                                          //检索XML文档指定的歌曲
        // TODO Auto-generated method stub
        List <Node> nodes = new ArrayList<Node>() ;
        nodes = document.selectNodes(path) ;
        System.out.println("-----------------找到指定歌曲-------------------") ;
        for(Node node :nodes) {
            Element element = (Element) node ;
            System.out.println(element.getName() + " : " + element.elementText("歌名")) ;
        }
    }
    public static void readSong(List <Song> songList,List <Element> elements) {
                                                          //读取XML文档的数据
```

```
        Song song = null ;
        System.out.println("------------------歌曲库列表-------------------") ;
        for(Element element :elements ) {
            String name = element.elementTextTrim("歌名") ;
            String songWriter = element.elementTextTrim("作词") ;
            String composer = element.elementTextTrim("作曲") ;
            String songer = element.elementTextTrim("演唱") ;
            song = new Song(name,songWriter,composer,songer) ;
            songList.add(song) ;
            System.out.println(song.toString()) ;
            System.out.println("----------------------------------------------") ;
        }
    }
}
```

网络红色歌曲信息查询程序的运行结果如图13-4所示。

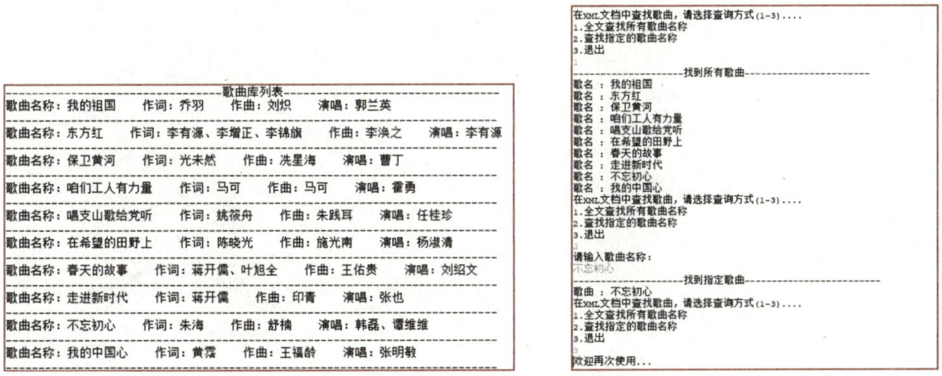

图 13-4　网络红色歌曲信息查询程序的运行结果

课后实践

1. 编写一个DTD约束文档，包含“古诗鉴赏”根结点，它的子结点为多首“古诗”，“古诗”的子元素包含有标题、作者、内容，每一首古诗有一个“id”属性。利用这个约束文档编写XML程序，程序中至少包含5首传统经典古诗和5首革命题材古诗。编写Java程序，将该XML文档内容读取出来。

2. 编写一个XML Shema约束文档，包含“红色经典图书”根结点，它的子结点为“图书”，“图书”子结点包含书名、主编、价格、出版社等信息，其中价格的数据类型为double型。利用XML Shema约束编写XML文档，至少包含10本红色经典图书。利用XPath技术进行查询：

（1）全文检索“书名”。

（2）使用相对路径查询“./图书/书名”，其中当前路径为根结点。

（3）查找“id”属性值为3的图书信息。

综合实践　编写电影信息管理程序